AF546423

Das große Praxishandbuch Modellbahn

Ein Bahnbetriebswerk mit Drehscheibe, Ringlokschuppen, Wasserturm und Behandlungsanlagen mit vielen Dampf-, Diesel- und vielleicht auch E-Loks ist der Traum vieler Modelleisenbahner. Das Motiv stammt von der Ausstellungsanlage der Eisenbahnfreunde Maifeld.

Ralph Zinngrebe | Frank Zarges

Das große PRAXISHANDBUCH MODELLBAHN

Planung
Gestaltung
Betrieb

Verantwortlich: Lothar Reiserer
Schlusskorrektur: Ralf J. Klumb | The Wordworms
Redaktion: Ralph Zinngrebe
Autor: Ralph Zinngrebe
(Signale: Thomas Arlitt, Digital-Glossar: Harry Kellner)
Zeichnungen: Hiltrud Zinngrebe
Satz: Ralph Zinngrebe
Covergestaltung: Ralph Hellberg unter Verwendung eines Fotos von Frank Zarges †
Repro: LUDWIG:media
Herstellung: Anna Katavic

Gesamtherstellung: GeraNova Bruckmann Verlagshaus GmbH

Die Deutsche Nationalbibliothek verzeichnet diese Publikation in der Deutschen Nationalbibliografie; detaillierte bibliografische Daten sind im Internet über http://dnb.d-nb.de abrufbar.

2. Auflage 2022

ISBN 978-3-96453-070-7

Von der Idee zur eigenen Modelleisenbahn – ein Leitfaden für alle Bereiche des Hobbys

Wer sich erstmals mit der Modelleisenbahn beschäftigt, wird feststellen, dass es kaum ein anderes Hobby gibt, das eine solche Vielfalt bietet. Oft hat man die „Qual der Wahl", muss sich für eine von mehreren möglichen Alternativen entscheiden. Dies fängt schon früh an, mit der Frage nach der idealen Baugröße. Es folgen die Anlagenform, der Gleisplan etc., und es endet erst mit der Detailgestaltung, der letzten Phase des Anlagenbaus.

Es führen viele Wege zum Ziel, zur ganz individuellen, eigenen Modellbahnanlage. Dieses Buch soll als Leitfaden durch diesen „Dschungel" dienen. Nach der Beantwortung der grundlegenden Fragen und der Erläuterung der wichtigsten „Spielregeln", die der Miniaturbahner einhalten sollte, um einen sicheren Betrieb auf der Anlage zu gewährleisten, folgen Kapitel über die Gleis- und Anlagenplanung, verschiedene Anlagenmotive, die Signale und die heute fast schon obligatorische Digitaltechnik mit ihren jüngsten Entwicklungen.

Weiter geht es mit dem weiten Feld des Anlagenbaus. Ist ein Fertiggelände eine Alternative zum Eigenbau? Und wie kann man ein solches noch optimieren? Im Kapitel „Gebäude & Co." wird ausführlich auf die neuen Verfahren eingegangen, insbesondere die Lasertechnik, die für eine bislang noch nicht gekannte Vielfalt an Bausätzen mit den unterschiedlichsten Vorbildern gesorgt haben – ohne dabei die herkömmlichen Kunststoffmodelle zu vernachlässigen.

Weiter geht es mit der Krönung des Hobbys, dem Bau einer eigenen, ganz individuellen Anlage. Die gebräuchlichsten Baumethoden und die riesige Auswahl an geeigneten Werkstoffen, Materialien und Modellen kommen zur Sprache, vom Holzeinkauf bis zur Ausschmückung mit Details wie den Zäunen, Schildern, Figürchen etc.

Im letzten Kapitel werden einige der inzwischen zahlreichen öffentlichen Ausstellungsanlagen kurz vorgestellt. Bei einem Besuch kann man ebenfalls eine Fülle an Anregungen, an neuen Ideen für die eigene Anlage bekommen – auch wenn diese naturgemäß deutlich kleiner ist. Auch in den meisten anderen Kapiteln werden Fotos von den unterschiedlichsten Anlagen gezeigt, vom kleinen, handlichen Diorama über die typische Heimanlage bis zu größeren Vereinsanlagen, wie man sie auch bei den alljährlich vielerorten stattfindenden Modellbahnmessen und -ausstellungen zu sehen bekommt.

Für die nun vorliegende zweite Auflage wurde das Kapitel zur Digitaltechnik auf den aktuellen Stand gebracht. Das Thema „Gleis- und Anlagenplanung" wurde umfassend ergänzt. Neu hinzugekommen sind die für Modelleisenbahner gleichermaßen interessanten wie wichtigen Kapitel „Farben für den Modellbau" und „Kulissen und Hintergründe". Und einen ganz besonderen Charme entfaltet der „Winter im Modell", wenn eine Schneedecke die Modelllandschaft überzogen hat.

Wir wünschen Ihnen viel Freude beim Lesen dieses Buchs und viel Freude mit dem wohl schönsten und vielseitigsten aller Modellbau-Hobbys.

Ihr Ralph Zinngrebe

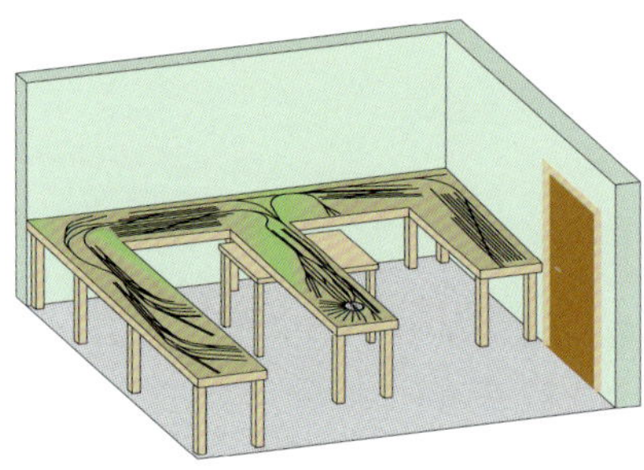

Impressionen

Es gibt nahezu unendlich viele Möglichkeiten, das Hobby Modellbahn zu betreiben. Auf diesen Seiten zeigen wir zur Einstimmung und Anregung eine kleine Auswahl an Anlagenmotiven mit sehr unterschiedlichem Charakter.

Wenn man hin und wieder Modellbahnmessen besucht, kleinere in der Region oder eine der großen, internationalen, ist man manchmal überrascht, wie viele an der Miniaturbahn Interessierte es gibt und wie viele Anlagen dort oft zu sehen sind; und in jedem Jahr sind andere, neue Exponate dabei.

Nirgendwo sonst kann man sich in dieser Dichte Anregungen holen, sei es für ein Anlagenkonzept oder „nur" für ein bestimmtes, besonders attraktives Detail. Und wer mag, kann gleich in die Fachsimpelei mit den Erbauern eintreten. Gerade wenn man noch in der Orientierungs- oder der Planungphase ist, können wir nur empfehlen: Besuchen Sie Ausstellungen, zumindest solche, die in der Nähe stattfinden.

Eine zweite Möglichkeit ist der Kontakt zu Vereinen, von denen es in jeder größeren Stadt mindestens einen gibt. Viele Klubs bieten öffentliche Fahrtage an oder führen sogar Ausstellungen durch. Es gibt in Deutschland zwei Verbände, in denen die Vereine organisiert sind. Mehr dazu am Ende des Buches, bei einem kleinen Streifzug durch einige der großen Ausstellungsanlagen. In diesem Kapitel werden hingegen Privat- und Vereinsanlagen gezeigt.

Große, aufwendig detaillierte Dampfloks sind immer ein Blickfang. Dieses Exemplar der Baureihe 50 gibt den Eindruck des schweren Vorbilds besonders gut wieder: Es handelt sich um ein Modell in der großen Spur 0, das zudem sorgfältig gealtert wurde. Auf dem sauber verlegten und eingeschotterten Gleis, eingerahmt von der Vegetation eines Einschnitts, kommt die Maschine bestens zur Geltung – mehr braucht man dafür gar nicht. Das Foto ist auf der Anlage des Spur-0-Teams Ruhr-Lenne entstanden.

Ein besonders rühriger Verein sind die Lippstädter Eisenbahnfreunde 1984 (LEF). Seit vielen Jahren nehmen sie mit ihren verschiedenen Anlagen an regionalen und überregionalen Ausstellungen teil. Noch relativ jung ist die diese Anlage, die sich optisch und betrieblich am Vorbild der WLE (Westfälische Landes-Eisenbahn) orientiert. Sie ist in der Baugröße H0 mit Zweileitergleisen entstanden.

Rechts: Betrieblicher Mittelpunkt ist der Bahnhof Lippstadt. Das Foto zeigt die Bahnhofseinfahrt. Die Gebäude auf der eigens angefertigten, fotorealistischen Hintergrundkulisse gibt es in Lippstadt tatsächlich. Zur Steuerung der Anlage kommen zwei Digitalzentralen von Tams sowie ein PC mit der Steuerungssoftware Railware zum Einsatz.

Rechte Seite: Für eine gemischte Modul-/Segmentbauweise hat sich der H0-Modellbahnclub Pinneberg entschieden. Inzwischen gibt es 55 Anlagen-Teilstücke, trotzdem reicht für die Steuerung die Digitalzentrale Central Station 2 von Märklin aus. Der Blick von schräg oben zeigt, dass trotz der geringen Tiefe der Module/Segmente eine sehr ansprechende Anlagengestaltung möglich ist. Hier fährt man auf dem K-Gleis von Märklin.

Raiffeisen

Stationär oder transportabel? Dabei handelt es sich um eine grundsätzliche Entscheidung, die schon vor Beginn der Planung zu fällen ist. Die Eisenbahnfreunde Werl verfügen über ein großes Vereinsheim und haben sich daher bei dieser H0-Anlage für einen stationären Aufbau entschieden.

Rechts: Davon können die allermeisten Modellbahner nur träumen: der große, von zwei PCs überwachte Schattenbahnhof der H0-Anlage der Eisenbahnfreunde Werl.

Der Blick in das Vereinsheim, wobei hier nur ein Teil der riesigen H0-Anlage zu sehen ist. Hier fährt man mit der MpC-Steuerung von Gahler & Ringstmeier, bei der keine Digitalisierung der Triebfahrzeuge erforderlich ist. Die Steuerkarten sind zentral in einem Schaltschrank untergebracht (links im Bild).

Es gibt kaum einen Modellbahner, der nicht mit Platzproblemen zu kämpfen hat. Nach einigen großen Vereinsanlagen zeigen wir als Kontrastprogramm, dass man auch bei begrenzten Platzverhältnissen zu einem exzellent wirkenden Ergebnis kommen kann. Dabei handelt es sich um eine Schauanlage der Firma Noch, die schon auf verschiedenen Ausstellungen zu sehen war.

Was für manchen Modellbahner undenkbar wäre, ist für andere ein fester Bestandteil des Hobby: die Präsentation der eigenen Anlage auf einer Ausstellung. Einige Miniaturbahner zeigen ihre alleine gebaute, transportable Heimanlage, bei der Mehrheit der Aussteller handelt es sich jedoch um Vereine. Das Foto zeigt einen kleinen Teil der H0-Anlage der Eisenbahnfreunde Osnabrück während der Internationalen Modellbahnausstellung in Köln 2006.

Auch dies bekommt man auf internationalen Ausstellungen zu sehen: Die Anlage „Mariahöhe“ der Baugröße H0 wurde von zwei Holländern präsentiert.

Harmonisch aufeinander abgestimmte Farben der Vegetation tragen viel zum Gesamteindruck einer Anlage bei. Hier sind es die goldgelben bis rötlichen Töne des Herbstes, die eine entsprechende Stimmung erzeugen – und das auf einem nur sehr kleinen, handlichen Schaustück der Firma Heki.

Eine ganz eigene Philosophie verfolgt der FREMO (Freundeskreis Europäischer Modellbahner). Die Anlagen entstehen konsequent in Modulbauweise, und bei den vielen regionalen und überregionalen Treffen wird mit Gleichgesinnten richtig Betrieb gemacht. Das Foto oben mit dem Wesenberger Mühlen- und Futterbetrieb zeigt, dass trotz der geringen Fläche eine ansprechende und sehr detaillierte Gestaltung möglich ist. Normen für FREMO-Module gibt es in verschiedenen Baugrößen und mit unterschiedlichen Vorgaben zur Ausführung (mehr dazu im Kapitel Anlagenplanung).

Großes FREMO-Treffen 2011 in Hemer. Zahlreiche Modellbahner haben sich mit ihren Modulen daran beteiligt. Das Arrangement wird bereits vor so einer Veranstaltung genau geplant, auch die Fahrpläne für die „Sessions" müssen ausgearbeitet werden.

Wie wäre es mit etwas Exotik? Eine wirklich seltene Ausnahmeerscheinung sind Modellbahnen nach türkischem Vorbild. Das Motiv oben stammt von einer Heimanlage, die eigens für die Teilnahme an zwei großen Ausstellungen in Deutschland und den Niederlanden die lange Anreise aus der Türkei angetreten hatte. Übrigens handelt es sich bei den Dampfloks vorbildgerecht um deutsche Typen.

Nach Schweizer und österreichischen Motiven sind Modellbahnen nach nordamerikanischen Vorbildern bei uns noch recht beliebt. Die lange Ausstellungsanlage „The Merchant Row System" im Maßstab 1:45 (Baugröße 0) wurde auf der deutschen US-Convention in Rodgau 2013 gezeigt. Dort trifft sich alle zwei Jahre die mitteleuropäische US-Bahn-Szene.

Ein Motiv von der links gezeigten US-Ausstellungsanlage. Die EMD der Detroit, Toledo and Ironton RR rangiert geschlossene Schüttgutwagen vor einer abwechslungsreichen Industriekulisse. Man beachte die hervorragende Detaillierung der Szenerie.

Auch das ist ein reizvolles Modellbahnthema: Feldbahnen, eigenständig oder integriert in eine Anlage mit ansonsten normalspurigen Gleisanlagen. Der Platzbedarf ist vergleichsweise gering, da Feldbahnen auf sehr engen Radien verkehren können. Es lassen sich interessante Ver- und Umladeszenen gestalten.

Hobby Modellbahn

Ganz leicht macht es einem das Hobby Modellbahn nicht. Gerade am Anfang sind einige grundsätzliche Entscheidungen zu treffen, die sich später nur noch schwer revidieren lassen. Dieses Kapitel gibt einen Überblick über die wichtigsten Kriterien.

Klein und zierlich – ein Modell der Schmalspurlok IV K der Pressnitztalbahn vor dem bekannten Heizhaus von Jöhstadt in der Baugröße H0e (Maßstab 1:87).

Bei der allerersten und zunächst wichtigsten Entscheidung geht es um die Baugröße. Mit ihr wird der Maßstab der Modelleisenbahn definiert, es gibt aber auch noch ein paar Besonderheiten zu beachten. Die mit großem Abstand am weitesten verbreitete Baugröße ist H0 (sprich: H-Null – der Begriff beruht auf der Bezeichnung „Halb Null", also halb so groß wie die Baugröße 0). Letztere hat den Maßstab 1:43,5 (manchmal auch 1:45), der H0-Maßstab ist folglich 1:87. Die Bandbreite der gängigen Maßstäbe reicht jedoch von der Spur Z (1:220) bis zur Spur G (= IIm, siehe Tabelle). Dazwischen gibt es noch N, TT, H0, 0 und 1.

Entscheidungshilfen

Stets werden zwei Kriterien an erster Stelle genannt: der Platzbedarf und die Kosten. Auch auf das unterschiedliche Angebot an Zubehör wird gerne verwiesen. Diese Argumente haben ihre Berechtigung, sie reichen aber zur Entscheidungsfindung nicht aus. Wer, ganz subjektiv betrachtet, mit einer winzigen Dampflok, die in die hohle Hand passt, nichts anfangen kann, wird sich auch dann nicht für die Baugröße Z entscheiden, wenn der Platz knapp ist. Ein mehrere Kilo schweres Spur-1-Modell im Maßstab 1:32 vermittelt einen ganz anderen, viel ähnlicheren Eindruck vom objektiv ja auch sehr schweren Vorbild. Und auch damit kann man auf kleiner Fläche dem Hobby frönen. Denn auch das Rangieren mit wenigen Fahrzeugen auf drei, vier Gleisen im Schritttempo kann Spaß machen. Wer lange Züge durch großzügige Landschaften fahren lassen möchte, wird damit natürlich nicht glücklich – und sollte sich für eine der kleinen Baugrößen entscheiden.

Es ist verständlich, dass eine große Spur-1-Lok wesentlich teurer ist als dieselbe Baureihe in N oder H0. Doch Vorsicht, ganz so einfach ist das nicht! Ein kompletter Zug, bestehend aus der Lok und sieben oder

Ganz andere Dimensionen hat das Spur-1-Modell der Baureihe $75^{4,10-11}$ von Märklin. Die Maschine ist knapp 40 cm lang und bringt mehrere Kilo auf die Waage.

acht maßstäblich langen Schnellzugwagen in H0, kostet nicht weniger als eine Spur-1-Lok. Während man für das Rangiervergnügen am Anfang mit einer Handvoll Wagen auskommt, sollte ein „schöner“ Güterzug im Maßstab 1:87 oder 1:160 aus mindestens 20, besser noch mehr Wagen bestehen. Außerdem braucht man deutlich mehr Gleise, mehr Weichen, mehr Weichenantriebe und ggf. auch die dazugehörigen Digitaldekoder.

Kleinere und große Auswahl

Das Angebot an Modellen und Zubehör ist in der Baugröße H0 mit Abstand am größten. An zweiter Stelle steht N, die weitere Rangfolge lautet momentan TT, Z, IIm, 1 und 0. Besonders bei den Letztgenannten hat sich in den vergangenen Jahren sehr viel getan, Angebot und Vielfalt steigen stetig.

Man kommt also nicht umhin, sich erst einmal mit der Materie zu beschäftigen und sich Gedanken darüber zu machen, welche Wünsche und Ansprüche man an das Hobby Modellbahn stellt. Neben dem Fachhandel sind die regelmäßig im Frühjahr und Herbst in vielen Städten stattfindenden Messen und Ausstellungen eine hervorragende Gelegenheit, um sich zu informieren und die unterschiedlichen Baugrößen sowie das Angebot an Zubehör selbst in Augenschein zu nehmen. Außerdem gibt es viele Vereine.

Die Kürzel „m“, „e“ und „f“

Es wird aber noch ein wenig komplizierter. Denn es gibt neben der Normalspur (1.435 mm, auch Regelspur genannt), die in Mitteleuropa bei allen großen Bahngesellschaften der Standard ist, auch noch Schmalspur- und Feldbahnen, die eine geringere Spurweite aufweisen. Besonders bekannte Strecken bzw. Streckennetze sind die Rhätische Bahn in der Schweiz (RhB, www.rhb.ch) und die Harzer Schmalspurbahnen (HSB, www.hsb-wr.de). Hinzu kommen zahlreiche Museumsbahnen, etwa die Pressnitztalbahn (www.pressnitztalbahn.de) im Erzgebirge oder das „Öchsle“ in Baden-Württemberg (www.oechsle-bahn.de). Auch von diesen Bahnen gibt es viele Modelle, passende Gleise etc. in mehreren Maßstäben. Zur Kennzeichnung wird die Baureihenbezeichnung mit einem Kürzel ergänzt: „m“ steht für Meterspur, „e“ für Engspur und „f“ für Feldbahn. Außerdem gibt es noch das äußerst seltene Kürzel „p“ für Parkbahnen.

H0e ist also beispielsweise eine Modellbahn im Maßstab 1:87, die einem Vorbild mit einer Spurweite von 750 mm entspricht, im Modell

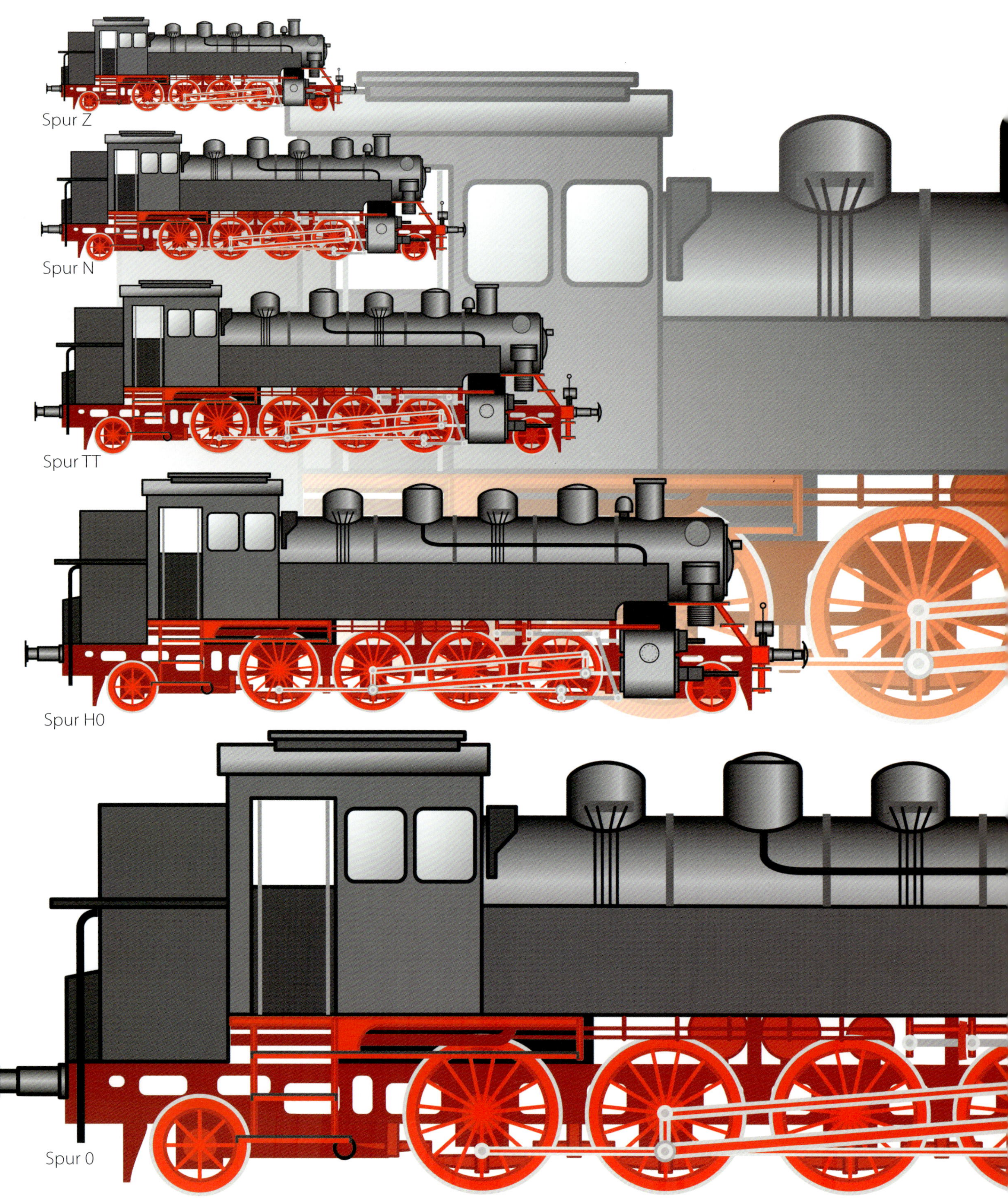
Spur Z
Spur N
Spur TT
Spur H0
Spur 0

Spur 1

kommen 9-mm-Gleise zum Einsatz. Auch wenn die Umrechnung nicht immer ganz präzise erfolgt, kommt in aller Regel die Spurweite der nächstkleineren Baugröße zum Einsatz: Die Spurweite des H0m-Gleises entspricht der von TT-Gleisen (12 mm), H0e entspricht N (9 mm), H0f entspricht Z (6,5 mm). Das bedeutet allerdings nicht, dass man diese Gleise auch verwendet. Denn der Maßstab der Schwellen und deren Abstände hätten dann einen falschen Maßstab. Vielmehr gibt es dafür eigene, dem Vorbild entsprechende Gleissysteme (z.B. von Bemo, Roco und Tillig für H0e und H0m). Es werden aber nicht alle theoretisch den Baugrößen entsprechend

Die Zeichnungen einer Lok der Baureihe 86 geben die Originalgröße der entsprechenden Modelle in den Baugrößen Z (links oben) bis 1 (im Hintergrund) wieder. Daran lässt sich hervorragend erkennen, wie unterschiedlich die Dimensionen einer Modelleisenbahn sein können – ganz abgesehen von den Abmessungen einer Anlage.

Die Modellbahn-Baugrößen

Nenn-größe	Maßstab	Spurweite	Spurart	Spurweite Vorbild
II	M 1:22,5	64,0 mm	Regelspur	1435 mm
IIm	**M 1:22,5**	**45,0 mm**	**Schmalspur**	**1000 mm**
IIe	M 1:22,5	32,0 mm	Schmalspur	750 mm
IIf	M 1:22,5	22,5 mm	Feldbahn	500-600 mm
I	**M 1:32**	**45,0 mm**	**Regelspur**	**1435 mm**
Im	M 1:32	32,0 mm	Schmalspur	1000 mm
Ie	M 1:32	22,0 mm	Schmalspur	750 mm
0	**M 1:45***	**32,0 mm**	**Regelspur**	**1435 mm**
0m	M 1:45*	22,0 mm	Schmalspur	1000 mm
0e	M 1:45*	16,5 mm	Schmalspur	750 mm
0f	M 1:45*	12,0 mm	Feldbahn	500-600 mm
H0	**M 1:87**	**16,5 mm**	**Regelspur**	**1435 mm**
H0m	M 1:87	12,0 mm	Schmalspur	1000 mm
H0e	M 1:87	9,0 mm	Schmalspur	750 mm
H0f	M 1:87	6,5 mm	Feldbahn	500-600 mm
TT	**M 1:120**	**12,0 mm**	**Regelspur**	**1435 mm**
TTm	M 1:120	9,0 mm	Schmalspur	1000 mm
TTe	M 1:120	6,5 mm	Schmalspur	750 mm
N	**M 1:160**	**9,0 mm**	**Regelspur**	**1435 mm**
Nm	M 1:160	6,5 mm	Schmalspur	1000 mm
Z	**M 1:220**	**6,5 mm**	**Regelspur**	**1435 mm**

Die Tabelle führt die gängigsten Modellbahn-Baugrößen auf, die bei uns in Europa üblich sind. In Großbritannien und in den USA gibt es noch eine ganze Reihe an weiteren Baugrößen, wobei auch in den USA „unsere" Spuren 0 und H0 ebenfalls weitverbreitet sind.

möglichen Schmalspurbahnen als Modelle angeboten. Zf hätte beispielsweise eine Spurweite von rechnerisch lediglich 2,75 mm. Lücken gibt es aber auch bei größeren Maßstäben, bei einigen Schmalspur-Baugrößen beschränkt sich das Angebot auf einen oder wenige Kleinstserienhersteller.

Alternative Schmalspur

Viele Schmalspurbahn-Modelle sehen nicht nur „putzig" aus, ein weiterer Vorteil ist auch der deutlich geringere Platzbedarf. Denn die Radien können deutlich kleiner ausfallen, die Trassen sind schmaler. Dies ist auch ein wesentlicher Grund dafür, dass man sich beim großen Vorbild bei schwieriger Topografie für den Bau von Schmalspurstrecken entschieden hat. Viele kennen diese Bahnen von selbst erlebten Sonderfahrten oder aus dem Urlaub. Auch solche Erinnerungen können ein guter Grund dafür sein, sich auch im Modell damit zu beschäftigen.

Neben reinen Schmalspuranlagen kann man diese auch hervorragend mit einer Regelspuranlage kombinieren. Zum Beispiel als im Bahnhof beginnende, in gebirgige Regionen führende Nebenstrecke. Für H0e gibt es von Tillig sogar ein Dreischienengleis, sodass Schmal- und Regelspurfahrzeuge darauf fahren können.

Spur 0 – welcher Maßstab?

Zum Abschluss dieses Themas noch ein kurzer Hinweis zur Spur 0: Diese Baugröße war bereits in der ersten Hälfte des 20. Jahrhunderts weitverbreitet und wurde damals im Maßstab 1:43,5 ausgeführt, obwohl dies nicht ganz mit der Modellspurweite von 32 mm übereinstimmt. Später wurde auch der Maßstab 1:45 angewendet, heute existiert beides nebeneinander, auf identischen Gleisen. Viele Jahre gab es nur wenige Kleinserienhersteller, das Angebot an Zubehör war dürftig, entsprechend wenige Modellbahner haben sich damit beschäftigt. Mittlerweile, seit die Fa. Lenz sich der Baugröße angenommen hat (1:45) und neben Fahrzeugen auch ein Gleissystem und Zubehör anbietet, steigt jedoch das Angebot stetig.

Sonderfall Spur G

Eine Sonderstellung hat die auch als Spur G bezeichnete Baugröße IIm, die vom „Erfinder" dieses Marktsegments, der Firma LGB, von Anfang an als wetterfeste Gartenbahn konzipiert wurde. Der Maßstab von 1:22,5 ist noch größer als die 1:32 bei der Spur 1. Allerdings handelt es sich um eine meterspurige Schmalspurbahn, die meisten Fahrzeuge sind daher noch recht handlich. Es werden auch einige normalspurige Fahrzeuge angeboten, die jedoch streng genommen auf für sie falschen Gleisen fahren müssen. Mit Piko gibt es einen zweiten Anbieter, der auch ein eigenes Gleissystem hat. Gebäude etc. gibt es von Pola, hinzu kommt eine ganze Reihe an weiteren Fahrzeug- und Zubehörlieferanten. Natürlich lässt sich auch diese Großbahn in geschlossenen Räumen betreiben.

H0 – eine Systemfrage

Kleinere Wohnungen und eine Weiterentwicklung der Technik (Miniaturisierung) führten dazu, dass 1935 die Firmen Trix und Märklin fast zeitgleich den Maßstab der Baugröße 0 halbierten und entsprechende Modelleisenbahnen präsentierten. Zunächst wurden sie mit „00" bezeichnet (gibt es noch in Großbritannien, allerdings im Maßstab 1:76), bald darauf erfolgte jedoch die Umbenennung in H0. Mit einem Marktanteil von ca. 80 % ist diese Spurweite mit Abstand am weitesten verbreitet. Das Angebot ist riesig.

Wählt man diesen Maßstab, steht allerdings noch eine weitere, grundsätzliche Entscheidung an. Denn hier gibt es zwei Systeme, die nicht miteinander kompatibel sind – zumindest nicht im Bereich der Triebfahrzeuge und der Gleise. Beim Märklin-System erfolgt die Stromzuführung über die beiden Schienenprofile als gemeinsamer Leiter sowie über Punktkontakte, die sich in der Mitte der Schwellen befinden (siehe Zeichnung auf der rechten Seite). Für die Stromaufnahme ist an Triebfahrzeugen ein sog. Mittelschleifer erforderlich. Die Achsen sind nicht isoliert.

Alle anderen Hersteller verwenden das auch international gebräuchliche Zweileiter-System, bei dem die beiden Schienenprofile die Pole bilden. Stellt man ein Märklin-Fahrzeug auf diese Gleise, wird es nicht nur nicht fahren, sondern auch einen Kurzschluss verursachen.

Im Analogbetrieb, also ohne Digitalsystem, gibt es noch einen weiteren, gravierenden Unterschied: Märklin-Lokomotiven werden mit Wechselstrom gefahren. Soll die Fahrtrichtung geändert werden, so erfolgt dies mit einem in der Lok untergebrachten Umschalter, der auf kurze Stromstöße mit höherer Spannung reagiert (dazu wird der Drehregler am Trafo aus der 0-Stellung heraus kurz etwas weiter nach links gedreht). Bei den Gleichstrombahnen erfolgt dies hingegen durch Umpolen. Der Regler am Trafo steht daher in der mittleren Stellung auf 0, dreht man nach links, fährt die Lok nach links, dreht man nach rechts, fährt die Lok nach rechts. Beim Digitalbetrieb spielt dies allerdings allenfalls eine Nebenrolle (z. B. um an alten Gewohnheiten bei der Bedienung des Reglers festzuhalten). Digital wird immer mit (bei der Modellbahn so bezeichnetem) „Digitalstrom gefahren, auf den zu übertragende Daten aufmoduliert werden.

Kehrschleifen & Co.

Und noch ein Unterschied muss hier erwähnt werden: Wie die beiden Skizzen rechts zeigen, kommt es bei Zweileiter-Systemen (unabhängig von der Baugröße) bei bestimmten Gleisfiguren zu Kurzschlüssen. Besonders oft kommen Kehrschleifen vor. Bei komplexen Anlagen mit verschlungener Gleisführung sind solche Konstellationen manchmal nicht auf Anhieb zu erkennen. Im Analogbetrieb sind dafür geeignete Schaltungen erforderlich. Für den Digitalbetrieb gibt es entsprechende, leicht anzuschließende Module. Beim Märklin-System spielt dies hingegen keine Rolle, da die Gleise symmetrisch aufgebaut sind, der Mittelleiter ist immer in der Mitte, die Schienenprofile haben denselben Pol.

Systemübergreifend

Als „Märklinist" ist man aber nicht nur auf das (sehr große)Angebot dieses einen Herstellers beschränkt. Viele andere Firmen bieten zumindest einen Teil ihrer Modelle auch für das Märklin-System an. Und die Märklin-Modelle gibt es unter dem Markennamen Trix für das Zweileiter-System. Einzelne Hersteller haben sogar damit angefangen, nur noch eine Version anzubieten, hier muss nur der Mittelschleifer montiert oder demontiert werden. Vorhandene Loks für das jeweils andere System umzubauen, kann sehr aufwendig werden – dies kann von Modell zu Modell sehr unterschiedlich ausfallen. Besser ist eine rechtzeitig getroffene Systementscheidung.

Märklin-Wagen benötigen für den Einsatz auf Zweileiter-Gleisen isolierte Achsen. Viele Händler führen diesen Tausch kostenlos durch.

Bei Kehrschleifen, Gleisdreiecken und ähnlichen Gleisfiguren kommt es beim Zweileiter-System zu Kurzschlüssen. Im Analogbetrieb sind dafür entsprechende Schaltungen erforderlich, für den Digitalbetrieb gibt es leicht anzuschließende Module. Märklin-Bahner (nur Baugröße H0) müssen sich darüber jedoch keine Gedanken machen. Das Gleis ist symmetrisch aufgebaut, beide Schienenprofile weisen denselben Pol auf, der zweite verläuft stets in der Gleismitte (Punktkontakte).

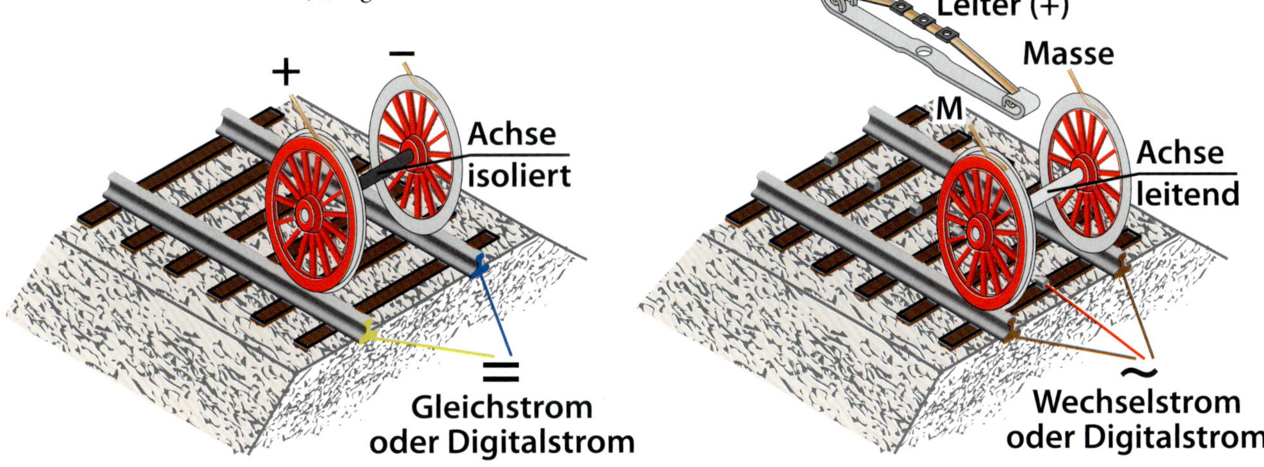

In der Baugröße H0 gibt es zwei nicht miteinander kompatible Systeme: das internationale Zweileiter-System, bei dem die Schienenprofile die beiden Pole der Stromzuführung bilden (Zeichnung links), sowie das Märklin-System, bei dem die Profile einen Pol bilden, der zweite sind die Punktkontakte in der Gleismitte (Zeichnung rechts). Die Stromaufnahme erfolgt über einen sog. Mittelschleifer.

Anlagenformen

Ist der Platz für das Anlagenprojekt gefunden, stellt sich die Frage, wie er sich optimal nutzen lässt. Dazu gehört es auch, sich Gedanken über die am besten zum Raum, noch mehr aber zu den eigenen Wünschen passende Anlagenform zu machen.

Die allermeisten Modellbahnanlagen haben einen rechteckigen Grundriss, obwohl dies in sehr vielen Situationen nicht die optimale Anlagenform ist. Vielleicht liegt es daran, dass sich das Gleisoval aus einer Startpackung darauf am besten unterbringen lässt, vielleicht tragen auch die stets rechteckigen Plattenzuschnitte aus dem Baumarkt dazu bei. Oder liegt es an der Macht der Gewohnheit?

Zum Rechteck gibt es mehrere klassische Alternativen, deren Vor- und Nachteile sowie die jeweiligen Besonderheiten dieses Kapitel einleiten. Prinzipiell kann eine Modellbahnanlage jedoch jeden beliebigen Grundriss aufweisen. Er sollte zum Anlagenthema, zu den dargestellten Motiven und zum Gleisplanentwurf passen – und all das muss sich auch unterbringen lassen.

Oft ist es jedoch sinnvoller, umgekehrt vorzugehen und die Anlage passgenau zum vorhandenen Platz zu entwickeln. Lässt sich kein ausreichend großes Rechteck für eine flächige Anlage unterbringen, klappt es vielleicht mit einer schlanken „An-der-Wand-entlang"-Anlage, die selbst einen kleineren Raum nicht vollständig ausfüllen muss. Oder man entdeckt eine Zimmerecke, die

Wohl dem, der so viel Platz hat! Ein großer Personenbahnhof mit einem Empfangsgebäude in Insellage, in einem weiten Bogen verlegte Bahnsteiggleise, natürlich für vorbildgerecht lange Personenzüge – auf einer typischen Anlage mit rechteckigem Grundriss lässt sich so etwas aufgrund der viel zu großen Tiefe nicht mehr sinnvoll unterbringen. Bei diesem Beispiel folgt die Anlagenkante stets dem Streckenverlauf.

Bischofshof Bier

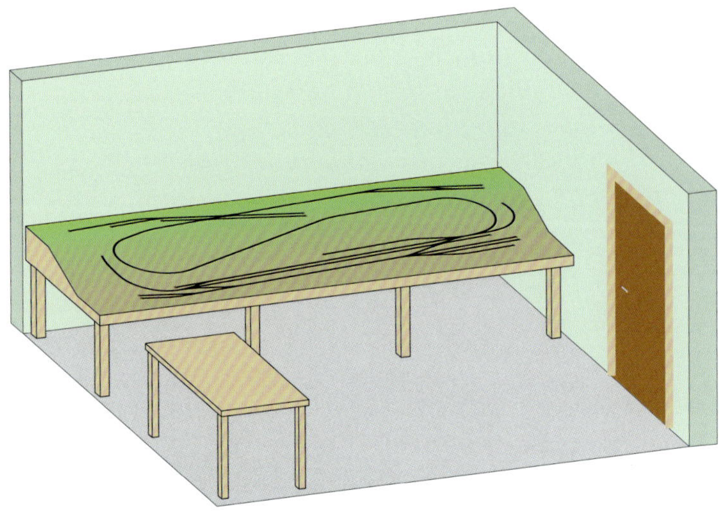

Immer noch beliebt, dennoch nicht ideal: die Rechteckanlage. Der vorhandene Platz in diesem fiktiven Modellbahnzimmer wird nicht optimal genutzt. Auch die optische Wirkung der Modelllandschaft ist nicht optimal (siehe Text). So viele Gleise, wie hier symbolisch gezeigt werden, lassen sich bei normalen Platzverhältnissen allenfalls in der Baugröße N oder gar nur in Z unterbringen.

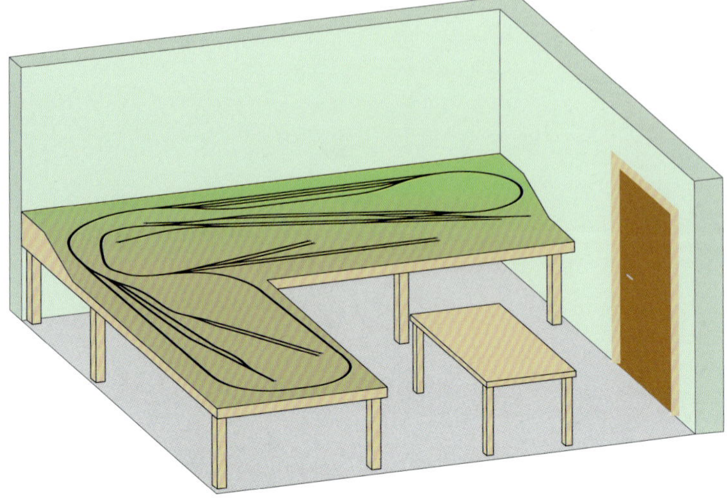

Ein erster, für den Gesamteindruck der Anlage aber schon bedeutender Schritt: aus der Rechteck- ist eine Winkelanlage geworden. Neben der besseren Ausnutzung des zur Verfügung stehenden Platzes sprechen auch optische Gründe für den Winkel. Denn nun hat der Betrachter nicht mehr das gesamte Geschehen im Blick. Die beiden Anlagenschenkel können unterschiedlich gestaltet werden.

Unten: Eine Rechteckanlage mit ungewöhnlichem Konzept: Es handelt sich um eine Partneranlage mit in der Mitte verlaufender, beidseitiger Hintergrundkulisse. Jeder der beiden Partner hat seinen eigenen Betriebsbereich. Die Züge müssen jeweils übergeben werden.

Baugröße N
Gleissystem: Minitrix
Platzbedarf: ca. 100x65 cm

für eine Winkelanlage prädestiniert ist. Eine weitere Alternative ist die Modulbauweise. Doch dazu später mehr.

Der lange Arm …

Hier soll es nicht um den „langen Arm des Gesetzes“ gehen, sondern um den oft zu kurzen des Modellbahners. Denn auch daran sollte schon im Vorfeld der Planung gedacht werden: Nicht nur während des Baus, auch beim Betrieb sollten alle Bereiche einer Anlage gut zu erreichen sein, zum Beispiel zum Be-

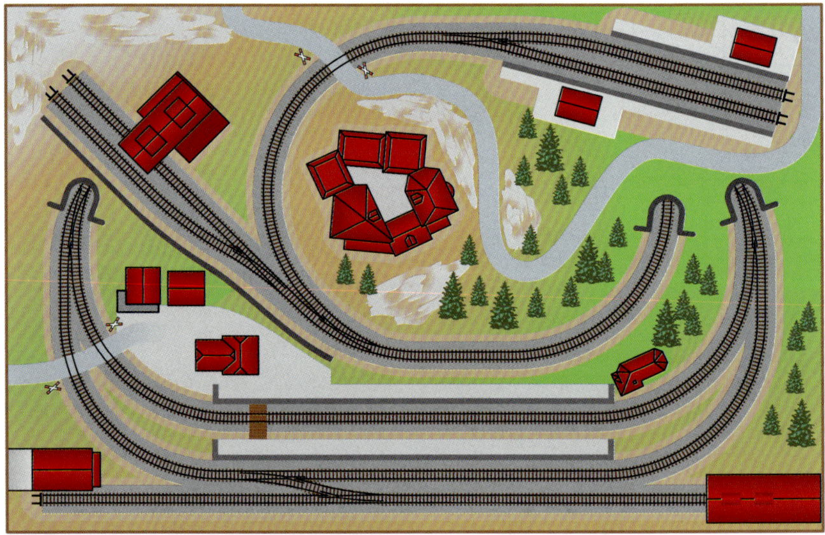

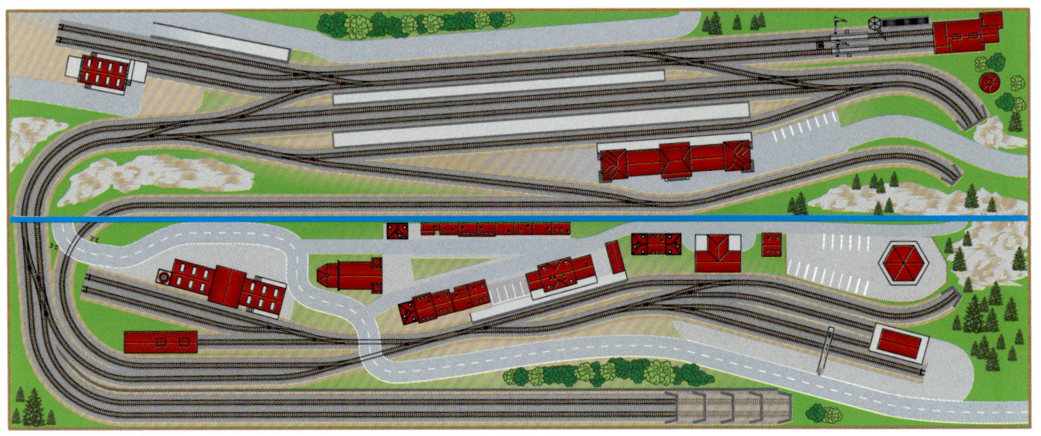

Oben: Eine Kleinstanlage der Baugröße N für Modellbahner mit sehr wenig Platz. Trotzdem bietet sie einige Spielmöglichkeiten, da es zwei Bahnhöfe und einen Industriegleisanschluss gibt. Die möglichen Zuglängen sind hier begrenzt, und die erforderlichen Steigungen erreichen das Maximum des Erlaubten. Dies lässt sich abmildern, indem die Anlage etwas größer gebaut wird und dadurch die ansteigenden bzw. abfallenden Gleise ein kleines Stück verlängert werden können.

Gleissysteme: Minitrix
Platzbedarf: ca. 150x120 cm

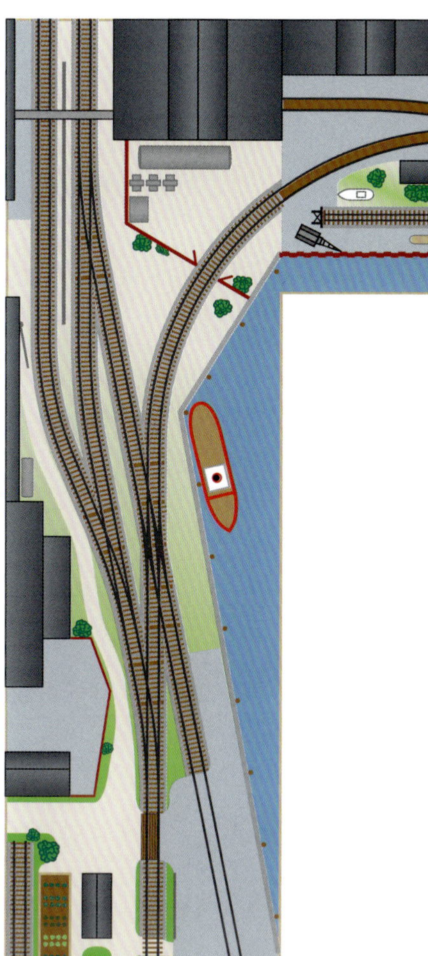

Der Gleisplan gibt die unten abgebildete Anlage wieder. Ein Streckenbetrieb ist nicht möglich (und war auch nicht gewünscht). Hier geht es um realistischen Rangierbetrieb mit den großen Spur-0-Modellen.

Baugröße 0
Gleissystem: Lenz
Platzbedarf: ca. 285 x 245 cm,
Tiefe der Anlagenschenkel: 80 cm

heben von Betriebsstörungen. Dies ist bei einem „An-der-Wand-Entlang"-Konzept wesentlich einfacher zu realisieren als bei einer Flächenanlage. Wenn die Armlänge nicht mehr reicht, müssen ggf. Einstiegsluken vorgesehen werden – wie sonst soll man einen verunglückten Zug im hinteren Teil der Anlage bergen? Wer also nicht den sprichwörtlich langen Arm hat, sollte entsprechend planen bzw. sinnvolle Vorkehrungen treffen.

Vom Rechteck zum Winkel

Neben der tendenziell großen Tiefe hat die Rechteckform noch weitere, überwiegend optische Nachteile. Dazu gehört, dass der Betrachter (außer bei sehr großen Anlagen) stets das gesamte Geschehen im Blick hat. Meist kann er den Lauf des Zugs komplett nachverfolgen. Oft ist dies ein mal mehr, mal weniger gut kaschierter „Kreisverkehr", der nur wenig mit den Betriebsabläufen beim Vorbild zu tun hat – das „Spielbahnerische" wird hier leider sehr offensichtlich (was den sehr jungen Modellbahn-Nachwuchs überhaupt nicht stört – der will spielen).

Ein weiterer Nachteil ist der häufige Blick auf das Kurvenäußere. Bei den üblichen, verglichen mit dem Vorbild viel zu kleinen Modellbahnradien klafft zwischen den Wagen eine große Lücke – unschön, aber technisch bedingt. Beim Blick auf das Kurveninnere ergibt sich hingegen selbst auf kleinsten Kurvenradien ein geschlossenes Zugbild. Dieses ergibt sich bei der Winkelanlage im Übergang vom einen zum anderen Anlagenschenkel von selbst (ist der Betrachter vom Verkehr oder von

Geometrien und Platzbedarf

Die zu den verschiedenen Anlagenformen gezeigten Gleispläne wurde für verschiedene Baugrößen und mit unterschiedlichen Gleissystemen entwickelt. Diese sind jeweils angegeben, ebenso der ungefähre Platzbedarf. Bei einer Umsetzung mit einem anderen Gleissystem können aufgrund abweichender Radien und Weichengeometrien kleine Änderungen im Gleisverlauf erforderlich sein. Auch der Platzbedarf muss in diesem Fall neu ermittelt werden – die Unterschiede können trotz desselben Maßstabs beachtlich sein. Mehr dazu im Kapitel Gleisplanung.

Die Hafenbahn Streselow während einer Modellbahnausstellung. Die bewusste Beschränkung auf den Rangierbetrieb tut dem Spielvergnügen keinerlei Abbruch. Die großen Spur-0-Modelle sind dafür besonders gut geeignet. An der Vorderkante wurde ein Hafenbecken angedeutet. Um Platz zu sparen, sind alle Gebäude als Kulissenmodelle ausgeführt worden. Der selbst angefertigte Hintergrund wurde darauf abgestimmt. Gefahren wird natürlich digital, ansonsten ist der technische Aufwand gering.

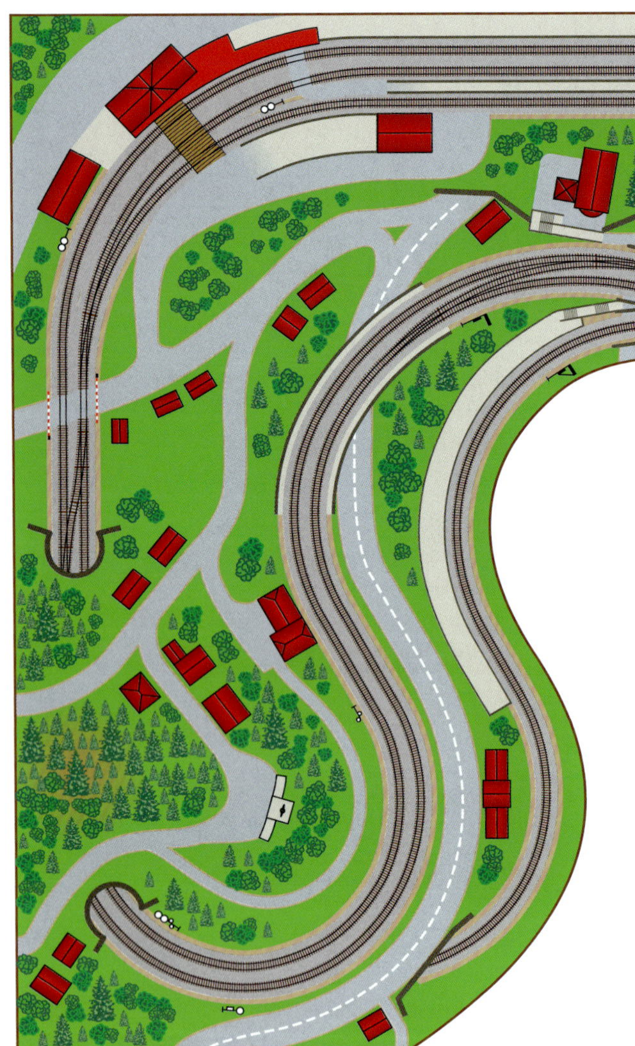

Die „Bodensee-Rundfahrt“ ist eine unkonventionell (und zweifellos professionell) konzipierte Winkelanlage mit großzügigem Streckenverlauf und einem vom Üblichen abweichenden Grundriss. Die Anlagenkante folgt dem Streckenverlauf und löst so das weitverbreitete, rechteckige Schema auf. Der Entwurf wirkt dadurch wesentlich eleganter, zudem wird der zur Verfügung stehende Platz besser genutzt.

Der Streckenverlauf ist relativ einfach. Es gibt eine zweigleisige Hauptstrecke, die um die gesamte Anlage führt, einschließlich eines Personenbahnhofs („Oberreitnau“) sowie eine in „Lindau-Aeschach“ davon abzweigende eingleisige Strecke mit Haltepunkt, die zu einem Schattenbahnhof mit Abstellgruppen führt. Die Landschaft kann großzügig gestaltet werden.

Baugröße: H0
Gleissystem: Roco-Line
Platzbedarf: ca. 305 x 425 cm

den dargestellten Motiven abgelenkt, schaut er eher nicht auf die Anlagenenden, bei denen sich – bei normaler Anlagengröße – das selbe Bild ergibt wie bei einer Rechteckanlage: der Blick von außen auf die Gleisradien). Wobei hinzuzufügen ist, dass wir uns hier mit Modellbahnen in gängigen Dimensionen beschäftigen, die sich z. B. in einem Hobbyraum unterbringen lassen.

Die Winkelform geht mit einer Zweiteilung der Anlagenfläche einher. Dies hat den Vorteil, dass man – anderes als bei der Rechteckform – den Lauf eines Zuges über die Strecke nicht immer ganz überblicken kann. Außerdem lassen sich beide Anlagenteile unterschiedlich gestalten, z. B. mit Personenbahnhof und Hauptstrecke auf der einen (größeren) Seite, einem Bahnbetriebswerk, einem Industriegleisanschluss oder einer zusätzlichen Nebenstrecke auf der anderen Seite. Da sich der Betrachter meist nur auf einen Anlagenschenkel bzw. ein Motiv konzentrieren kann, wirkt die Anlage auf ihn interessanter und viel abwechslungsreicher – weil ihm der sprichwörtliche Überblick fehlt.

Theoretisch braucht die Winkelanlage mehr Platz, wie die Anordnung in unserem fiktiven Raum zeigt. Andererseits nutzt sie die vorhandene Fläche besser aus. Und oft

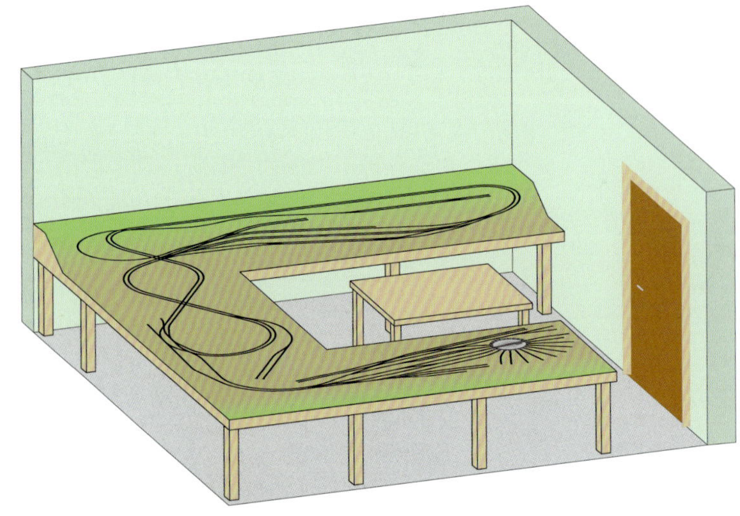

Der Winkel wird zur U-Form erweitert. Damit handelt es sich um eine raumfüllende Anlage, zumindest bei unserem fiktiven Modellbahnzimmer. Der in dem „U“ angedeutete Tisch zeigt, dass sich hier nicht mehr viel unterbringen lässt. Die modellbahnerischen Vorteile sind jedoch offensichtlich: Statt zwei (beim Winkel) gibt es nun drei Anlagenbereiche, die sich unterschiedlich gestalten lassen – und sich auch betrieblich voneinander unterscheiden können. So ein Konzept bietet in jeder Hinsicht viel Abwechslung.

Einfache U-Anlagen, aufbauend auf dem typischen Inhalt einer Startpackung. Das Gleisoval daraus ist auf dem großen mittleren Anlagenteil erhalten geblieben. An beiden Seiten zweigen Gütergleise bzw. Gleisanschlüsse ab, die einen regen Rangierverkehr erlauben. Links könnte es sich um die Ortsgüteranlage eines nicht nachgebildeten Personenbahnhofs handelt, rechts um einen Industriebetrieb, der zum Verladen schwerer Waren über einen großen (im Modell fernbedienten?) Kran verfügt. Der Spielwert ist trotz des einfachen Gleisverlaufs sehr hoch – übrigens bei diesem Beispiel auch für den sehr jungen, „verladefreudigen" Modellbahn-Nachwuchs.

Baugröße H0, Gleissystem: Roco-Line
Platzbedarf: ca. 220 X 210 cm

kann man aufgrund der anderen Streckenführung die Anlagentiefe verringern. Oder man baut ganz individuell, wie das Beispiel auf der linken Seite zeigt.

Vom Winkel zur U-Anlage

Die logische Fortsetzung davon ist die U-Anlage, bei der es drei Anlagenteile gibt. Sie können von einem Betrachter nicht mehr vollständig erfasst werden und bieten Platz für (mindestens) drei räumlich voneinander getrennte Hauptmotive. Auch die Form der Landschaft kann sich unterscheiden: z. B. Flachland an einem Ende mit Platz für größere Betriebsanlagen der Bahn, für ein Industriegelände oder städtische Bebauung, dann vielleicht ein allmählicher Übergang zu gebirgiger Topografie auf dem mittleren Anlagenteil. Der Fahrbetrieb auf den Streckengleisen kann hier besonders gut zur Geltung kommen. Auf dem dritten Anlagenschenkel findet sich schließlich ein geeigneter Platz für den Personenbahnhof, ggf. mit Ortsgüteranlage oder einem Industriegleisanschluss.

Der Platzbedarf gegenüber Rechteck- oder Winkelanlagen ist höher – sofern man von ansonsten gleichbleibenden Grundmaßen ausgeht. Unser fiktives Modellbahnzimmer ist nun fast vollständig ausgefüllt. Der zur besseren Anschauung miteingezeichnete Tisch wird zu einem Hindernis.

Ein Effekt, den man bereits in der Mitte einer Winkelanlage beobachten kann, tritt hier noch deutlicher zutage: Anders als an den Enden ei-

Diese U-Anlage ist modellbauerisch und betrieblich schon recht anspruchsvoll. Sehr schön wird hier die Aufteilung in drei Bereiche deutlich. Auf einem Anlagenschenkel befindet sich ein großes Dampflok-Bahnbetriebswerk, auf der gegenüberliegenden Seite wurde ein großer Personenbahnhof einer Hauptstrecke mit hier abzweigender Nebenbahn dargestellt. Zwischen den beiden betrieblichen Schwerpunkten bleibt Platz für die Landschaftsgestaltung und freie Streckenabschnitte. Hinzu kommen drei Gleisanschlüsse bzw. Güteranlagen. Ein einzelner Modellbahner ist mit dem Betrieb darauf mehr als ausgelastet.

Baugröße N
Gleissysteme: Fleischmann, Trix
Platzbedarf Grundfläche: ca. 375 x 300 cm
links: 100 x 300 cm, Mitte: 185 x 85 cm,
rechts: 90 x 245 cm

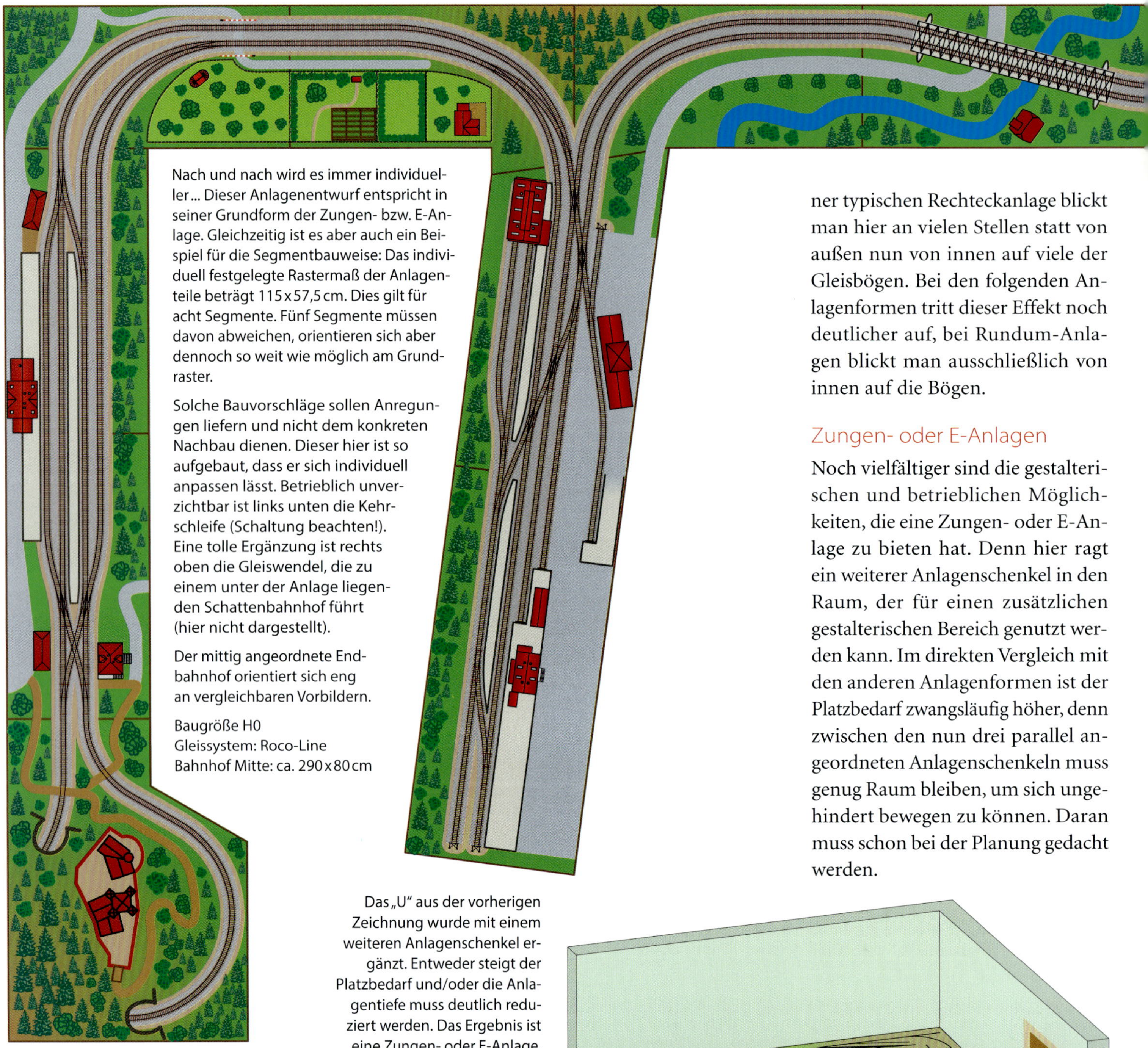

Nach und nach wird es immer individueller... Dieser Anlagenentwurf entspricht in seiner Grundform der Zungen- bzw. E-Anlage. Gleichzeitig ist es aber auch ein Beispiel für die Segmentbauweise: Das individuell festgelegte Rastermaß der Anlagenteile beträgt 115 x 57,5 cm. Dies gilt für acht Segmente. Fünf Segmente müssen davon abweichen, orientieren sich aber dennoch so weit wie möglich am Grundraster.

Solche Bauvorschläge sollen Anregungen liefern und nicht dem konkreten Nachbau dienen. Dieser hier ist so aufgebaut, dass er sich individuell anpassen lässt. Betrieblich unverzichtbar ist links unten die Kehrschleife (Schaltung beachten!). Eine tolle Ergänzung ist rechts oben die Gleiswendel, die zu einem unter der Anlage liegenden Schattenbahnhof führt (hier nicht dargestellt).

Der mittig angeordnete Endbahnhof orientiert sich eng an vergleichbaren Vorbildern.

Baugröße H0
Gleissystem: Roco-Line
Bahnhof Mitte: ca. 290 x 80 cm

ner typischen Rechteckanlage blickt man hier an vielen Stellen statt von außen nun von innen auf viele der Gleisbögen. Bei den folgenden Anlagenformen tritt dieser Effekt noch deutlicher auf, bei Rundum-Anlagen blickt man ausschließlich von innen auf die Bögen.

Zungen- oder E-Anlagen

Noch vielfältiger sind die gestalterischen und betrieblichen Möglichkeiten, die eine Zungen- oder E-Anlage zu bieten hat. Denn hier ragt ein weiterer Anlagenschenkel in den Raum, der für einen zusätzlichen gestalterischen Bereich genutzt werden kann. Im direkten Vergleich mit den anderen Anlagenformen ist der Platzbedarf zwangsläufig höher, denn zwischen den nun drei parallel angeordneten Anlagenschenkeln muss genug Raum bleiben, um sich ungehindert bewegen zu können. Daran muss schon bei der Planung gedacht werden.

Das „U" aus der vorherigen Zeichnung wurde mit einem weiteren Anlagenschenkel ergänzt. Entweder steigt der Platzbedarf und/oder die Anlagentiefe muss deutlich reduziert werden. Das Ergebnis ist eine Zungen- oder E-Anlage. Weitere „Zungen" sind – wenn es der Platz zulässt – denkbar. Spätestens jetzt wird deutlich, um wie viel spannender eine vom Rechteck abweichende Anlagenform sein kann. Wo spielt sich der Betrieb ab – vor, hinter, neben dem Betrachter? Er steht mittendrin! Und die Betriebsbereiche sind optisch deutlich voneinander getrennt.

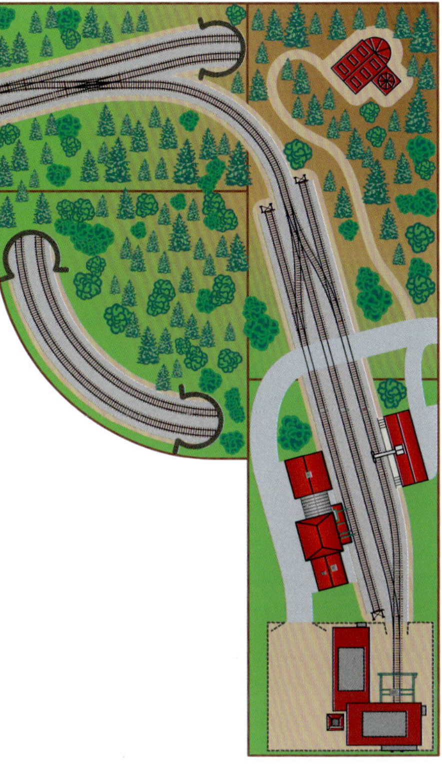

Auch so lässt sich das Hobby Modellbahn platzökonomisch realisieren: Dieser Miniaturbahner hat zwei voneinander unabhängige Anlagen übereinander gebaut. Die untere ist hier zu sehen, die „Decke" darüber ist der Grundrahmen der oberen Anlage.

Noch viel mehr als bei allen anderen Anlagenformen steht der Modellbahner bzw. Betrachter nun mitten im Geschehen, kann den Lauf eines Zugs durch die Landschaft oder von einem Betriebspunkt zum nächsten viel unmittelbarer verfolgen als bei einer Anlage, die er vollständig im Blick hat. Der Grundgedanke dieser Anlagenform lässt sich natürlich noch fortsetzen – mit weiteren Zungen. Das setzt jedoch deutlich über dem Durchschnitt liegende Platzverhältnisse und die Bereitschaft voraus, sich auf ein wirklich aufwendiges, zeitintensives Bauvorhaben einzulassen.

Die gedankliche Ausgangsbasis vieler Winkel-, U- oder Zungenanlagen ist die klassische Rechteckanlage, die um einen oder mehrere Schenkel erweitert wird. Mit dieser durchaus verständlichen Vorgehensweise wird aber in aller Regel nicht das Optimum erzielt. Denn ein bedeutender Vorteil dieser „komplizierteren" Anlagenformen ist, dass man sich vom typischen Gleisoval bzw. einer vergleichbaren Streckenführung lösen kann. Man sollte sich also eingehend mit der Gleispla-

TIPP

Bei den in diesem Kapitel exemplarisch vorgestellten Anlagenformen handelt es sich um allgemein anerkannte Grundtypen, die jedem versierten Modellbahner vertraut sein sollten. Abhängig von der jeweiligen Situation und den individuellen Wünschen haben diese Vor- und Nachteile. Sich daran zu orientieren, sollte aber nur ein erster Schritt sein –
sie sind kein Dogma. Die ideale Anlagenform ist die, bei der die räumlichen Gegebenheiten, die eigenen Wünsche an den Gleisplan, an die darzustellenden Motive und die Landschaftsform optimal in Einklang gebracht wurden. Welche geometrische Form der Anlagengrundriss danach hat, spielt keine Rolle.
Ein viel zitierter Leitsatz aus Design und Architektur kann in diesem Punkt auch auf die Modellbahnanlage übertragen werden: „Form follows Function"!

Die unter Modellbahnern gängigen, „klassischen" Anlagenformen werden in diesem Kapitel vorgestellt. Doch wer sagt, dass man sich darauf beschränken muss? Prinzipiell kann eine Modellbahn jede beliebige Form haben. Diese Anlage nach kanadischem Vorbild, ausgestellt auf der Ontraxs, ist rund!

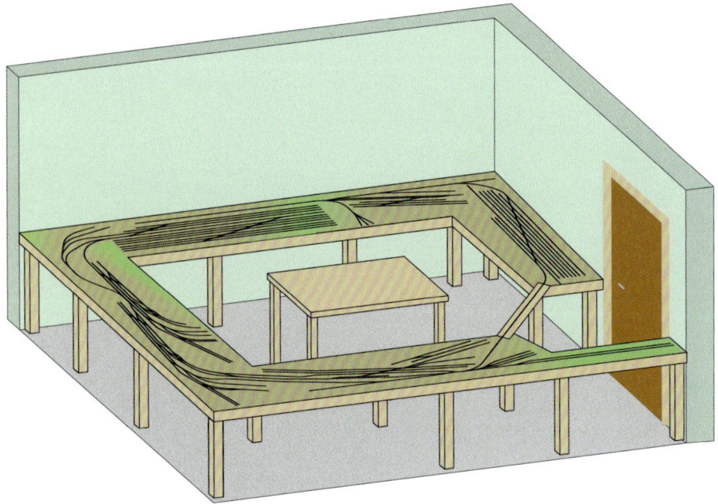

Haben die bislang gezeigten Anlagenformen aufeinander aufgebaut, folgt nun mit der „An-der-Wand-entlang“-Anlage ein prinzipiell anderer Ansatz. Sicher, es gibt Gemeinsamkeiten mit der E- und der U-Anlage (aus der sich dieser Grundriss entwickeln ließe). Das Rundherum bedeutet jedoch bei gleichbleibender Raumgröße, dass die Anlagentiefe nochmals reduziert werden muss. Und noch deutlicher als bei „E“ und „U“ ist ein stark abweichend konzipierter Gleisplan erforderlich; auch die Gestaltung folgt anderen Prinzipien – siehe Fotos.

nung beschäftigen und es nicht bei einem Entwurf belassen. Wer sich mit diesem eher theoretischen Teil des Hobbys gar nicht anfreunden kann, sollte sich Hilfe suchen – bei anderen, darin versierten Miniaturbahnern oder nötigenfalls bei einem professionellen Anlagenplaner.

Einmal rundherum

Immer beliebter bei den Miniaturbahnern werden die sog. „An-der-Wand-entlang“-Anlagen. Diese können sich auf eine Wand beschränken, haben aber stets eine geringe Anlagentiefe. Je nach Konstellation können sie aber auch an zwei, drei oder mehr Wänden fortgesetzt werden. Bei unserem fiktiven, rechteckigen Modellbahnzimmer schließt sich mit der vierten Wand der Kreis, auch betrieblich. Dann spricht man von einer Rundum-Anlage. In aller Regel ist für den Zugang zur Anlagenmitte ein klappbares Segment erforderlich. Dies kann ein komplettes, gestaltetes Teilstück oder nur eine schmale Verbindungsbrücke sein.

Prinzipiell handelt es sich um eine Erweiterung der U-Anlage. Doch nochmals ausgeprägter als dort wird man – bei gleichbleibenden Platzverhältnissen – die Anlagentiefe reduzieren müssen. Dass dadurch manche Gleisfiguren nicht mehr möglich sind und keine großen Berge mehr untergebracht werden können, muss kein Nachteil sein. Man kommt mit deutlich weniger Material aus; da die Motive jedoch sehr viel näher am Betrachter sind, sollte ganz besonders auf eine sorgfältige Gestaltung geachtet werden.

Nur am Rande sei hier darauf hingewiesen, dass der Blick nun aus allen Richtungen ausschließlich auf das Innere der Gleisbögen fällt.

Andere Betriebskonzepte

Mit der Anlagenform müssen sich auch die Gleispläne ändern. Bei den

Wer statt einer Rechteck- oder einer Winkelanlage die U-Form wählt oder gar einmal um Hobbyzimmer fahren möchte – immer an der Wand entlang –, wird in aller Regel mit einer deutlich reduzierten Anlagentiefe planen müssen. Dies hat Auswirkungen auf den Gleisplan, aber auch auf die Gestaltung. Dies muss jedoch kein Nachteil sein. Natürlich lassen sich bei geringer Tiefe keine großen Berge unterbringen, aber auch andere Motive haben ihren Reiz. Hinzu kommt noch ein weiterer Faktor: Sie sind viel näher am Betrachter.

Wie das Foto auf der linken Seite stammt auch dieses Motiv von einer Vereinsanlage, die in einer gemischten Modul-/Segmentbauweise gebaut wurde – immer an der Wand entlang. Allerdings hat das Vereinsheim mehr Wände als das übliche, rechteckige Hobbyzimmer.

Genauso wie der Landhandel hat auch die Tonerdefabrik einen Gleisanschluss und trägt so zum Betriebsgeschehen bei.

Die H0-Anlage wurde mit Märklin-K-Gleisen gebaut, sie wird komplett digital gesteuert.

ersten Beispielen kann man noch das „klassische" Gleisoval (oder eine daraus abgeleitete Streckenführung) realisieren. Ab der Zungenanlage ist dies nicht mehr möglich bzw. zumindest nicht mehr sinnvoll. Dies wird auch aus den verschiedenen Gleisplänen ersichtlich.

Die Abkehr vom „Kreisverkehr" führt zu anderen, durchaus spannenden Betriebskonzepten. So kann man beispielsweise bei der Rundum-Anlage dem Lauf des Zuges über die Anlage folgen, mit dem Regler in der Hand. Rangieraufgaben in Bahnhöfen oder auf Industriegleisanschlüssen werden direkt vor Ort erledigt, der Modellbahner ist Fahrdienstleiter, Lokführer und Rangierer in einer Person – und er befindet sich direkt am Geschehen. Der Trend bei den Modellbahnern entwickelt sich eindeutig zu solchen Betriebskonzepten, die ein aktives „Spielen" ermöglichen.

Wer nicht immer selbst Betrieb machen, sondern hin und wieder „nur" seinen Zügen bei der Fahrt über die Anlage entspannt zusehen möchte, kann auch bei diesen Anlagenformen auf seine Kosten kommen. Bei der Rundum-Anlage ist das ohnehin kein Problem. Ist der Kreis nicht geschlossen, braucht man bei der „An-der-Wand-entlang"-Anlage an den Enden Kehrschleifen. Sind diese nicht vorgesehen, kann man immerhin noch einen automatischen Pendelverkehr einrichten – ggf. einschließlich Zugwechsel.

Um zwei weitere Alternativen zu den jetzt vorgestellten Anlagenformen, die auch bautechnisch von Bedeutung sein können, geht es im nächsten Kapitel.

Diese Anlage der Baugröße N in Schaukasten-Manier ist auf den ersten Blick keiner der beschriebenen Anlagenformen zuzurechnen. Hinter der perfekt auf den Vordergrund abgestimmten Kulisse befinden sich verdeckte Abstellgleise.

Ohne diese könnte die Anlage in einem Regal ihren Platz finden, z. B. im Arbeits- oder sogar im Wohnzimmer. Das hier Gezeigte würde sich aber auch als Teil einer größeren Anlage eignen, die nur zu Betriebszeiten an einer oder beiden Seiten mit zusätzlichen Teilstücken in Segment- oder Modulbauweise erweitert wird – das Thema des nächsten Kapitels.

Module und Segmente

Nach den Standard-Anlagenformen muss noch eine flexiblere Alternative vorgestellt werden, die immer größere Verbreitung findet: der Anlagenbau mit Segmenten bzw. Modulen.

Fahrzeuge und gut gestaltete Motive in der Spur 1 sind immer ein Blickfang. In dieser Baugröße ist die Modul- bzw. Segmentbauweise sehr weitverbreitet.

Die allermeisten Modellbahnanlagen entstehen wohl immer noch in herkömmlicher Bauweise, als im Ganzen geplantes und über einen längeren Zeitraum realisiertes „Gesamtkunstwerk“. Doch immer mehr Modellbahner entscheiden sich für eine Modul- oder Segmentbauweise, die einige Vorteile zu bieten hat. In diesem Kapitel zeigen wir einige Beispiele, die veranschaulichen, wie variabel und anpassungsfähig diese Art des Anlagenbaus ist.

Dies hat technische Auswirkungen, sobald es unmittelbar um die Bauweise geht. Außerdem ergeben sich daraus fast unendlich viele weitere Anlagenformen sowie auch

Hans Wunder, Erbauer der Spur-1-Anlage, zeigt, wie er seine gerade nicht genutzten Module platzsparend in einem eigens dafür angefertigten Schrank unterbringt.

Die Modulbauweise bedeutet nicht, dass man sich auf reine Flachland-Motive beschränken muss.Auch bei geringer Anlagentiefe lassen sich Strecken in gebirgigen Landschaften stimmig ins Modell umsetzen.

weitere Betriebskonzepte. Letzteres kommt besonders bei Vereinen zum Tragen.

Statt aus einer großen Einheit besteht eine in Modul- oder Segmentbauweise errichtete Anlage aus mehreren, leicht voneinander trennbaren und daher auch gut zu transportierenden „Baugruppen" – eben den Modulen bzw. Segmenten. Sie lassen sich einzeln bauen und gestalten, sodass sich viel schneller als bei einem großen Bauprojekt erste Erfolgserlebnisse einstellen können.

Bau in Teilstücken

Darüber hinaus ist grundsätzlich zu empfehlen, auch eine größere stationäre Anlage in mehrere, nicht allzu schwer zu trennende Anlagenteilstücke aufzuteilen. Bleibt die Anlage zunächst aufgebaut, lassen sich die Nahtstellen perfekt kaschieren. Dies kann auch ungemein hilfreich bei einem unerwarteten Umzug sein, der von vielen herkömmlichen, dem vorhandenen Platz angepassten Anlagen nicht heil überstanden wird. Die Anlagenteile sollten also durch Tür und Treppenhaus passen. Außerdem können jederzeit Erweiterungen oder Umbauten vorgenommen werden, ohne tiefe Eingriffe in die Struktur vornehmen zu müssen.

Flexibel mit Segmenten

Allerdings geht es hier vorrangig um eine andere Form der Segmentbauweise: Aufgeteilt auf handliche, gut zu verstauende Abschnitte, muss eine solche Anlage nicht zwingend fest aufgebaut sein. Oder es ist nur ein Teil der Anlage stationär, weitere Abschnitte werden nur aufgestellt, wenn Betrieb gemacht oder daran gebaut werden soll. Auch auf diese Weise lassen sich Platzprobleme lösen. Neben Regalanlagen mit geringer Tiefe eignen sich für diese Bauweise besonders die „An-der-Wand-entlang"- und die Rundum-Anlage, die schon im letzten Kapitel vorgestellt wurden.

Von Segmenten spricht man, wenn Unterbau, Gleislage, Technik etc. keiner einheitlichen Norm folgen. Vielmehr handelt es sich um Anlagenteile, die in einer vorgegebenen Reihung aneinanderzufügen sind. Allerdings können auch hier Änderungen oder Erweiterungen relativ einfach vorgenommen werden, z. B. durch das Einfügen von passend errichteten Anlagenteilen. Segmente können (müssen aber nicht) voneinander völlig abweichende Maße haben. Entsprechend weit gefasst ist das Spektrum der Segmentbauweise. Eine Vereinheitlichung der Anlagenteile erleichtert natürlich auch

Module oder Segmente?

Die von Modellbahnern vorgenommene deutliche Unterscheidung dieser beiden an sich sehr ähnlichen
Begriffe führt im Dialog oder in der Literatur häufiger zu Irritationen. Daher hier eine kurze Erläuterung: Als Segmente werden Teilstücke einer Modellbahnanlage bezeichnet, die keiner Norm folgen und daher nur mit den benachbarten Segmenten kompatibel sind. Anlagensegmente können jede beliebige Form aufweisen – aber auch bis auf die Gleisanschlüsse einer Norm entsprechen. Dies ist z. B. bei Bahnhöfen innerhalb von Modulnormen fast schon die Regel.

Module hingegen müssen einer Norm entsprechen. Dies gilt u. a. für die Gleislage, den Landschaftsquerschnitt, die Befestigungselemente und die Verdrahtung. Am deutlichsten wird dies bei den Kopfstücken (siehe Zeichnung rechte Seite).

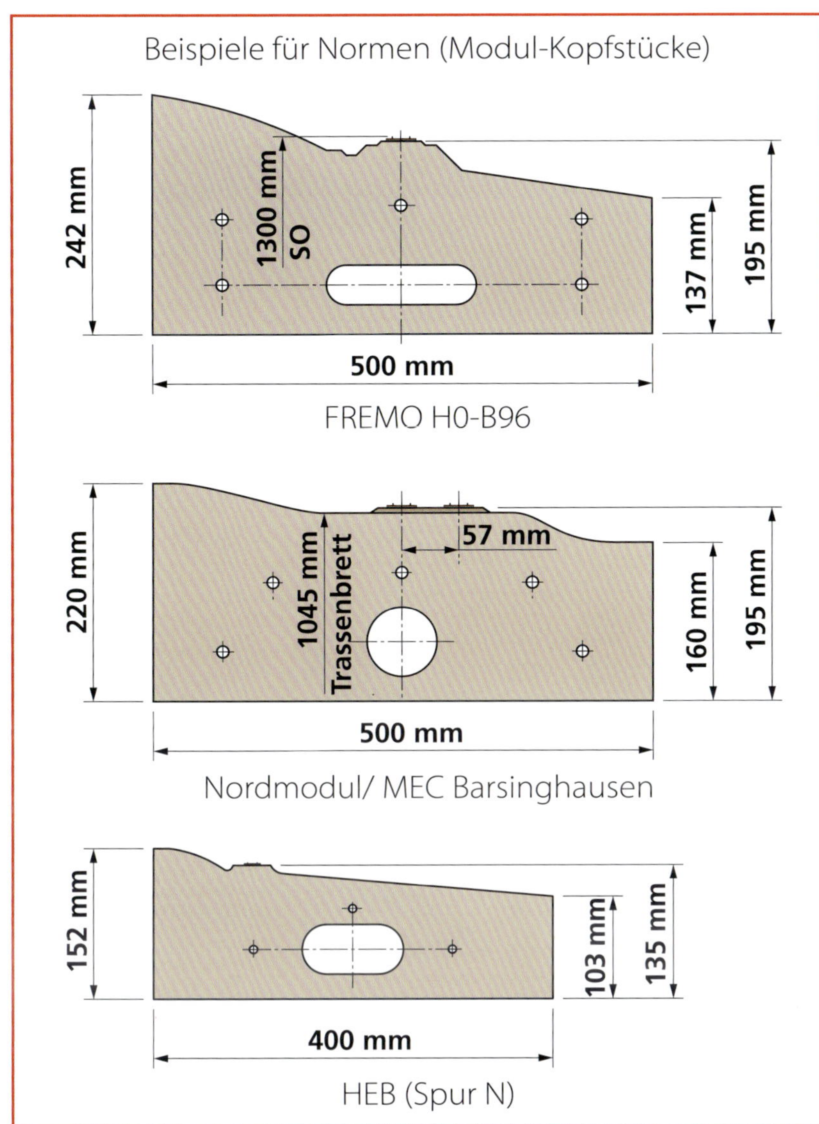

das Anfertigen der Unterbauten aus Holz, deren Bauteile zumindest zum Teil dieselben Maße aufweisen.

Vom Segment zum Modul

Ein weiterer Vorteil dieses Bauprinzips ist, dass man seine Anlage mit denen anderer Modellbahner kombinieren, mit ihnen gemeinsam spielen oder sogar auf Veranstaltungen ausstellen kann (was mit einer leicht zu transportierenden Anlage natürlich auch alleine geht).

Das „Zusammenspiel" setzt allerdings voraus, dass die Anlagenteile zueinanderpassen – hinsichtlich ihrer Maße, der Übergänge samt der Gleislage von einem zum nächsten Abschnitt, aber auch in Bezug auf die technischen Parameter (Stromsystem, Verdrahtung, Verbindungselemente zwischen den Anlagenteilen, Höhe über Fußboden etc.).

Unter Modellbahnern gibt es daher eine klare begriffliche Abgrenzung (siehe auch Kasten links): Module sind untereinander kompatibel und werden nach entsprechenden Normen gebaut. In aller Regel gibt es jeweils mehrere Ausführungen, z. B. mit ein- oder zweigleisigen Strecken, mit Gleisverschwenkungen vorne/hinten oder auch spezielle Eckmodule. „Joker"-Module dienen dem Übergang von einer zur anderen Ausführung, z. B. bei einer Änderung des Landschaftsquerschnitts.

Dies setzt natürlich zunächst voraus, dass man sich auf eine Norm verständigt bzw. eine für das eigene Vorhaben geeignete auswählt. Diese werden i.d.R. von Vereinen entwickelt. Manchmal kommen sie nur innerhalb dieses Kreises von Modellbahnern zur Anwendung, andere sind weiter verbreitet. Am bekanntesten sind die des FREMO

Der Blick auf einen Teil des Modularrangements bei einem FREMO-Regionaltreffen. Alljährlich gibt es zahlreiche solche Veranstaltungen. Bei den großen, überregionalen Treffen werden für die Arrangements große Hallen benötigt.

Die Treffen sind nicht öffentlich. Nach vorheriger Anmeldung sind aber auch Gäste willkommen.

Beim FREMO wird nach Fahrplan gefahren. Nur etwas für Modellbahn-Spezialisten? Nein, nicht unbedingt. Dieses Junior-Mitglied macht aktiv mit. Und weil die Module so hoch stehen, hat er immer eine leere Getränkekiste dabei, wenn er seinen Zug bei der Fahrt über die Anlage begleitet.

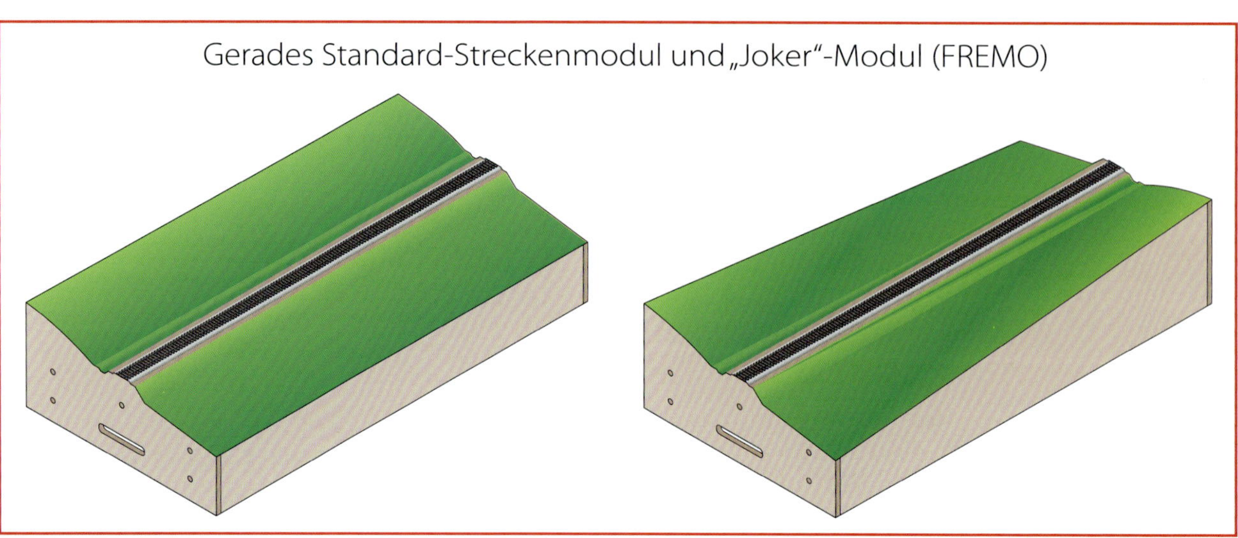

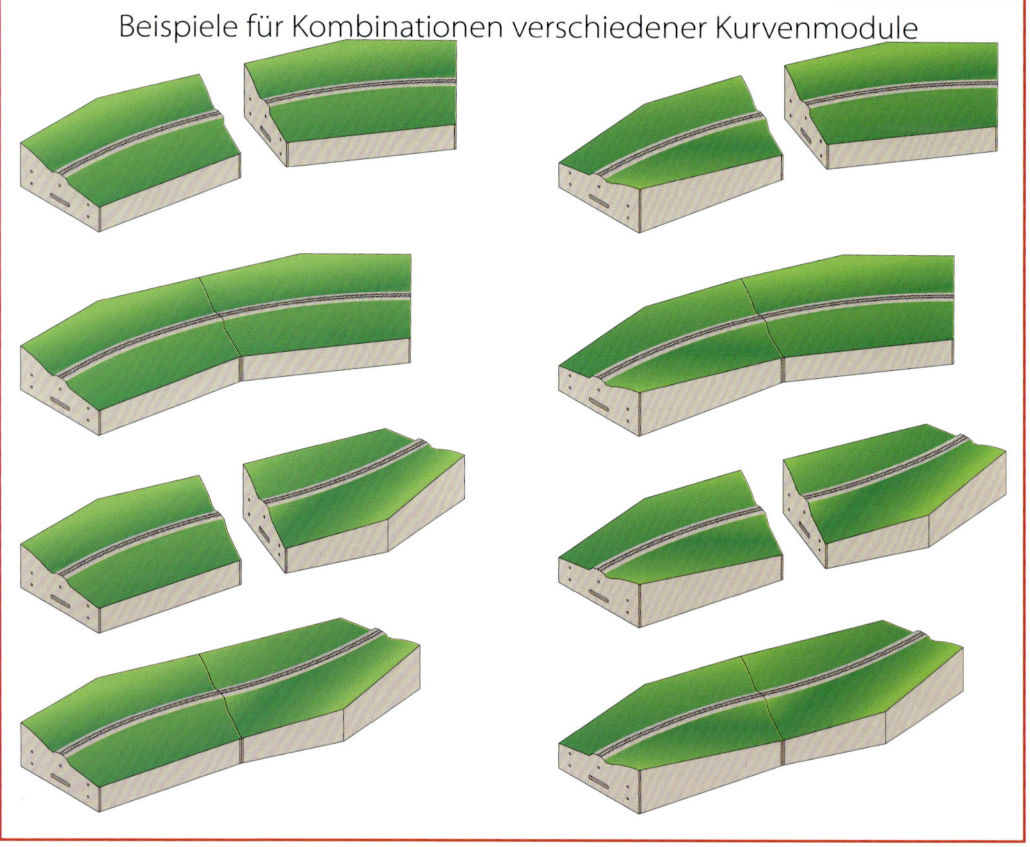

Beispiel für eine Segmentanlage der Baugröße N in Regaltiefe (28 cm). Sie besteht aus fünf 80 cm breiten Anlagenteilen. Rechts befindet sich eine Abstellgruppe, an den Tunnel links könnte eine Verlängerung oder ein verdeckter Schattenbahnhof angeschlossen werden. Der Anlagenplan wurde für das Minitrix-Gleis entwickelt.

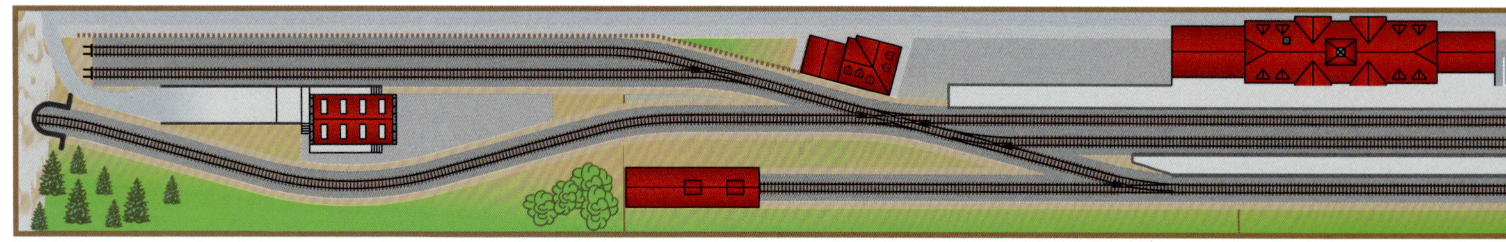

Anhand dieses Rohbaus eines FREMO-Moduls (FREMO:87-Norm) kann man sehr gut die solide Bauweise der Module erkennen.

Hier entsteht ein Bahnhof in vorbildgerechter Länge. Die Übergänge innerhalb des Bahnhofsbereichs weichen natürlich von der Norm ab. Diese wird erst mit dem Erreichen der sich anschließenden Streckengleise wieder eingehalten.

(www.fremo.org) – ein europaweit tätiger Verein mit etlichen Normen für verschiedene Baugrößen und Ansprüche an das Niveau des Anlagenbaus (insbesondere im Bereich des Gleisbaus).

Innerhalb eines Abschnitts kann auch dann von der Norm abgewichen werden, etwa bei einem längeren, aus mehreren Teilen bestehenden Bahnhof. Nur an den beiden Endstücken müssen die genormten Übergänge eingehalten werden.

Die Modulbauweise hat noch einen weiteren Vorteil: Die am weitesten verbreiteten Kopfstücke kann man präzise vorgefertigt erwerben. Standard-Module gibt es auch als Komplettbausätze.

Betrieb nach Fahrplan

Der FREMO führt alljährlich etliche regionale und überregionale Treffen durch, vom überschaubaren Rahmen unter Kollegen bis zur internationalen Großveranstaltung. Neben dem Gedankenaustausch, Seminaren etc. wird auf den Modularrangements auch richtig Betrieb gemacht. Richtig Betrieb heißt hier, dass nach eigens erstellten Fahrplänen gefahren wird – z. B. mit Güterwagen, deren Ladegut ein bestimmtes Ziel hat. Der Wagen ist dem Empfänger auf seinem Gleisanschluss zuzustellen und später wieder abzuholen. Spielvergnügen nahe an der Realität.

Der FREMO fährt digital im DCC-System, überwiegend mit dem einfachen, vom Verein entwickelten Handregler FRED (erhältlich auch von Uhlenbrock). Die Weichen etc. werden hingegen analog oder auch manuell direkt an den jeweiligen Betriebsanlagen gestellt bzw. geschaltet.

Bei den sog. Sessions wird auf dem Modularrangement Betrieb nach Fahrplan gemacht. Dieser liegt jedem Mitspieler vor. Außerdem gehört zu jedem Waggon eine sog. Wagenkarte mit technischen Angaben, hinzu kommen Informationen u. a. über das Ladegut und den Empfangsbahnhof bei dieser Session.

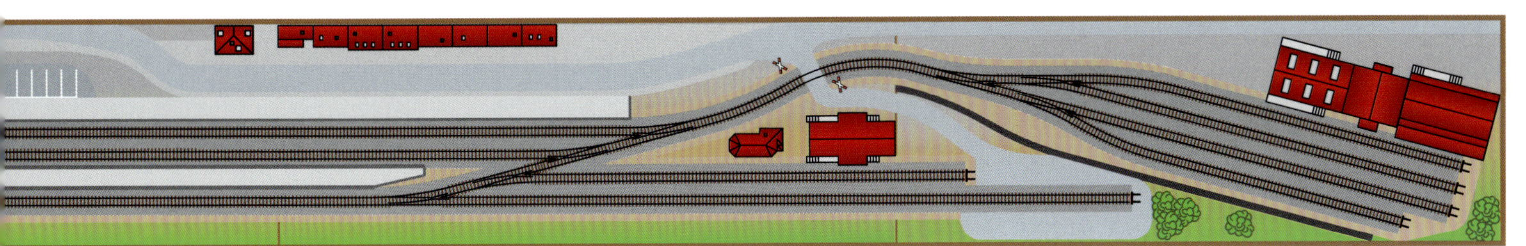

Maße und Normen

Die Modellbahn ist zuallererst ein technisches Hobby. Damit sie möglichst einwandfrei funktioniert, müssen gewisse „Spielregeln" eingehalten werden. Sie sollten bereits bei der Planung berücksichtigt werden, auch wenn die eine oder andere Einschränkung damit verbunden ist.

Das Lichtraumprofil spielt auch beim großen Vorbild eine wichtige Rolle. Auf Güterbahnhöfen oder Ortsgüteranlagen findet man oft auch sog. Ladelehren bzw. -maße. Im Modell ist, abhängig vom jeweiligen Radius, in Bögen ein deutlich breiteres Lichtraumprofil vorzusehen.

Ist ein geeigneter Platz für die Modellbahn gefunden, entwickeln sich schnell recht genaue Vorstellungen von der Anlagenform, dem Thema und den gewünschten Betriebsabläufen, von der Landschaft und den darin zu gestaltenden Motiven. Wenn man so weit ist, kann mit der konkreten Planung begonnen werden. Doch dabei muss noch mehr bedacht werden. Beispielsweise sollten einige technische „Spielregeln" eingehalten werden, um später keine Enttäuschungen zu erleben. Bereits bei der Gleisplanung sollte an den Aufbau und die verschiedenen dafür geeigneten Bauweisen gedacht werden. Beispielsweise ob eine Gleis- wendel erforderlich ist und wie diese gebaut werden soll. Und es müssen einige Maße eingehalten werden, die für die Vorbildtreue, noch viel mehr aber für einen reibungslosen, sicheren Anlagenbetrieb bedeutend sind.

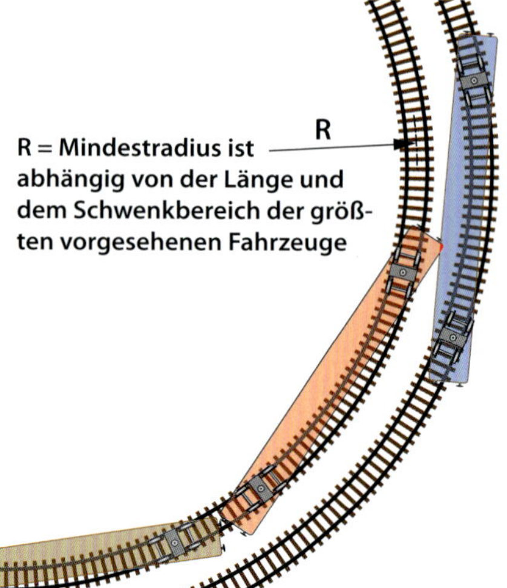

Lichtraumprofil (NEM 102) Maße in mm

	A	B	C	D	E	F	G	H	J	K
N	22	18	27	25	9,0	37	33	25	6	8
TT	28	24	36	32	12,0	48	43	33	8	10
H0	38	32	48	42	16,5	65	59	45	11	14

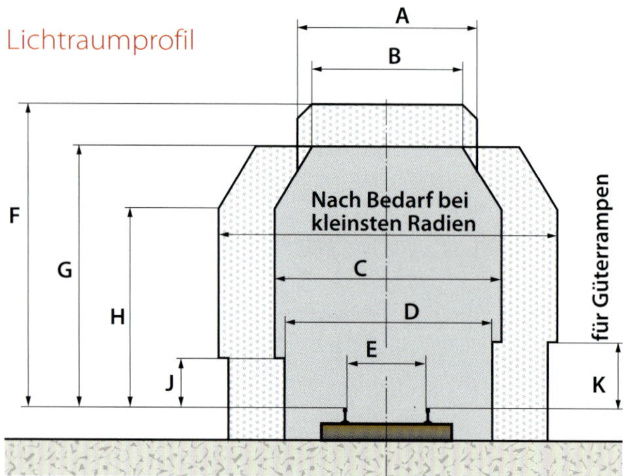

Eine wichtige Rolle für die Technik der Modellbahn (und darüber hinaus) haben die NEM (Normen Europäischer Modellbahnen), die vom MOROP (Verband der Modelleisenbahner und Eisenbahnfreunde Europas) entwickelt wurden. Sie regeln z. B. die Ausführung der Kupplungen und Kupplungsaufnahmen oder die Einhaltung der Spurweite bei Gleisen und Rädern. Auch die Einteilung der Epochen ist genormt. Andere NEM-Normen spielen beim Anlagenbau eine bedeutende Rolle; auf die wichtigsten dieser Regeln soll hier kurz eingegangen werden. In den Tabellen dazu sind die Maße für die Baugrößen N, TT und H0 angegeben, jeweils für normalspurige Bahnen. Alle weiteren Werte lassen sich den NEM entnehmen. Sämtliche NEM-Normen in der jeweils aktuellen Fassung findet man auf der Homepage des Morop (www.morop.eu) als kostenlose Downloads im PDF-Format.

Das Lichtraumprofil

Das sog. Lichtraumprofil (nach NEM 102 und 103) gibt die erforderlichen Mindestabstände an, die nötig sind, damit die Modellfahrzeuge ungehindert einander, Tunnelportale, Brücken oder auch Gebäude passieren können. In der Zeichnung links wurden beide Normen – für gerade und gebogene Gleise – zusammengefasst. Das Maß für Oberleitungsbetrieb wurde dabei ebenso berücksichtigt wie das deutlich breitere Modell-Lichtraumprofil auf engen Radien.

Was dies in der Praxis bedeutet, zeigt die Zeichnung oben: Mit wachsender Länge und in Abhängigkeit von der Position der Drehgestelle schwenken Fahrzeugmodelle auf kleiner werdenden Gleisbögen immer weiter aus – bis sie sich bei zu geringem Gleismittenabstand treffen und einen Unfall auslösen. Solche Zusammenstöße kann es auch mit den unterschiedlichsten Gegenständen der Anlagengestaltung geben, wenn diese zu nahe ans Gleis gebaut wurden. Dies muss bei der Planung, aber auch bei der späteren Ausgestaltung berücksichtigt werden.

Noch besser ist es, bei so langen Fahrzeugen (insbesondere maßstäblich lange Schnellzugwagen) keine der engsten Radien zu verwenden,

Maße in Bahnhöfen

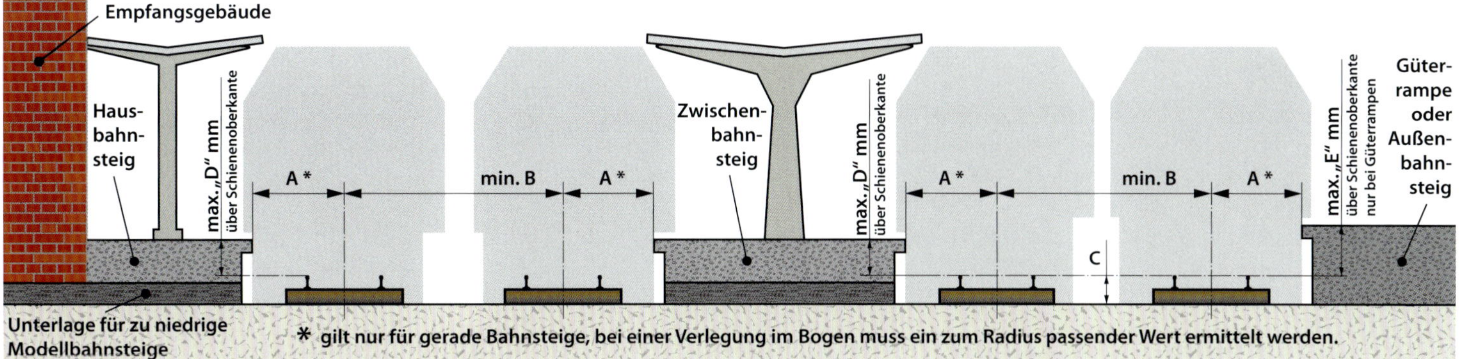

Im Bahnhof	Maße in mm				
	A	B	C	D	E
N	12	28	ca.4	6	8
TT	15	38	ca.4	8	10
H0	20	52	ca.4	11	14

denn das weite Ausschwenken beeinträchtigt auch die optische Wirkung erheblich. Doch nicht immer steht genug Platz für die größeren Bögen zur Verfügung. Um dies zu erkennen, bedarf es keiner Norm. In der Praxis lässt sich das erforderliche Lichtraumprofil oft auch durch Rollversuche mit den längsten der zum Einsatz kommenden Wagenmodelle ermitteln.

Maße in Bahnhöfen

Für den Anlagenbau ebenso wichtig sind die daraus abgeleiteten Maße im Bereich von Bahnhöfen (siehe Zeichnung oben).Die Maße beziehen sich auf gerade Bahnhofsgleise, bei gebogenen ist je nach Radius ein ausreichender Zuschlag bei den Abständen vorzusehen (unbedingt testen!). Dabei gibt es einen Zielkonflikt: Aus optischen Gründen sollten die Bahnsteigkanten möglichst nahe an den Wagen verlaufen, damit die

NEM 122/112 Querschnitt Bahnkörper	A	A2*	B	C	D	E	F*	G*
N	38	63	22	16	9,0	6	25*	3*
TT	50	84	28	22	12,0	8	34*	6*
H0	70	116	38	30	16,5	10	46*	8*

* Maße abhängig vom Gleissystem, Angaben für gerade Strecken

Bettungsquerschnitte beim Vorbild (Maße in cm)

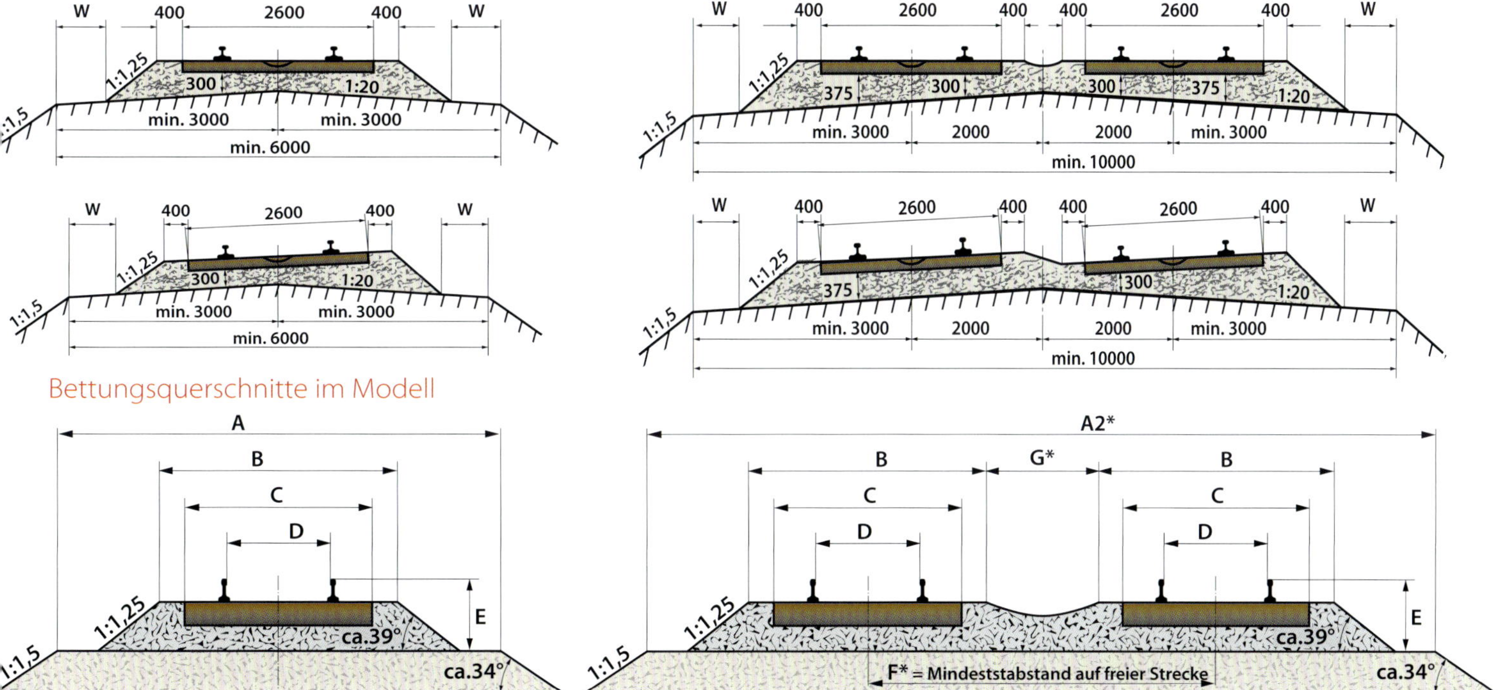

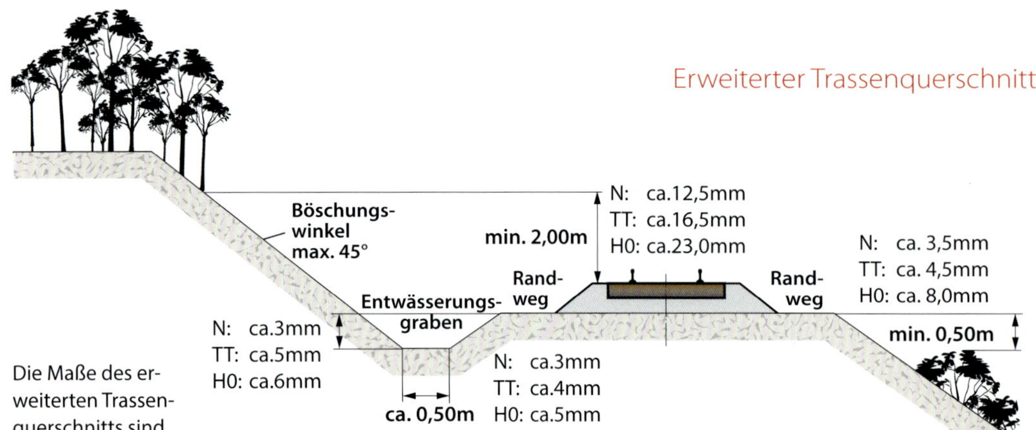

Die Maße des erweiterten Trassenquerschnitts sind nicht genormt. Sie orientieren sich am Vorbild und sollten auch im Modell in etwa eingehalten werden.

kleinen Reisenden bequem einsteigen können. Andererseits müssen Kollisionen verhindert werden.

Noch eine Anmerkung zur Bahnsteigbreite: Es gibt dafür keine festen Vorgaben. Modellbahnsteige fallen jedoch, verglichen mit dem Vorbild, fast immer arg schmal aus – ein Tribut an die stets knappen Platzverhältnisse. Wo es machbar ist, sollten der Gleismittenabstand erweitert und breitere Modelle oder Eigenbauten eingesetzt werden, da sie wesentlich besser aussehen.

Gleisbett und Böschungen

Die Zeichnungen auf der vorangegangenen Seite unten zeigen die Bettungsquerschnitte beim Vorbild für ein- und zweigleisige Strecken bei Geraden und bei Gleisbögen. Zum direkten Vergleich darunter werden die Werte aus der NEM 122 für Modellbahnen gezeigt. Die für zwei- und mehrgleisige Strecken wichtigen Gleisabstände regelt die NEM 112. Die Empfehlung, sich daran zu halten, hat diesmal keine modelltechnische Begründung. Es geht – wichtig genug – um die Optik. Eine vorbildnahe Gestaltung des Gleisbetts macht etwas mehr Mühe, doch dieser Aufwand zahlt sich allemal aus.

Ähnlich ist es mit dem oben zeichnerisch erweiterten Trassenquerschnitt. Neben dem Gleis verläuft in aller Regel ein schmaler, befestigter Randweg. Und überall dort, wo es aufgrund der Topografie nötig ist, gibt es parallel zum Trassenverlauf einen schmalen Entwässerungsgraben. Manchmal ist er deutlich auszumachen, z. B. frisch betoniert. Weitaus häufiger ist dieser Bereich jedoch längst überwuchert und nur von kundigen Eisenbahnfreunden noch halbwegs zu erkennen.

Auch für das Gelände „drum herum" gibt es etliche Vorgaben, deren Einhaltung im Modell sich positiv auf die Optik auswirkt. Böschungen im Gleisumfeld sollten eine maximale Neigung von 1:1,5 haben. Während des Einsatzes von Dampfloks – also bis in die Epoche IV hinein – wurde der Bewuchs auf Böschungen im Trassenbereich kurz gehalten. Aber auch heute kommt es noch vor, dass (Museums-)Dampfloks einen Böschungsbrand auslösen. Ganz so penibel muss man im Modell nicht sein. Allzu steile Böschungen sollte man dennoch vermeiden. Die Alternative, die zudem viel Platz spart, sind Stützmauern. Sie sollten so beschaffen sein, dass sie glaubhaft den betreffenden Hang mit der Trasse abfangen, ihre Länge sollte auf das zwingend nötige Maß begrenzt werden.

Steigungen und Gefälle

Ein weiteres Stichwort sind die maximal zulässigen Steigungen, die bei der Gleis- und Anlagenplanung eine wichtige Rolle spielen. Zwar bewältigt die Modellbahn weitaus stärkere Steigungen als das große Vorbild. Trotzdem gibt es Grenzen. Die häufig in der Literatur genannten und auch anzustrebenden 3 % können bei kleinen Anlagen nur selten eingehalten werden. 5 % sollten jedoch das Maximum sein. Wichtig ist auch, dass an Beginn und Ende jeder Steigungsstrecke Ausrundungen vorgesehen werden, die ebenfalls etwas Platz beanspruchen (siehe Skizze).

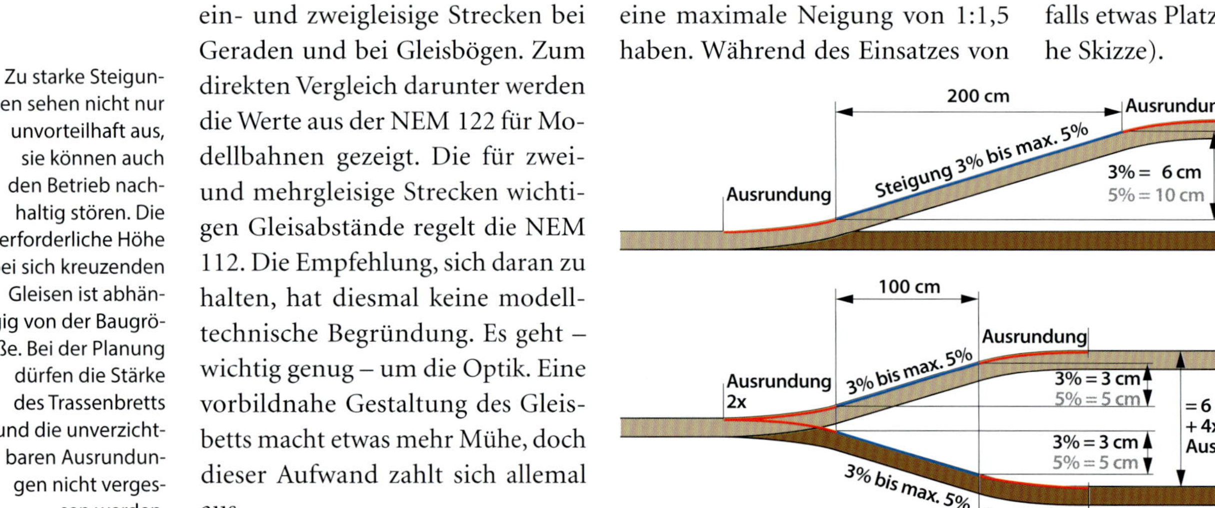

Zu starke Steigungen sehen nicht nur unvorteilhaft aus, sie können auch den Betrieb nachhaltig stören. Die erforderliche Höhe bei sich kreuzenden Gleisen ist abhängig von der Baugröße. Bei der Planung dürfen die Stärke des Trassenbretts und die unverzichtbaren Ausrundungen nicht vergessen werden.

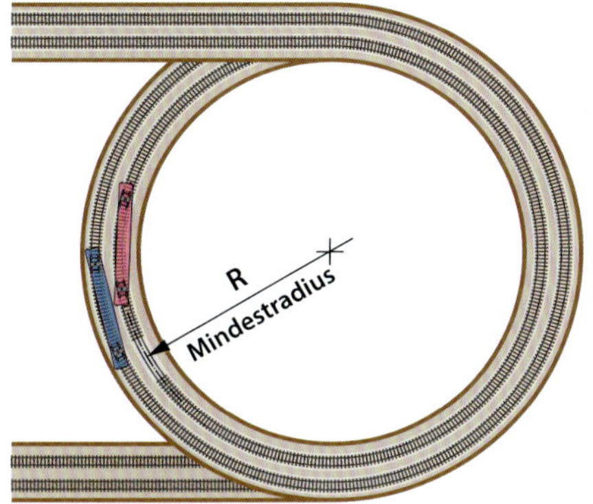

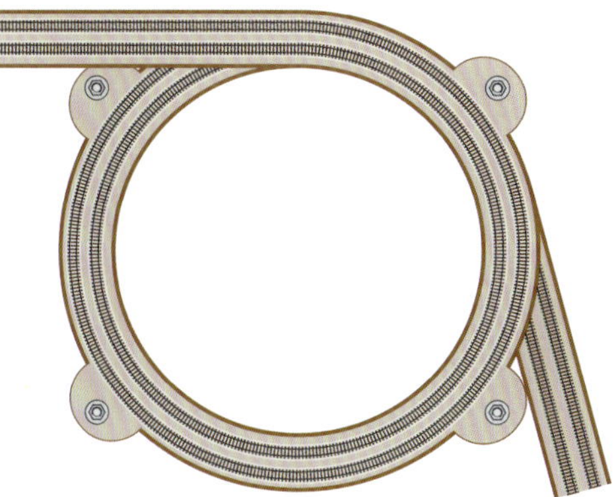

Gleiswendeln zur Überwindung größerer Höhenunterschiede auf vergleichsweise kleinem Raum lassen sich auf verschiedene Weise errichten. Die Skizzen zeigen drei Beispiele. Sehr wichtig sind eine ausreichende Stabilität und eine gleichmäßige „knickfreie" Steigung, um Betriebsstörungen zu vermeiden. Wenn irgend möglich, sollte ein größerer Radius als der Minimalradius gewählt werden. Auch hier gelten die Grenzwerte für Steigungen (siehe linke Seite)!

Diese Werte müssen insbesondere dann bei der Planung berücksichtigt werden, wenn sich zwei Strecken auf unterschiedlichen Ebenen kreuzen sollen. Um mit einer 5 %-igen Steigung einen Höhenunterschied von 10 cm zu überwinden, benötigt man – einschließlich der Ausrundungen – eine Streckenlänge von mehr als 200 cm. Ein beachtlicher Wert, der sich aber mit einem planerischen und gestalterischen Trick halbieren lässt: Wenn es die Situation erlaubt, kann man eine Strecke steigen, die andere fallen lassen. Dies ist meistens auch die optisch ansprechendere Lösung, besonders dann, wenn die Strecken nicht parallel verlaufen. Die Zeichnungen links geben dafür wichtige Anhaltspunkte. In der Praxis geht noch mehr – mit kräftigen Loks, kurzen Zügen, auf sauberen Gleisen ... Wir raten dennoch davon ab, sich in diesen technischen Grenzbereich zu begeben.

Gleiswendeln

Manchmal ist es erforderlich, größere Höhenunterschiede zu überwinden. Dies kann bei Anlagen mit Hochgebirgscharakter nötig sein, viel häufiger sind jedoch die Zufahrten zu den sog. Schattenbahnhöfen – verdeckte Abstellgruppen unter der gestalteten Anlagenebene. Obwohl wir auch dies anhand eines Anlagenbeispiels zeigen kommt es in der Praxis eher selten vor, dass sich ein Schattenbahnhof über eine einfache Rampe erreichen lässt. Denn bei seiner Konzeption sollte man auch daran denken, dass nur ein ausreichender Abstand zur Ebene darüber manuelle Eingriff ermöglicht, z. B. bei Betriebsstörungen wie einer Entgleisung. Zur Überwindung solcher Distanzen werden Gleiswendeln eingesetzt – 360°-Bögen, die wie eine Spirale prinzipiell jeden beliebigen Höhenunterschied überwinden können.

Es gibt verschiedene Bauweisen. Ideal ist der Einsatz von Gewindestangen, da sich mit ihnen de Höhe des Trassenbretts fein justieren lässt und gleichmäßige Neigungen realisiert werden können. Auch hier sollten 3 % nicht überschritten und der Abstand zwischen den Wendeln so gewählt werden, dass man ggf. einen verunglückten Zug noch erreichen kann. Insbesondere beim Anfahren von längeren Zügen treten Kräfte auf, die diese ins Bogeninnere ziehen. Dagegen helfen nur möglichst große Radien – und eine behutsame Fahrweise. Trotzdem sollte man bei Gleiswendeln, aber auch bei anderen verdeckt verlaufenden Trassen, bei denen Gleise nahe am Rand verlaufen, eine Absturzsicherung vorsehen. Dafür genügen dünne Streifen flexiblen Materials, die seitlich zwei, drei Zentimeter über das Trassenbrett hinausragen.

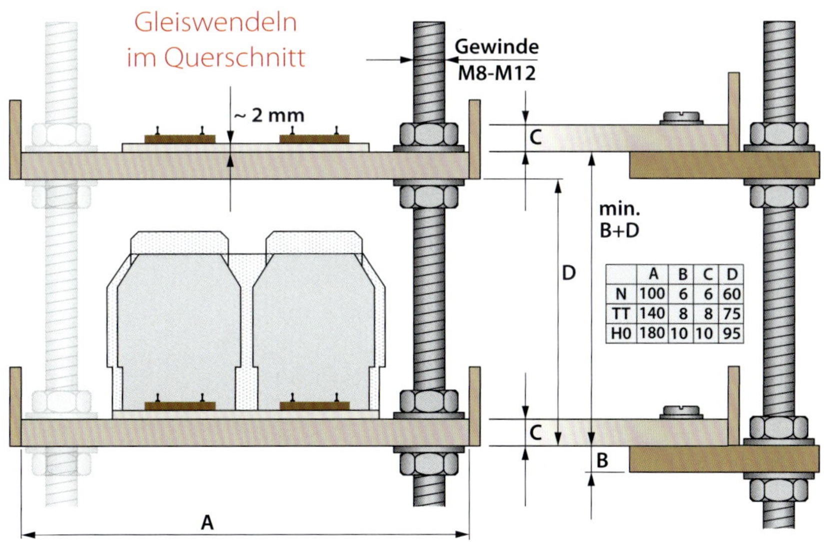

	A	B	C	D
N	100	6	6	60
TT	140	8	8	75
H0	180	10	10	95

Die Zeichnung zeigt den Querschnitt durch zwei mögliche Gleiswendel-Konstruktionen. Die angegebenen Maße stellen das Minimum für die Baugröße H0 dar. Bei anderen Nenngrößen sind sie entsprechend anzupassen.

Die angegebenen Maße (in mm) sind nicht genormt und stellen nur Anhaltspunkte dar.

Gleis- und Anlagenplanung

„Zirkel, Lineal, Geodreieck und Bleistift", hieß es einst, wenn es an die konkrete Planung einer Modellbahn ging. Heute geht dies dank der Computertechnik wesentlich einfacher. Trotzdem sollte man sich etwas intensiver mit der Materie befassen.

Für manche Modellbahner ist aus der Gleis- und Anlagenplanung ein eigenständiges Hobby geworden. Einige haben den Plan, tatsächlich eine Anlage zu bauen, inzwischen aufgegeben. Sie finden ihre Erfüllung darin, immer wieder neue Anlagen zu entwerfen, an der Gleislage zu feilen, bis das Optimum erreicht ist. Manche begnügen sich mit groben Skizzen, andere entwickeln höchst detaillierte, dreidimensionale Anlagenpläne, die sich aus jeder gewünschten Perspektive betrachten lassen.

Diese „theoretischen" Miniaturbahner sind allerdings eine Minderheit, die allermeisten möchten so schnell wie möglich mit ihrem Bauprojekt beginnen. Ab einer gewissen Anlagengröße (hauptsächlich in Bezug auf den Gleisplan, nicht unbedingt auf die Anlagenfläche) kommen aber auch sie nicht umhin, sich mit der Planung zu beschäftigen. Zwar findet man in der Literatur und auch im Internet eine riesige Auswahl an Gleisplänen, mit steigenden Ansprüchen und Ausmaßen des Vorhabens sinkt jedoch die Wahrscheinlichkeit, etwas exakt Passendes zu finden.

Heimanlage in Baugröße N. Zerlegbar und damit auch für Ausstellungen geeignet – beides setzt eine sorgfältige Planung voraus. Dies gilt für den Gleisplan, aber auch für die Technik, ohne die der Betrieb nicht läuft. Dass es sich nicht um eine reine Heimanlage handelt, ist am rechten Bildrand an der dort verlaufenden Naht zwischen den Anlagensegmenten zu erkennen.

AGA

Stellvertretend für die zahlreichen Offerten werden hier die Gleiselemente weit verbreiteter Systeme der Baugrößen H0 und N vorgestellt. Die dabei verwendeten Farben entsprechen den Farbschemen der jeweiligen Hersteller. Die Bezeichnung der einzelnen Gleise ist mit den Artikelnummern bzw. den auch im Katalog verwendeten Abkürzungen erfolgt.

Das Anfang der neunziger Jahre eingeführte Roco-Line-Gleis bietet eine große Palette an Gleiselementen, 10°- und 15°-Weichen bzw. Kreuzungen sowie Bogenweichen in drei Größen. Hinzu kommt eine gut durchdachte, logische Geometrie. Damit kann dieses H0-Gleis auch nach bald 30 Jahren noch punkten.

Eine Besonderheit ist die Variante mit dem Schotterbett, das einen vorbildgerechten Querschnitt aufweist – im Gegensatz zu anderen Bettungsgleisen.

So reizvoll das „einfach Loslegen“ auch ist, man kommt nicht drum herum, sich vorab einige Gedanken über das Vorhaben zu machen, um Enttäuschungen und Fehlinvestitionen zu vermeiden. Ob man auf einem schon existierenden Gleis- bzw. Anlagenplan aufbaut und ihn an die individuellen Gegebenheiten und Wünsche anpasst oder komplett selbst „vom ersten Gleis an“ plant, spielt dabei keine so bedeutende Rolle. Darauf wurde schon in den vorangegangenen Kapiteln hingewiesen und ein wenig gebremst, um einem allzu voreiligen Baubeginn vorzubeugen.

Eine letzte (versprochen!) Hürde kommt nun noch hinzu: die Gleisgeometrie. Unabhängig davon, mit welcher Technik die Planung realisiert wird, sie führt nur dann zum gewünschten Ergebnis, wenn man zumindest die wesentlichen „Eckpunkte“ der Geometrie des ausgewählten Gleissystems kennt und verstanden hat (dass sich verschiedene Gleissysteme auch miteinander kombinieren lassen, soll hier nicht das Thema sein). Und was bedeutet dies nun in der Praxis?

Die Gleisgeometrie

Ob sich der Wunsch-Gleisplan realisieren lässt, hängt ganz wesentlich von seinem Platzbedarf ab. Und dieser wiederum steht in einem en-

Gleiselemente Roco-Line (Baugröße H0)

42400/01	F4	Flexgleis	920,0 mm
42406	G4	Gerade	920,0 mm
42410	G1	Gerade	230,0 mm
42411	DG	Diagonalgerade	119,0 mm
42412	G1/2	1/2 Gerade	115,0 mm
42413	G1/4	1/4 Gerade	57,5 mm
42498	K30 30°	Kreuzung	119,0 mm
42497	K15 15°	Kreuzung	230,0 mm
42430	R20 5°	Gegenbogen 10° W.	R20=1962,0 mm
42428	R10 15°	Gegenbogen 15° W.	R10 = 888,0 mm
42427	R 9 15°	Bogen	R 9 = 826,4 mm
42426	R 6 30°	Bogen	R 6 = 604,4 mm
42425	R 5 30°	Bogen	R 5 = 542,8 mm
42424	R 4 30°	Bogen	R 4 = 481,2 mm
42423 / 42409	R 3 30° / 7,5°	Bogen	R 3 = 419,6 mm
42422 / 42408	R 2 30° / 7,5°	Bogen	R 2 = 358,0 mm
42440 / 42441	Wl15/Wr15 15°	Weiche, links / rechts	R10 / 230,0 mm
42448	EKW15 15°	Einfachkreuzungsw.	R10 / 230,0 mm
42451	DKW15 15°	Doppelkreuzungsw.	R10 / 230,0 mm
42454	DWW15 15°	Dreiwegweiche	R10 / 287,5 mm
42488 / 42489	Wl10/Wr10 10°	Weiche, links / rechts	R20 / 345,0 mm
42493	EKW10 10°	Einfachkreuzungsw.	R20 / 345,0 mm
42496	DKW10 10°	Doppelkreuzungsw.	R20 / 345,0 mm
42464 / 42465	BWl / BWr 30°	Bogenweiche, li. / re.	R 2 / R 3
42470 / 42471	BWl / BWr 30°	Bogenweiche, li. / re.	R 5 / R 6
42470 / 42471	BWl / BWr 30°	Bogenweiche, li. / re.	R 9/R10
42608		Prellbock	
		Gleismittenabstand	61,6 mm

Die Artikelnummern der Roco-Line-Gleise beziehen sich auf die Ausführungen ohne Gleisbettung. Die nach längerer Unterbrechung wieder lieferbaren, geometrisch identischen Versionen mit dem vorbildgerecht nachgebildeten Schotterbett werden durch eine „5“ an der dritten Stelle der Artikelnummer gekennzeichnet. Die beiden folgenden Ziffern entsprechen seit der Neuauflage jedoch nur noch zum Teil denen der bettungslosen Variante.

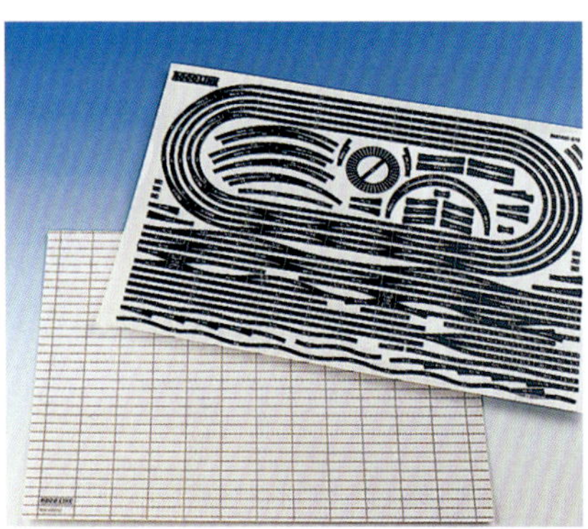

Für Roco-Line-Gleise gibt es diese Gleisplanbögen mit selbsthaftenden, mehrfach verwendbaren Gleiselementen. Zum genauen Ausrichten liegen Bögen mit dem Rastermaß der Geometrie bei.

Sobald man das rechtwinklige Raster verlässt, ist ein zweiter Bogen erforderlich. Mit einem abwaschbaren Folienstift lassen sich auch eigene Ergänzungen vornehmen. Die Präzision dieser Methode ist nicht allzu hoch.

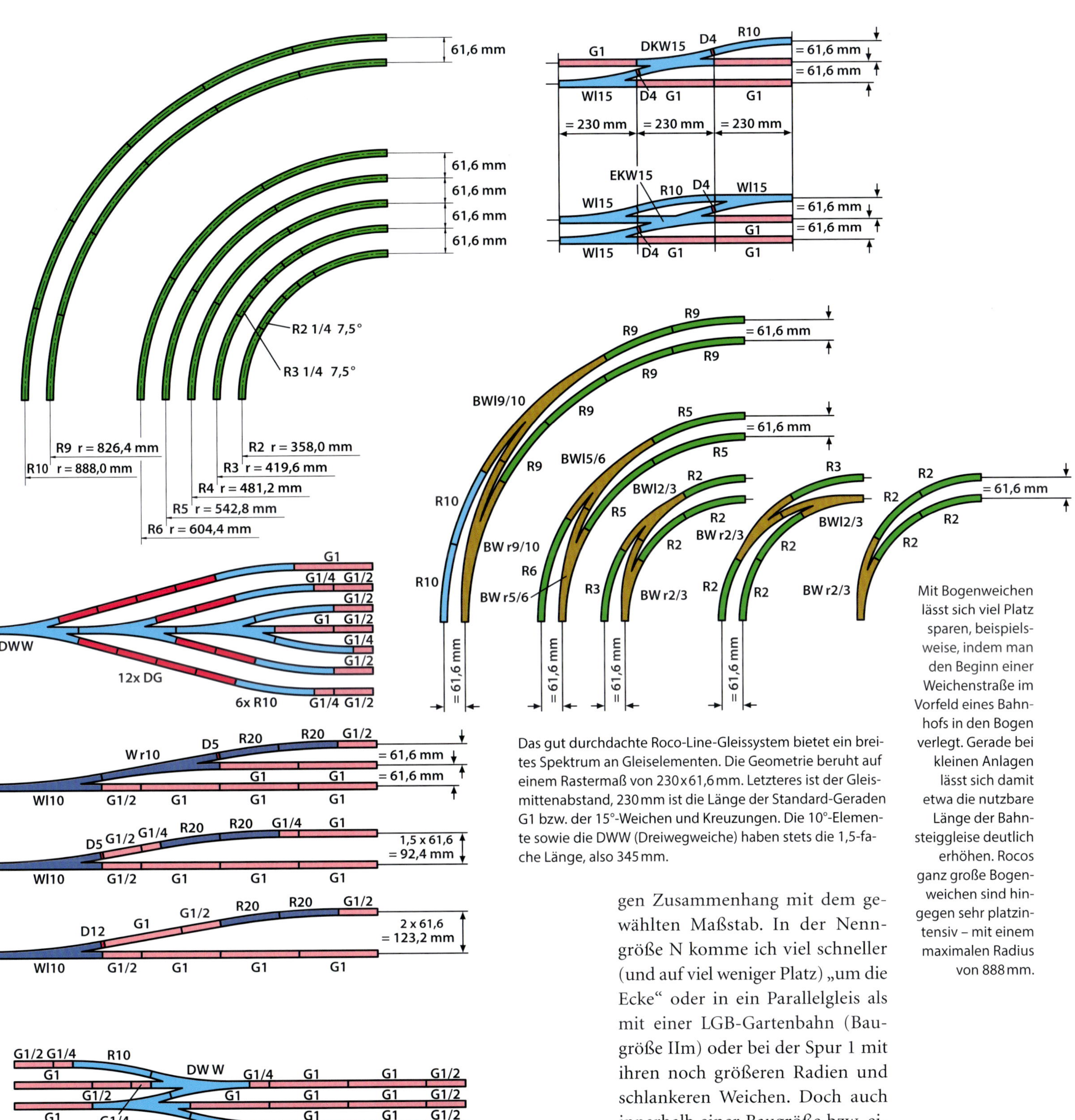

Das gut durchdachte Roco-Line-Gleissystem bietet ein breites Spektrum an Gleiselementen. Die Geometrie beruht auf einem Rastermaß von 230x61,6 mm. Letzteres ist der Gleismittenabstand, 230 mm ist die Länge der Standard-Geraden G1 bzw. der 15°-Weichen und Kreuzungen. Die 10°-Elemente sowie die DWW (Dreiwegweiche) haben stets die 1,5-fache Länge, also 345 mm.

Mit Bogenweichen lässt sich viel Platz sparen, beispielsweise, indem man den Beginn einer Weichenstraße im Vorfeld eines Bahnhofs in den Bogen verlegt. Gerade bei kleinen Anlagen lässt sich damit etwa die nutzbare Länge der Bahnsteiggleise deutlich erhöhen. Rocos ganz große Bogenweichen sind hingegen sehr platzintensiv – mit einem maximalen Radius von 888 mm.

gen Zusammenhang mit dem gewählten Maßstab. In der Nenngröße N komme ich viel schneller (und auf viel weniger Platz) „um die Ecke“ oder in ein Parallelgleis als mit einer LGB-Gartenbahn (Baugröße IIm) oder bei der Spur 1 mit ihren noch größeren Radien und schlankeren Weichen. Doch auch innerhalb einer Baugröße bzw. eines Modellmaßstabs kann es gravierende Unterschiede geben. Wer auf wenig Fläche möglichst viel un-

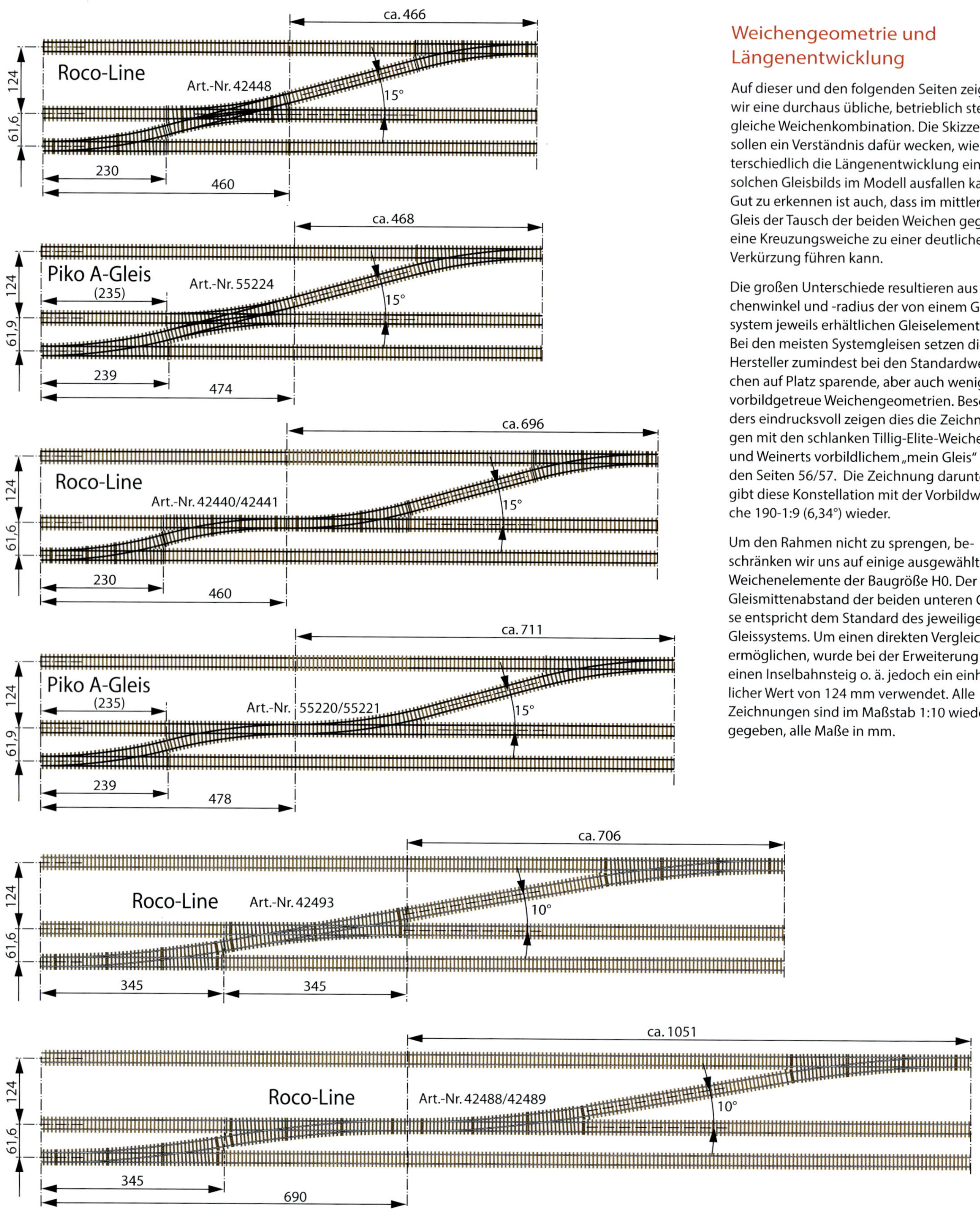

Weichengeometrie und Längenentwicklung

Auf dieser und den folgenden Seiten zeigen wir eine durchaus übliche, betrieblich stets gleiche Weichenkombination. Die Skizzen sollen ein Verständnis dafür wecken, wie unterschiedlich die Längenentwicklung eines solchen Gleisbilds im Modell ausfallen kann. Gut zu erkennen ist auch, dass im mittleren Gleis der Tausch der beiden Weichen gegen eine Kreuzungsweiche zu einer deutlichen Verkürzung führen kann.

Die großen Unterschiede resultieren aus Weichenwinkel und -radius der von einem Gleissystem jeweils erhältlichen Gleiselemente. Bei den meisten Systemgleisen setzen die Hersteller zumindest bei den Standardweichen auf Platz sparende, aber auch wenig vorbildgetreue Weichengeometrien. Besonders eindrucksvoll zeigen dies die Zeichnungen mit den schlanken Tillig-Elite-Weichen und Weinerts vorbildlichem „mein Gleis" auf den Seiten 56/57. Die Zeichnung darunter gibt diese Konstellation mit der Vorbildweiche 190-1:9 (6,34°) wieder.

Um den Rahmen nicht zu sprengen, beschränken wir uns auf einige ausgewählte Weichenelemente der Baugröße H0. Der Gleismittenabstand der beiden unteren Gleise entspricht dem Standard des jeweiligen Gleissystems. Um einen direkten Vergleich zu ermöglichen, wurde bei der Erweiterung für einen Inselbahnsteig o. ä. jedoch ein einheitlicher Wert von 124 mm verwendet. Alle Zeichnungen sind im Maßstab 1:10 wiedergegeben, alle Maße in mm.

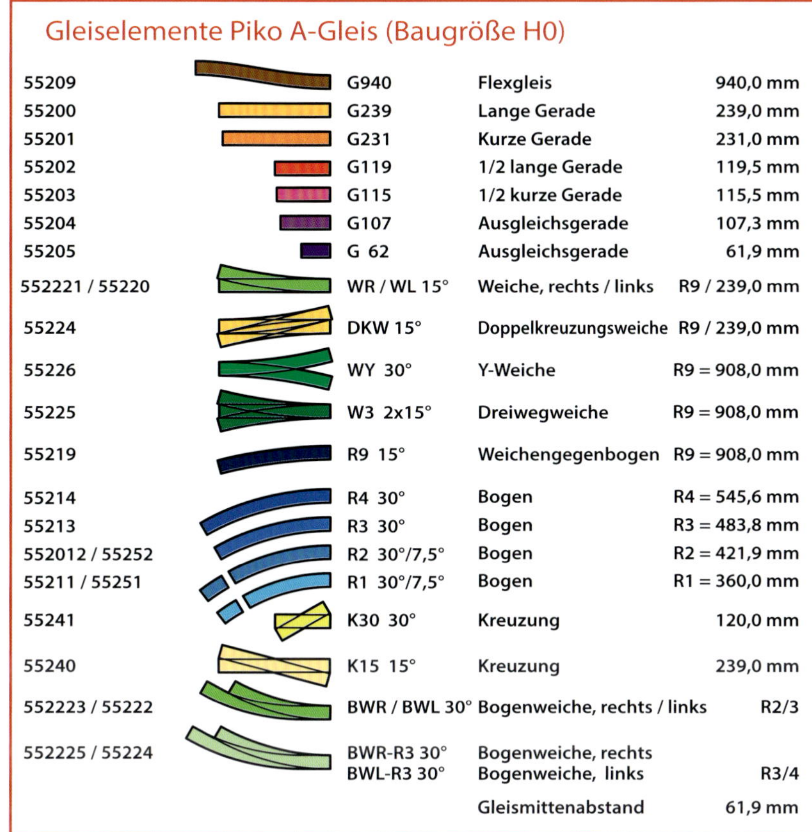

Gleiselemente Piko A-Gleis (Baugröße H0)

Nr.	Kürzel	Bezeichnung	Maß
55209	G940	Flexgleis	940,0 mm
55200	G239	Lange Gerade	239,0 mm
55201	G231	Kurze Gerade	231,0 mm
55202	G119	1/2 lange Gerade	119,5 mm
55203	G115	1/2 kurze Gerade	115,5 mm
55204	G107	Ausgleichsgerade	107,3 mm
55205	G 62	Ausgleichsgerade	61,9 mm
552221 / 55220	WR / WL 15°	Weiche, rechts / links	R9 / 239,0 mm
55224	DKW 15°	Doppelkreuzungsweiche	R9 / 239,0 mm
55226	WY 30°	Y-Weiche	R9 = 908,0 mm
55225	W3 2x15°	Dreiwegweiche	R9 = 908,0 mm
55219	R9 15°	Weichengegenbogen	R9 = 908,0 mm
55214	R4 30°	Bogen	R4 = 545,6 mm
55213	R3 30°	Bogen	R3 = 483,8 mm
552012 / 55252	R2 30°/7,5°	Bogen	R2 = 421,9 mm
55211 / 55251	R1 30°/7,5°	Bogen	R1 = 360,0 mm
55241	K30 30°	Kreuzung	120,0 mm
55240	K15 15°	Kreuzung	239,0 mm
552223 / 55222	BWR / BWL 30°	Bogenweiche, rechts / links	R2/3
552225 / 55224	BWR-R3 30° BWL-R3 30°	Bogenweiche, rechts Bogenweiche, links	R3/4
		Gleismittenabstand	61,9 mm

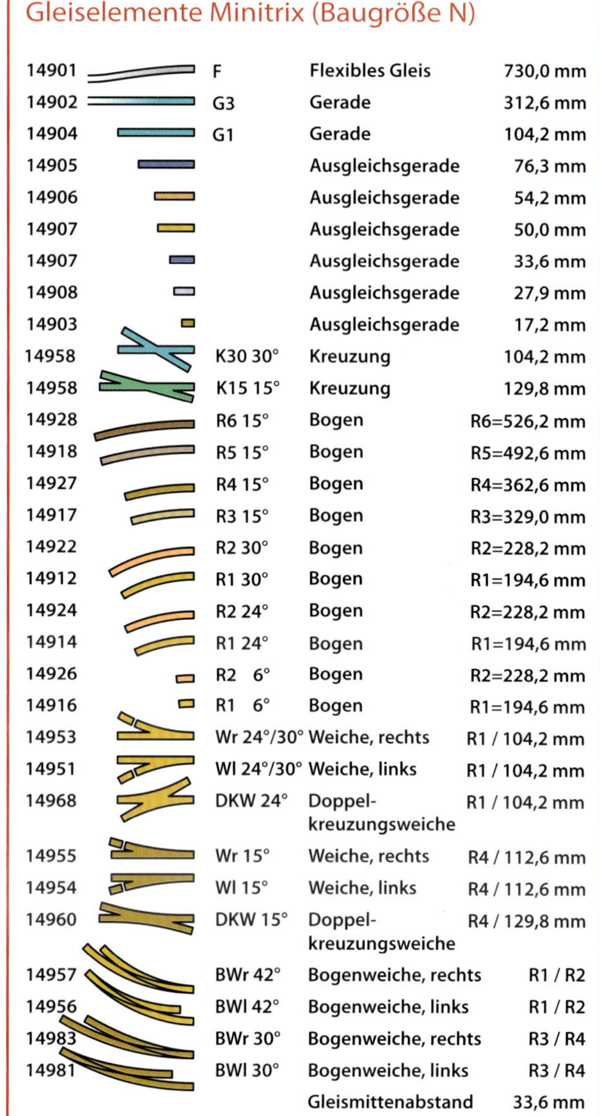

Gleiselemente Minitrix (Baugröße N)

Nr.	Kürzel	Bezeichnung	Maß
14901	F	Flexibles Gleis	730,0 mm
14902	G3	Gerade	312,6 mm
14904	G1	Gerade	104,2 mm
14905		Ausgleichsgerade	76,3 mm
14906		Ausgleichsgerade	54,2 mm
14907		Ausgleichsgerade	50,0 mm
14907		Ausgleichsgerade	33,6 mm
14908		Ausgleichsgerade	27,9 mm
14903		Ausgleichsgerade	17,2 mm
14958	K30 30°	Kreuzung	104,2 mm
14958	K15 15°	Kreuzung	129,8 mm
14928	R6 15°	Bogen	R6=526,2 mm
14918	R5 15°	Bogen	R5=492,6 mm
14927	R4 15°	Bogen	R4=362,6 mm
14917	R3 15°	Bogen	R3=329,0 mm
14922	R2 30°	Bogen	R2=228,2 mm
14912	R1 30°	Bogen	R1=194,6 mm
14924	R2 24°	Bogen	R2=228,2 mm
14914	R1 24°	Bogen	R1=194,6 mm
14926	R2 6°	Bogen	R2=228,2 mm
14916	R1 6°	Bogen	R1=194,6 mm
14953	Wr 24°/30°	Weiche, rechts	R1 / 104,2 mm
14951	Wl 24°/30°	Weiche, links	R1 / 104,2 mm
14968	DKW 24°	Doppel-kreuzungsweiche	R1 / 104,2 mm
14955	Wr 15°	Weiche, rechts	R4 / 112,6 mm
14954	Wl 15°	Weiche, links	R4 / 112,6 mm
14960	DKW 15°	Doppel-kreuzungsweiche	R4 / 129,8 mm
14957	BWr 42°	Bogenweiche, rechts	R1 / R2
14956	BWl 42°	Bogenweiche, links	R1 / R2
14983	BWr 30°	Bogenweiche, rechts	R3 / R4
14981	BWl 30°	Bogenweiche, links	R3 / R4
		Gleismittenabstand	33,6 mm

terbringen will, wird stets die engsten Radien und Abzweigwinkel bei den Weichen wählen – abhängig von dem, was das gewählte Gleissystem zu bieten hat. Wir wollen dies nicht bewerten, optimal ist dies aber schon aus optischen Gründen nicht. Außerdem kommt ein wenig mehr Großzügigkeit beim Streckenverlauf auch der Betriebssicherheit zugute. Mit den meisten Gleissystemen sind elegantere, mit manchen auch ziemlich genau dem Vorbild entsprechende Lösungen möglich. Diese brauchen jedoch generell mehr, teils auch sehr viel mehr Platz.

Nur wer die Geometrie „seines“ Gleissystems verstanden hat, wird das Optimum realisieren können. Für einen ersten Einblick zeigen wir auf diesen Seiten jeweils vollständige Übersichten der Gleiselemente mehrerer gängiger Gleissysteme der Baugrößen H0, N und TT. Beim Roco-Line-Gleis sind zusätzlich häufig vorkommende Gleisfiguren beispielhaft wiedergegeben, die schon einen recht guten Einblick in den Aufbau des Systems, mögliche Kombinationen und deren Platzbedarf geben. Ähnliche Darstellungen findet

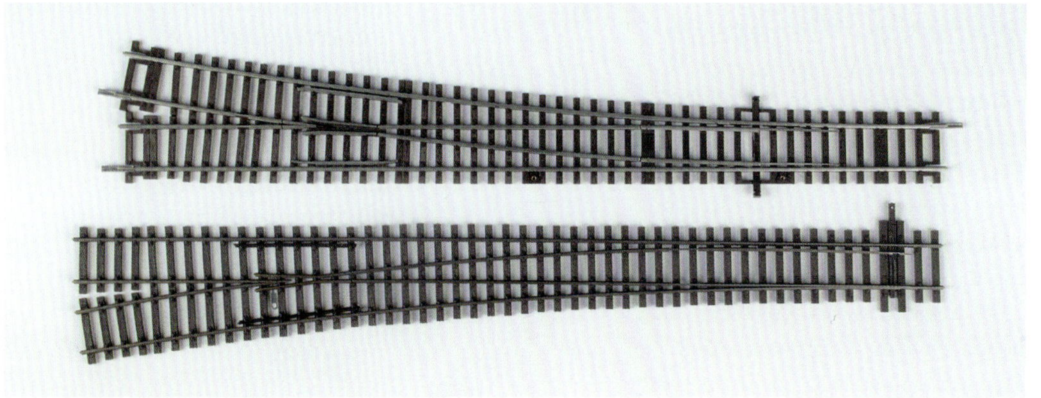

Zwei ziemlich schlanke Weichen im Vergleich: Oben die 10°-Version von Roco-Line, unten die nur geringfügig längere, aber vorbildgerechtere Tillig-Elite-Weiche mit 9,4°. Dabei handelt es sich um eine flexible Weiche, die sich zum leichten (!) Bogen krümmen lässt. Vorbildgerechter sind auch die Federzungen statt der Gelenkzungen bei Roco.

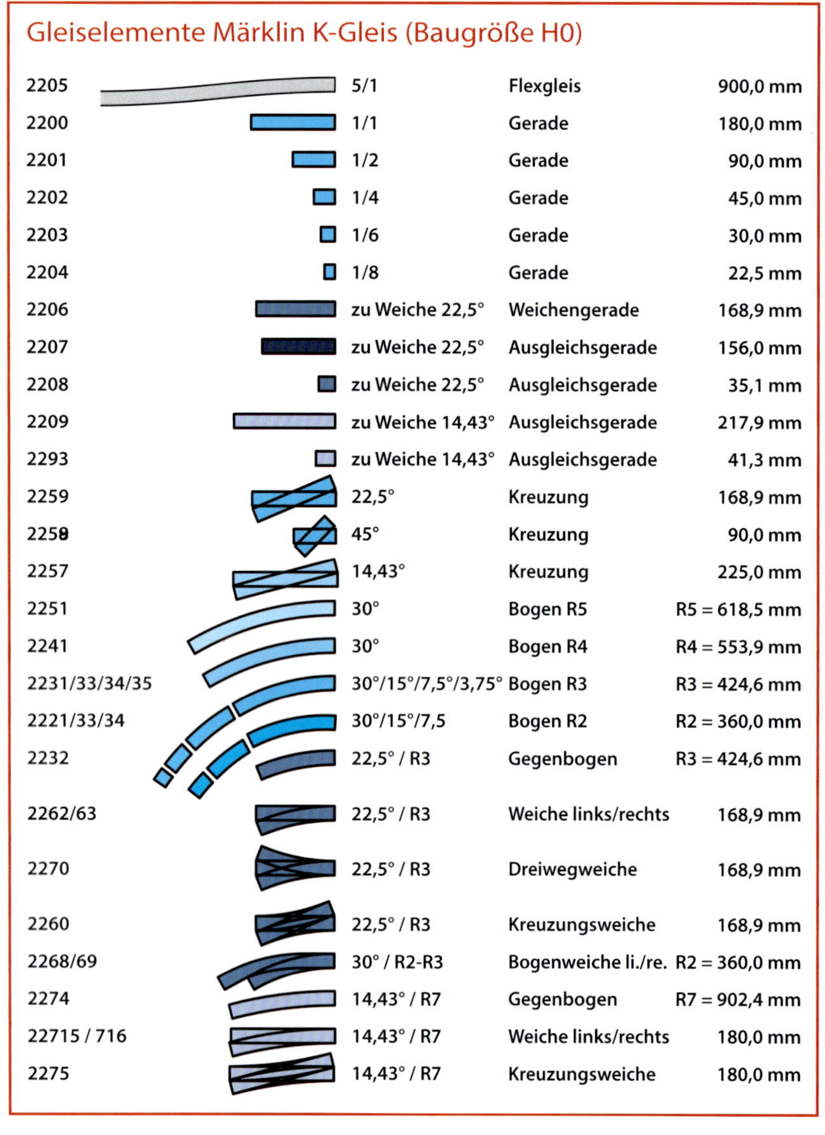

Gleiselemente Märklin K-Gleis (Baugröße H0)

Art.-Nr.				
2205	5/1	Flexgleis	900,0 mm
2200	1/1	Gerade	180,0 mm
2201	1/2	Gerade	90,0 mm
2202	1/4	Gerade	45,0 mm
2203	1/6	Gerade	30,0 mm
2204	1/8	Gerade	22,5 mm
2206	zu Weiche 22,5°	Weichengerade	168,9 mm
2207	zu Weiche 22,5°	Ausgleichsgerade	156,0 mm
2208	zu Weiche 22,5°	Ausgleichsgerade	35,1 mm
2209	zu Weiche 14,43°	Ausgleichsgerade	217,9 mm
2293	zu Weiche 14,43°	Ausgleichsgerade	41,3 mm
2259	22,5°	Kreuzung	168,9 mm
2258	45°	Kreuzung	90,0 mm
2257	14,43°	Kreuzung	225,0 mm
2251	30°	Bogen R5	R5 = 618,5 mm
2241	30°	Bogen R4	R4 = 553,9 mm
2231/33/34/35	30°/15°/7,5°/3,75°	Bogen R3	R3 = 424,6 mm
2221/33/34	30°/15°/7,5	Bogen R2	R2 = 360,0 mm
2232	22,5° / R3	Gegenbogen	R3 = 424,6 mm
2262/63	22,5° / R3	Weiche links/rechts	168,9 mm
2270	22,5° / R3	Dreiwegweiche	168,9 mm
2260	22,5° / R3	Kreuzungsweiche	168,9 mm
2268/69	30° / R2-R3	Bogenweiche li./re.	R2 = 360,0 mm
2274	14,43° / R7	Gegenbogen	R7 = 902,4 mm
22715 / 716	14,43° / R7	Weiche links/rechts	180,0 mm
2275	14,43° / R7	Kreuzungsweiche	180,0 mm

man in den Unterlagen der Hersteller der gängigen Gleissysteme (i. d. R. im Katalog oder in separaten Broschüren).

Noch anschaulicher in Sachen Platzbedarf sind die Zeichnungen einer häufiger vorkommenden Weichenkombination. Bereits innerhalb eines Gleissystems kann die Längenentwicklung des stets gleich aufgebauten Gleisbilds unterschiedlich ausfallen. Vergleicht man mehrere Systeme miteinander, wird die Bandbreite noch wesentlich größer. Dafür sind in erster Linie die Geometrien der verfügbaren Modellweichen verantwortlich.

Das Rastermaß

Ein weiteres relevantes Unterscheidungsmerkmal sind die Maße des Gleisrasters, auf dem die meisten Gleissysteme basieren. Das Längenmaß entspricht fast immer einer Standardgeraden, die Breite dem einfachen Gleismittenabstand. Bei Märklins K-Gleis sind dies beispielsweise 180 x 64,6 mm, bei Roco-Line 230 x 61,6 mm. Wie konsequent das Rastermaß eingehalten wird, fällt al-

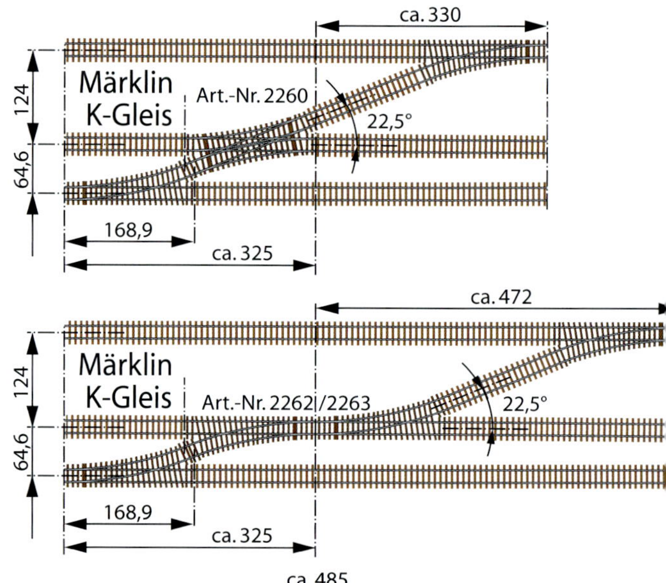

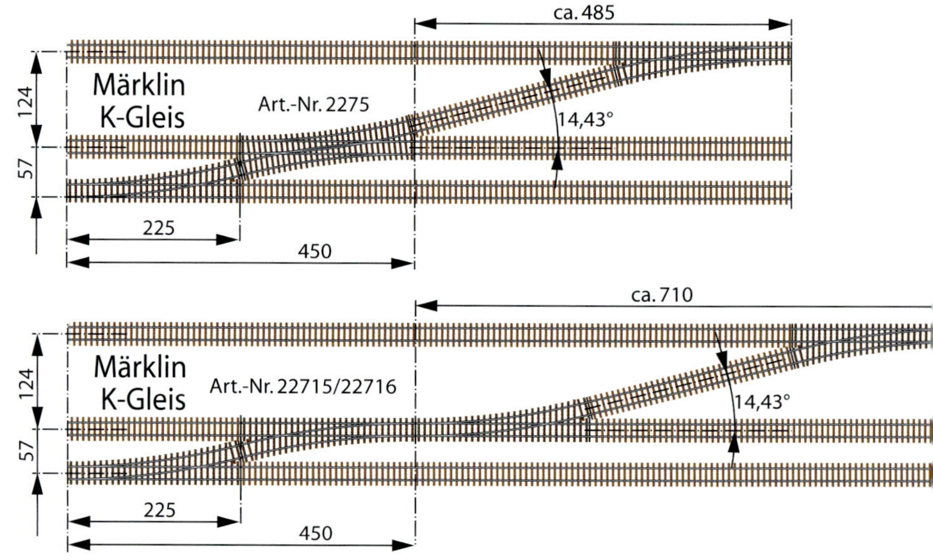

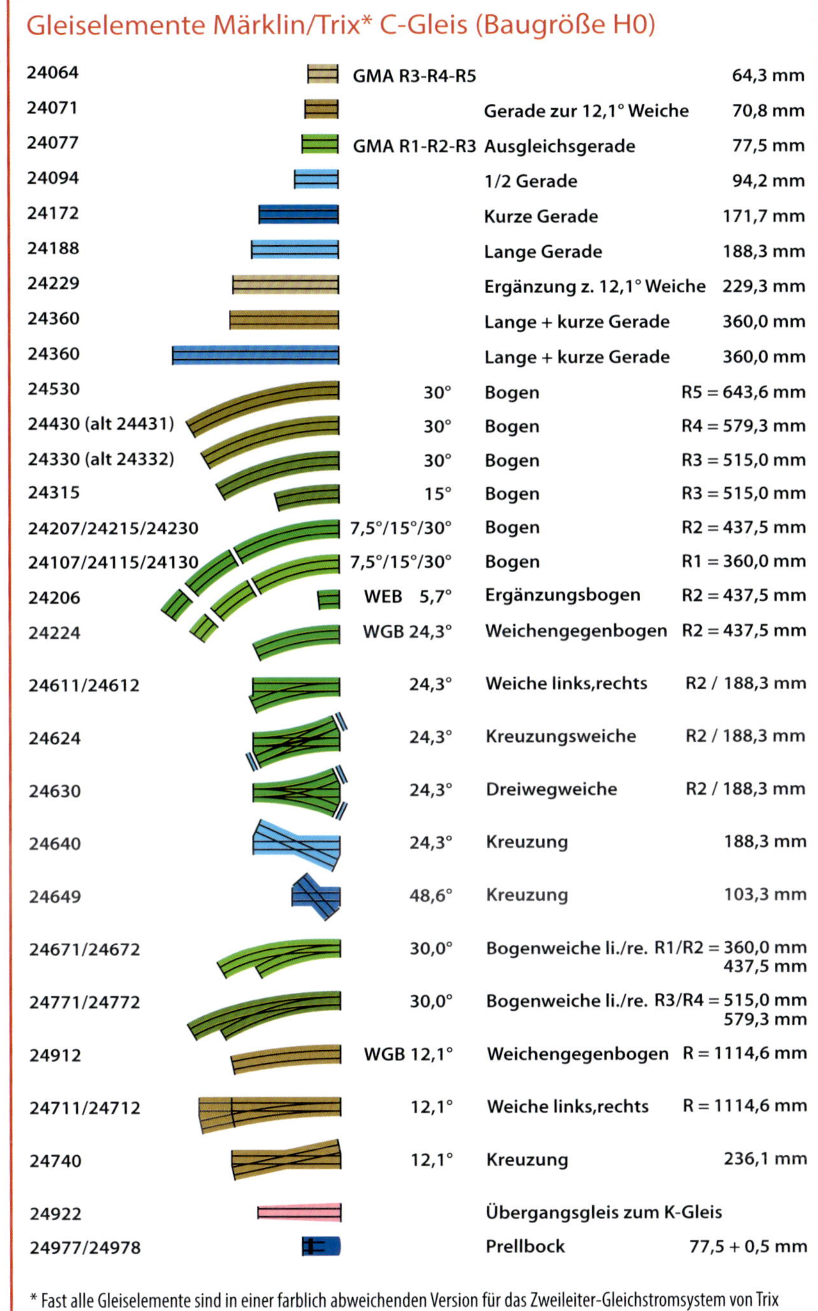

Gleiselemente Märklin/Trix* C-Gleis (Baugröße H0)

Art.-Nr.		Bezeichnung	Maß
24064	GMA R3-R4-R5		64,3 mm
24071		Gerade zur 12,1° Weiche	70,8 mm
24077	GMA R1-R2-R3	Ausgleichsgerade	77,5 mm
24094		1/2 Gerade	94,2 mm
24172		Kurze Gerade	171,7 mm
24188		Lange Gerade	188,3 mm
24229		Ergänzung z. 12,1° Weiche	229,3 mm
24360		Lange + kurze Gerade	360,0 mm
24360		Lange + kurze Gerade	360,0 mm
24530	30°	Bogen	R5 = 643,6 mm
24430 (alt 24431)	30°	Bogen	R4 = 579,3 mm
24330 (alt 24332)	30°	Bogen	R3 = 515,0 mm
24315	15°	Bogen	R3 = 515,0 mm
24207/24215/24230	7,5°/15°/30°	Bogen	R2 = 437,5 mm
24107/24115/24130	7,5°/15°/30°	Bogen	R1 = 360,0 mm
24206	WEB 5,7°	Ergänzungsbogen	R2 = 437,5 mm
24224	WGB 24,3°	Weichengegenbogen	R2 = 437,5 mm
24611/24612	24,3°	Weiche links,rechts	R2 / 188,3 mm
24624	24,3°	Kreuzungsweiche	R2 / 188,3 mm
24630	24,3°	Dreiwegweiche	R2 / 188,3 mm
24640	24,3°	Kreuzung	188,3 mm
24649	48,6°	Kreuzung	103,3 mm
24671/24672	30,0°	Bogenweiche li./re. R1/R2	= 360,0 mm 437,5 mm
24771/24772	30,0°	Bogenweiche li./re. R3/R4	= 515,0 mm 579,3 mm
24912	WGB 12,1°	Weichengegenbogen	R = 1114,6 mm
24711/24712	12,1°	Weiche links,rechts	R = 1114,6 mm
24740	12,1°	Kreuzung	236,1 mm
24922		Übergangsgleis zum K-Gleis	
24977/24978		Prellbock	77,5 + 0,5 mm

* Fast alle Gleiselemente sind in einer farblich abweichenden Version für das Zweileiter-Gleichstromsystem von Trix erhältlich. Die Artikelnummern beginnen bei Trix mit „T62", die drei folgenden Ziffern entsprechen denen bei Märklin.

lerdings unterschiedlich aus. Und bei der Gleisplanung kommt man auch selbst kaum umhin, an manchen Stellen davon abzuweichen – beispielsweise durch ein diagonal verlegtes Gleis oder einen Bogen mit beliebiger Krümmung. Dies ist jedoch unproblematisch, weil sich daran stets wieder Gleise im Rastermaß anschließen können.

Höchst variabel: Flexgleise

Wenn kein passendes Standardgleis zur Verfügung steht, kann man zu Flexgleisen greifen, die es zu fast allen Gleissystemen gibt. Sie eignen sich zum Längenausgleich, z. B. wenn das Raster der Geometrie verlassen wurde und eine Lücke zu schließen ist. In erster Linie dienen sie aber dazu, Gleise mit individuellen Radien zu verlegen, die nicht als vorgefertigte Gleiselemente angeboten werden. So können beispielsweise wesentlich elegantere Gleisverläufe entstehen, im Idealfall mit einem sanften Übergang von der Geraden zum gebogenen Abschnitt – wobei dies leider auch wieder mehr Platz erfordert. Die Arbeit mit Flexgleisen ist etwas aufwendiger, denn sie müssen sauber verlegt und stets exakt abgelängt werden (siehe auch Kasten auf Seite 161). Nach all den langen Erklärungen geht es nun an die Praxis der Gleisplanung, die heute ganz überwiegend am PC erfolgt.

Fortsetzung Seite 58

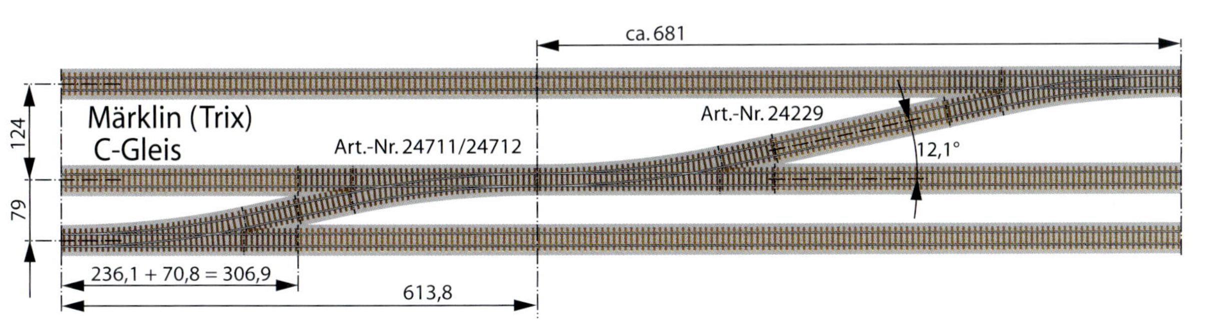

Die Geometrie von Märklins C-Gleis ähnelt der des K-Gleises. Bezüglich der zu erwartenden Längenentwicklung kann man sich daher grob an den Zeichnungen auf der linken Seite orientieren. Daher wird hier lediglich ein Beispiel mit den schlanken 12,1°-Weichen gezeigt, das deutlich länger ausfällt als das nebenstehende Pendant mit den 14,43°-K-Gleis-Weichen.

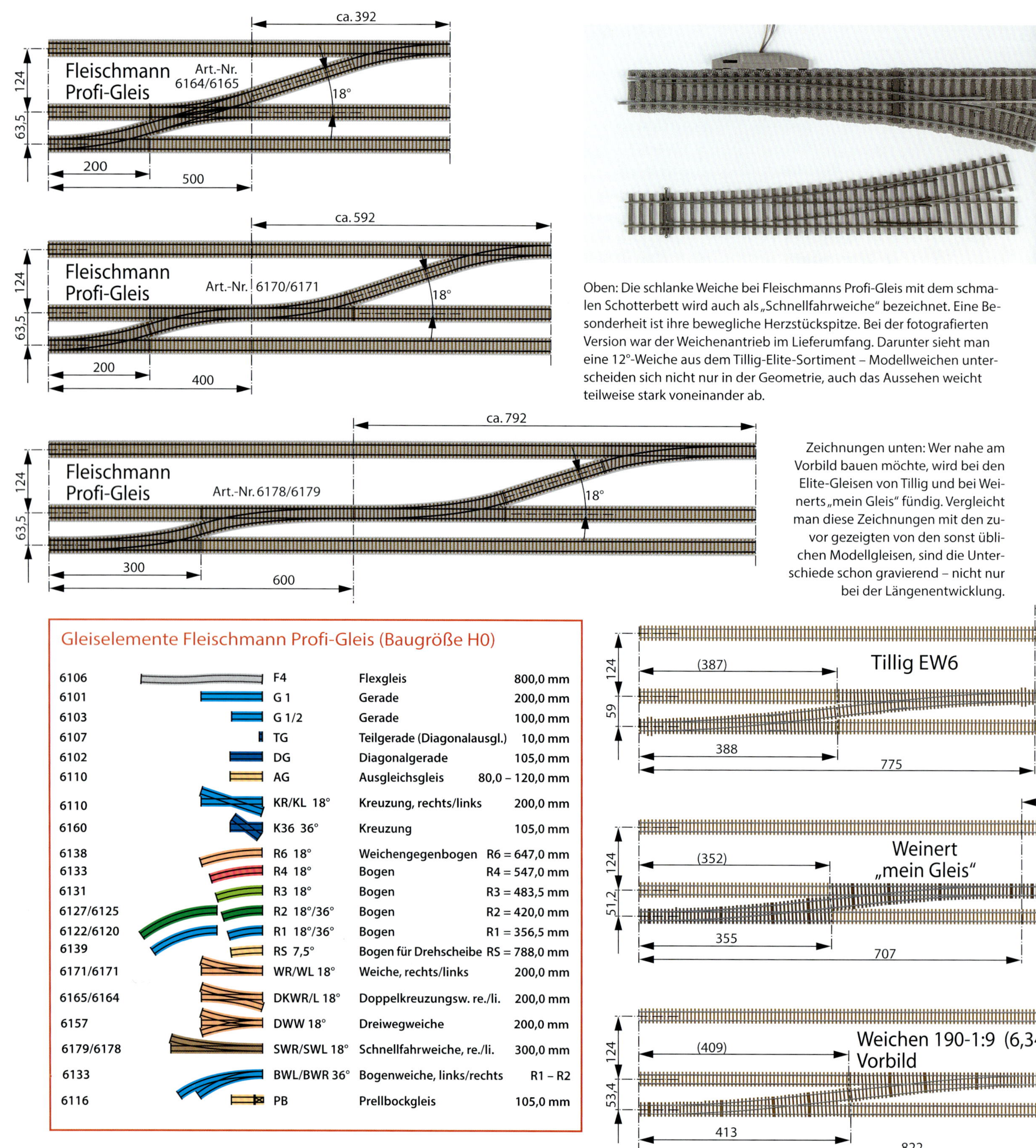

Oben: Die schlanke Weiche bei Fleischmanns Profi-Gleis mit dem schmalen Schotterbett wird auch als „Schnellfahrweiche" bezeichnet. Eine Besonderheit ist ihre bewegliche Herzstückspitze. Bei der fotografierten Version war der Weichenantrieb im Lieferumfang. Darunter sieht man eine 12°-Weiche aus dem Tillig-Elite-Sortiment – Modellweichen unterscheiden sich nicht nur in der Geometrie, auch das Aussehen weicht teilweise stark voneinander ab.

Zeichnungen unten: Wer nahe am Vorbild bauen möchte, wird bei den Elite-Gleisen von Tillig und bei Weinerts „mein Gleis" fündig. Vergleicht man diese Zeichnungen mit den zuvor gezeigten von den sonst üblichen Modellgleisen, sind die Unterschiede schon gravierend – nicht nur bei der Längenentwicklung.

Gleiselemente Fleischmann Profi-Gleis (Baugröße H0)

Art.-Nr.	Kürzel	Bezeichnung	Maß
6106	F4	Flexgleis	800,0 mm
6101	G 1	Gerade	200,0 mm
6103	G 1/2	Gerade	100,0 mm
6107	TG	Teilgerade (Diagonalausgl.)	10,0 mm
6102	DG	Diagonalgerade	105,0 mm
6110	AG	Ausgleichsgleis	80,0 – 120,0 mm
6110	KR/KL 18°	Kreuzung, rechts/links	200,0 mm
6160	K36 36°	Kreuzung	105,0 mm
6138	R6 18°	Weichengegenbogen	R6 = 647,0 mm
6133	R4 18°	Bogen	R4 = 547,0 mm
6131	R3 18°	Bogen	R3 = 483,5 mm
6127/6125	R2 18°/36°	Bogen	R2 = 420,0 mm
6122/6120	R1 18°/36°	Bogen	R1 = 356,5 mm
6139	RS 7,5°	Bogen für Drehscheibe	RS = 788,0 mm
6171/6171	WR/WL 18°	Weiche, rechts/links	200,0 mm
6165/6164	DKWR/L 18°	Doppelkreuzungsw. re./li.	200,0 mm
6157	DWW 18°	Dreiwegweiche	200,0 mm
6179/6178	SWR/SWL 18°	Schnellfahrweiche, re./li.	300,0 mm
6133	BWL/BWR 36°	Bogenweiche, links/rechts	R1 – R2
6116	PB	Prellbockgleis	105,0 mm

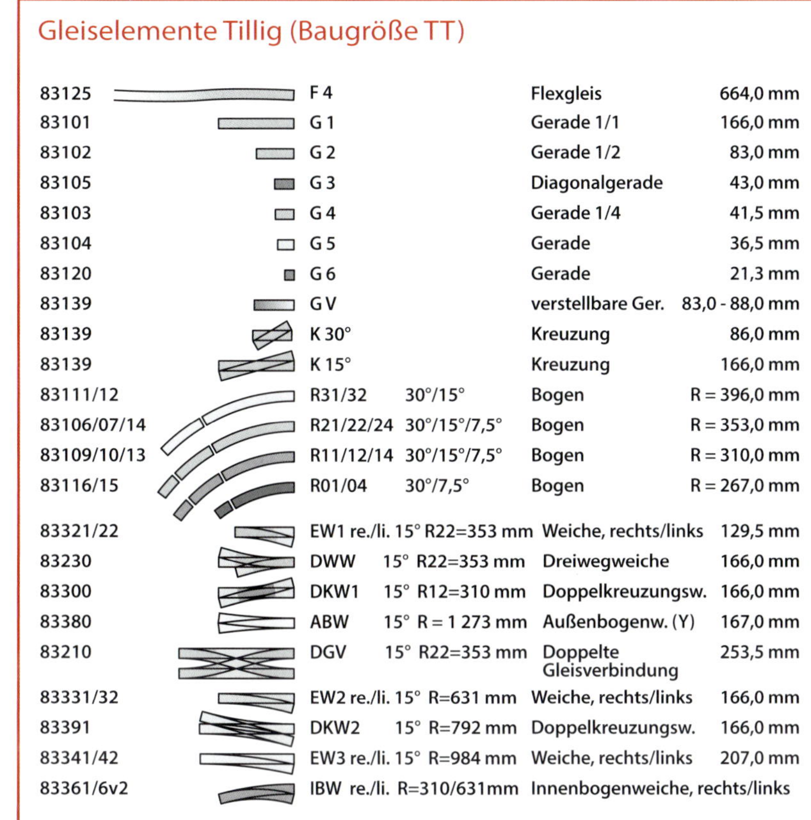

Gleiselemente Tillig (Baugröße TT)

Nr.	Bez.		Art	Maß
83125	F 4		Flexgleis	664,0 mm
83101	G 1		Gerade 1/1	166,0 mm
83102	G 2		Gerade 1/2	83,0 mm
83105	G 3		Diagonalgerade	43,0 mm
83103	G 4		Gerade 1/4	41,5 mm
83104	G 5		Gerade	36,5 mm
83120	G 6		Gerade	21,3 mm
83139	G V		verstellbare Ger.	83,0 - 88,0 mm
83139	K 30°		Kreuzung	86,0 mm
83139	K 15°		Kreuzung	166,0 mm
83111/12	R31/32	30°/15°	Bogen	R = 396,0 mm
83106/07/14	R21/22/24	30°/15°/7,5°	Bogen	R = 353,0 mm
83109/10/13	R11/12/14	30°/15°/7,5°	Bogen	R = 310,0 mm
83116/15	R01/04	30°/7,5°	Bogen	R = 267,0 mm
83321/22	EW1 re./li.	15° R22=353 mm	Weiche, rechts/links	129,5 mm
83230	DWW	15° R22=353 mm	Dreiwegweiche	166,0 mm
83300	DKW1	15° R12=310 mm	Doppelkreuzungsw.	166,0 mm
83380	ABW	15° R = 1 273 mm	Außenbogenw. (Y)	167,0 mm
83210	DGV	15° R22=353 mm	Doppelte Gleisverbindung	253,5 mm
83331/32	EW2 re./li.	15° R=631 mm	Weiche, rechts/links	166,0 mm
83391	DKW2	15° R=792 mm	Doppelkreuzungsw.	166,0 mm
83341/42	EW3 re./li.	15° R=984 mm	Weiche, rechts/links	207,0 mm
83361/6v2	IBW re./li.	R=310/631mm	Innenbogenweiche, rechts/links	

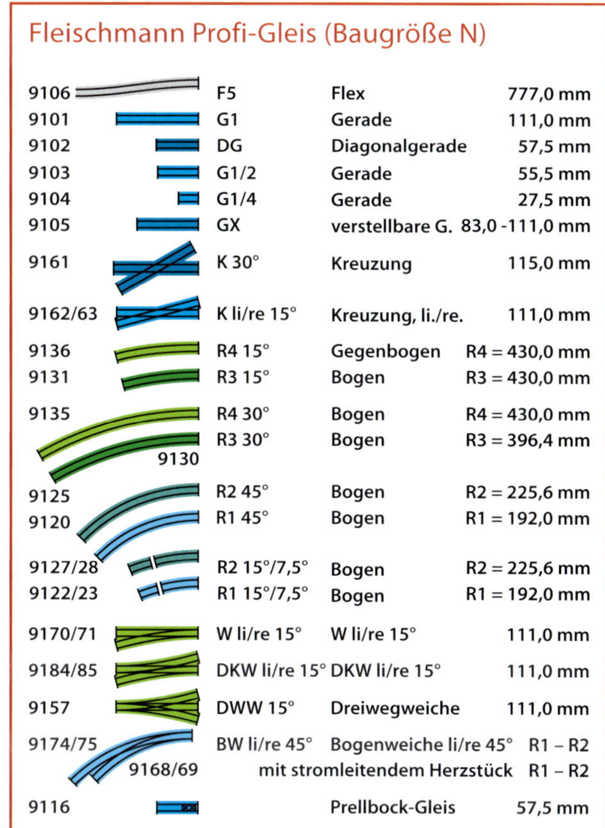

Fleischmann Profi-Gleis (Baugröße N)

Nr.	Bez.	Art	Maß
9106	F5	Flex	777,0 mm
9101	G1	Gerade	111,0 mm
9102	DG	Diagonalgerade	57,5 mm
9103	G1/2	Gerade	55,5 mm
9104	G1/4	Gerade	27,5 mm
9105	GX	verstellbare G.	83,0 -111,0 mm
9161	K 30°	Kreuzung	115,0 mm
9162/63	K li/re 15°	Kreuzung, li./re.	111,0 mm
9136	R4 15°	Gegenbogen	R4 = 430,0 mm
9131	R3 15°	Bogen	R3 = 430,0 mm
9135	R4 30°	Bogen	R4 = 430,0 mm
9130	R3 30°	Bogen	R3 = 396,4 mm
9125	R2 45°	Bogen	R2 = 225,6 mm
9120	R1 45°	Bogen	R1 = 192,0 mm
9127/28	R2 15°/7,5°	Bogen	R2 = 225,6 mm
9122/23	R1 15°/7,5°	Bogen	R1 = 192,0 mm
9170/71	W li/re 15°	W li/re 15°	111,0 mm
9184/85	DKW li/re 15°	DKW li/re 15°	111,0 mm
9157	DWW 15°	Dreiwegweiche	111,0 mm
9174/75	BW li/re 45°	Bogenweiche li/re 45°	R1 – R2
9168/69		mit stromleitendem Herzstück	R1 – R2
9116		Prellbock-Gleis	57,5 mm

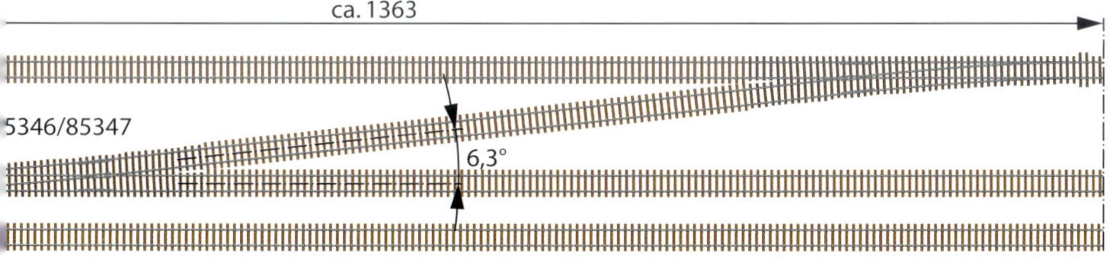

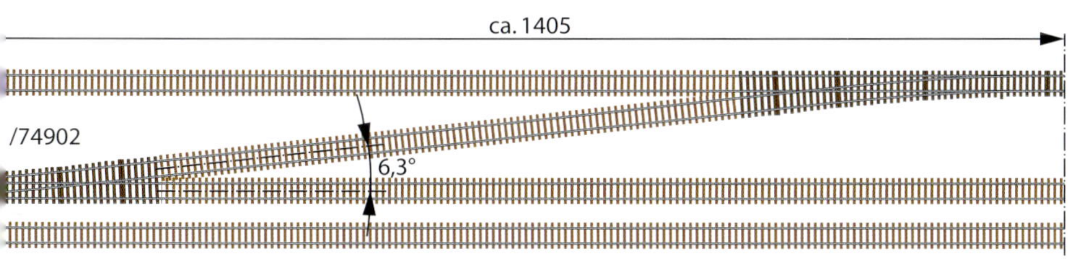

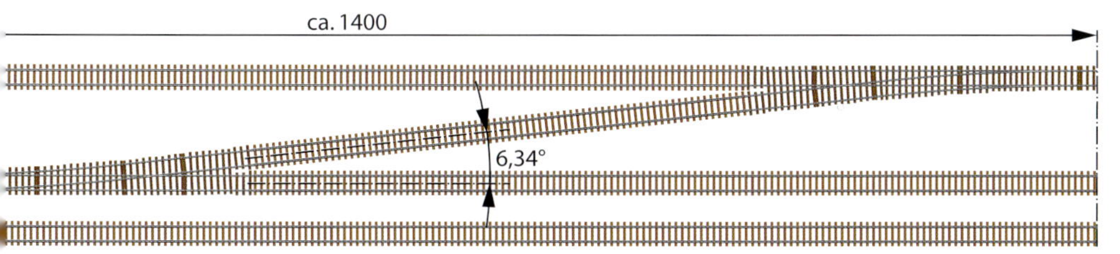

TIPP

Das „Spiel" mit Ebenen

Viele Modellbahnanlagen werden auf einer planen „Grundplatte" errichtet. Auf ihr werden alle Gleise verlegt, es gibt keine Höhenunterschiede im Gleisverlauf. Geländeerhebungen wie Berge werden von dieser Basis aus nach oben gebaut. Für den Einstieg hat diese Methode ihre Berechtigung, weil der Anlagenbau mit ihr vergleichsweise einfach ist. Weitaus realistischer wirkt die Landschaft jedoch, wenn es auch Senken gibt, wenn sie – wie das Vorbild – vollständig dreidimensional modelliert wird. Dazu gehört dann auch, dass die Trassen der Bahn Steigungen und Gefälle aufweisen. Sie können, unter Berücksichtigung der maximal zulässigen Neigung (siehe Seite 46), auch über- und untereinander verlaufen. Dies gilt ebenso für Straßen, Wege etc.

Eine dreidimensionale Planung ist anspruchsvoller, führt aber zu deutlich besseren Ergebnissen. Die Landschaft wirkt viel stimmiger, mit Brücken und Tunneln lässt sich der tatsächliche, womöglich nur einfache Streckenverlauf gut kaschieren, so dass der Zuglauf auf den Betrachter viel interessanter wirkt, weil er nicht auf Anhieb überschau- bzw. nachvollziehbar ist. Außerdem schaffen mehrere Ebenen Platz für Schattenbahnhöfe.

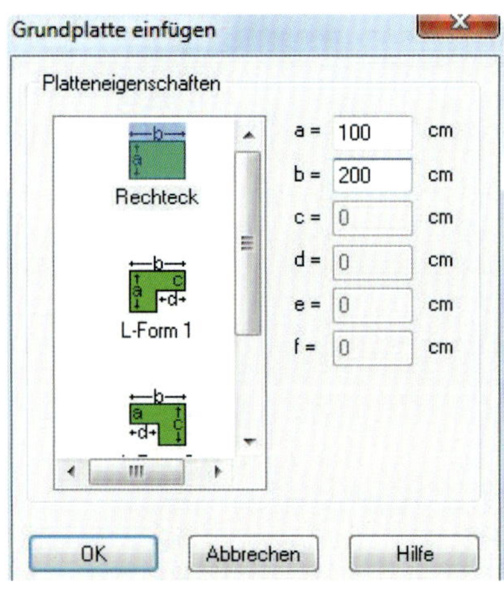

Erster Schritt der Gleisplanung mit Wintrack: Festlegen der Anlagenform bzw. des Grundrisses und der Abmessungen.

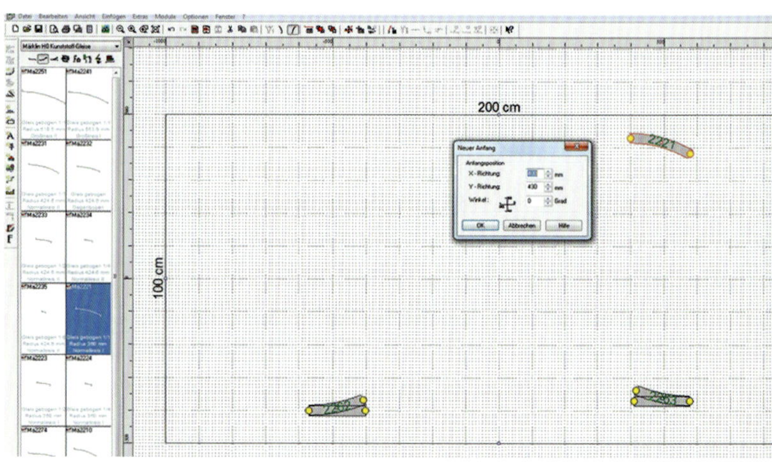

Planung einer kleinen Rechteck-Anlage mit Wintrack 12. Die links dargestellten Gleiselemente – hier das C-Gleis von Märklin – werden auf der Anlagenfläche platziert bzw. aneinandergefügt. Mit ein wenig Übung lassen sich auch komplexe Gleisfiguren darstellen. Natürlich können auch Flexgleise verwendet werden, mit individuell gebogenen Radien.

Unten: Mit einer eigenen Funktion lassen sich offene Gleisenden miteinander verbinden. In diesem Fenster werden die Parameter dafür eingestellt. Danach stellt das Programm mit den Systemgleisen eine Verbindung her – mal mit gutem Ergebnis, mal chaotisch, weil es anders nicht geht. Dann lässt sich mit Flexgleisen Abhilfe schaffen.

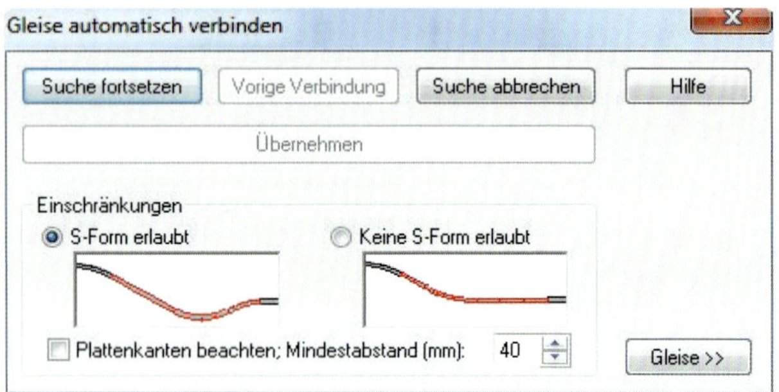

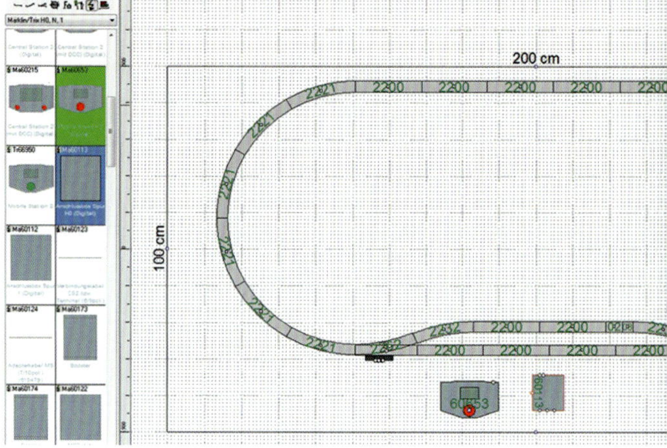

Der Funktionsumfang der Programme ist stetig gestiegen. Inzwischen können auch die verschiedenen Komponenten zur Anlagensteuerung in die Planung aufgenommen werden.

Bleistift oder Maus?

Einst gab es nur eine Möglichkeit, einen geometrisch weitgehend korrekten Gleisplan zu entwerfen bzw. aufs Papier zu bringen: Zeichnen mit Bleistift, Lineal, Geodreieck und Gleisplanschablone. Und nicht zu vergessen: ein Radiergummi.

Gleisplanschablonen gab es zu fast allen Systemen, manche sind auch heute noch erhältlich. Auf ihnen findet man zum Nachzeichnen alle verfügbaren Gleiselemente in einem vorgegebenen Maßstab sowie zusätzliche Angaben, z. B. Gleismittenabstände, ähnlich wie die Markierungen auf einem Geodreieck.

Wer im Umgang mit solchen Zeichenwerkzeugen geübt, vielleicht sogar beruflich vorbelastet ist und die nötige Geduld aufbringen kann, wird damit kaum ein Problem haben. Doch ohne Grundkenntnisse in Geometrie geht es kaum. Die Mehrheit der Modellbahner tat und tut sich damit jedoch schwer. Von einem „Gleisplan-Vergnügen" kann dann keine Rede mehr sein, zumal auch die erforderliche Genauigkeit meist nicht gewährleistet ist.

Eine leichter zu handhabende Alternative sind Gleisplanbögen, wie

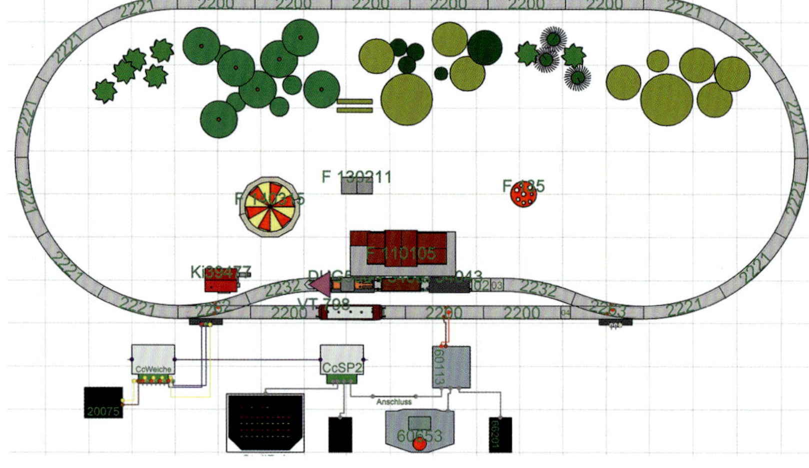

Die einfache Beispielanlage, ausgestattet mit der Technik, ersten Gebäuden und etwas Vegetation. Sogar die Verkabelung lässt sich am PC planen. Die Artikelnummern, auch des Zubehörs, sind hier eingeblendet. Daraus lässt sich jederzeit eine Stückliste generieren.

sie zum Roco-Line-Gleis angeboten werden (siehe Fotos auf Seite 50), oder „Gleisplanspiele“ (z. B. Märklin mini-club). Allerdings mangelt es auch dort ab einer gewissen Anlagengröße an der Präzision.

Es kann kaum überraschen, dass es der Computer ist, mit dem sich diese Herausforderung schnell und einfach meistern lässt. Dabei können verschiedene Wege zum Ziel führen. So sind beispielsweise alle Gleisbilder, Gleis- und Anlagenpläne in diesem Buch mit dem Grafikprogramm Illustrator entstanden (natürlich nicht die Screenshots auf diesen Seiten). Ähnliche Programme wie z. B. CorelDraw eignen sich dafür ebenfalls. CAD-Programme wie z. B. AutoCAD lassen sich genauso einsetzen. Voraussetzung ist jedoch, dass alle ggf. erforderlichen Gleiselemente zunächst geometrisch exakt erfasst werden. Hinzu kommt, dass die Handhabung dieser ziemlich komplexen Programme erst einmal gelernt sein will. Der damit verbundene Aufwand ist erheblich und lohnt sich für den einzelnen Miniaturbahner nur in den seltensten Fällen.

Wesentlich einfacher kommt man mit speziellen Gleisplanprogrammen zum Ziel – auch wenn dazu die Anschaffung des Programms zu leisten ist und etwas Einarbeitungszeit benötigt wird. Hier muss man lediglich aus der Liste der Gleiselemente das Gewünschte auswählen und auf der zuvor festgelegten Anlagenfläche zusammenfügen. Es kann mit mehreren Ebenen gearbeitet werden, Steigungen und Gefälle werden ebenso berücksichtigt wie z. B. Signalstandorte oder die Planung einer Oberleitung. Und jederzeit lassen sich Stücklisten von allen verwendeten Elementen generieren.

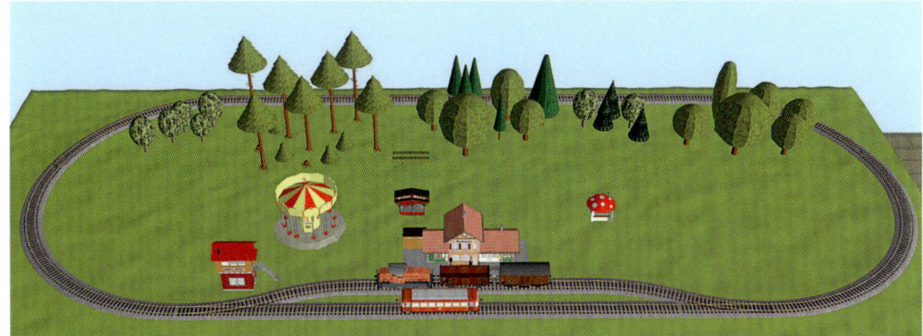

Dreidimensonale und farbige Ansicht dieser äußerst einfachen Anlage. So bekommt man schon gut einen ersten Eindruck von der späteren Wirkung und kann die weitere Gestaltung, real oder am Bildschirm, Schritt für Schritt darauf abstimmen.

Seit der Version 12 kann man bei Wintrack sogar eine virtuelle Fahrt über die geplante Anlage durchführen, mit dem Blick aus dem Führerstand.

Viele Programme bieten Werkzeuge an, mit denen die Landschaft (Topografie, Vegetation) geplant werden kann. Es gibt Bibliotheken mit den Gebäudemodellen der namhaften Hersteller, sodass schon ein recht präziser und detaillierter Anlagenplan gezeichnet werden kann. Auch darauf basierende, farbige 3D-Darstellungen sind bei immer mehr Programmen möglich – und sogar virtuelle Fahrten über die Anlage

Ein weiterer, wesentlich umfangreicherer Anlagenentwurf. Geplant wurde mit dem Roco-Line-Gleis. Deutlich sieht man, dass hier (mindestens) eine zweite Ebene erforderlich ist.

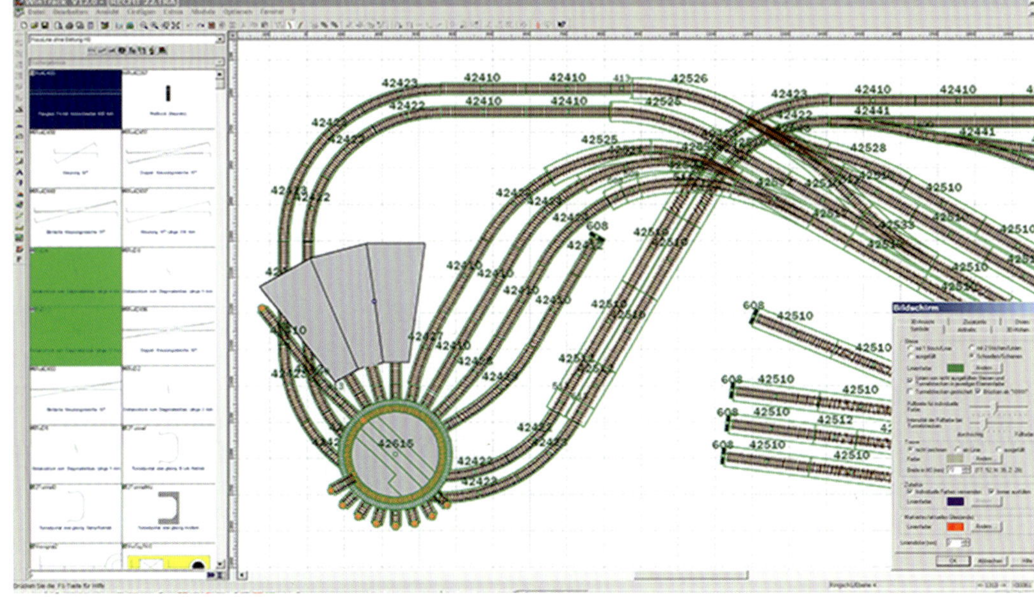

aus Sicht des Lokführers in seinem Führerstand.

Bevor man eine Software erwirbt, empfehlen wir, sich zunächst die überall erhältlichen, kostenlosen Demo-Versionen anzusehen und sich mit den ersten Schritten vertraut zu machen. Beim Bedienungskomfort und beim Funktionsumfang, teils über den hier genannten hinaus, wird man auf einige Unterschiede stoßen. Auch bei der Arbeitsweise weichen die Programme voneinander ab. Einige Beispiele:

- PC-Rail www.busch-model.com/pcrail
- Trackplanner www.trackplanner.de
- WinRail www.winrail.de
- WinTrack www.wintrack.de
- Railroad Professional www.rodrigo-supper.de
- RailModeller Pro (MacOS) www.railmodeller.com

TIPP

Haupt- oder Nebenbahn?

Ein sehr beliebtes Modellbahnthema: Hauptstrecke mit abzweigender Nebenbahn – die Hauptbahn zwei-, die Nebenstrecke eingleisig. Mit dieser Klassifizierung lässt sich im Kleinen arbeiten, sie deckt sich aber nicht mit der des Vorbilds. Dort gibt es eingleisige Haupt- wie auch zweigleisige Nebenbahnen. Ohne tiefer in die Materie einzusteigen: In der Realität erfolgt die Zuordnung anhand der baulichen und betrieblichen Verhältnisse. Die Anforderungen an Hauptbahnen sind wesentlich höher als bei Nebenbahnen, für die es auch einen (sicherungstechnisch) vereinfachten Betrieb gibt. Für den Modellbahner spielt dies nur dann eine Rolle, wenn die Betriebsabläufe authentisch sein sollen sowie bei der Signalisierung. Dazu gehört dann aber auch ein nahe an einem Vorbild orientierter Gleisplan – zu allermeist sehr individuell und an persönlichen Präferenzen orientiert. Allerdings gibt es auch unabhängig davon Gleispäne, die sehr „nebenbahnmäßig" wirken, etwa das Beispiel auf dieser Doppelseite.

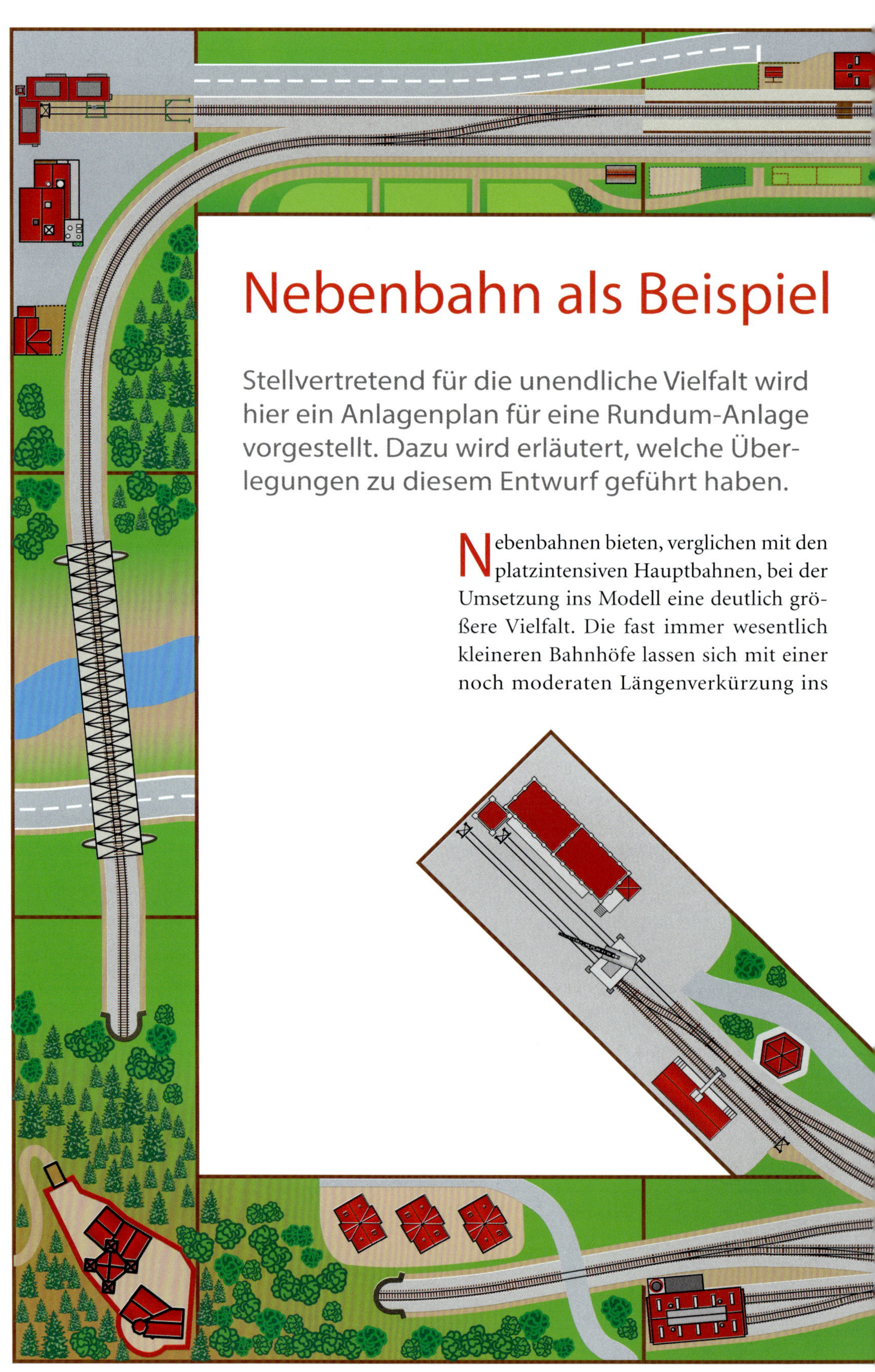

Nebenbahn als Beispiel

Stellvertretend für die unendliche Vielfalt wird hier ein Anlagenplan für eine Rundum-Anlage vorgestellt. Dazu wird erläutert, welche Überlegungen zu diesem Entwurf geführt haben.

Nebenbahnen bieten, verglichen mit den platzintensiven Hauptbahnen, bei der Umsetzung ins Modell eine deutlich größere Vielfalt. Die fast immer wesentlich kleineren Bahnhöfe lassen sich mit einer noch moderaten Längenverkürzung ins

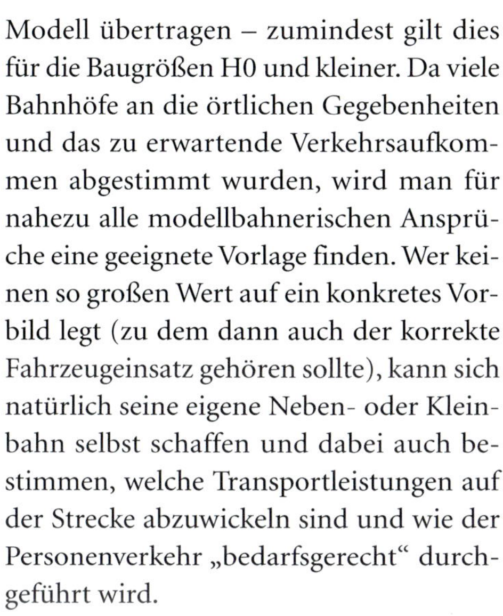

Modell übertragen – zumindest gilt dies für die Baugrößen H0 und kleiner. Da viele Bahnhöfe an die örtlichen Gegebenheiten und das zu erwartende Verkehrsaufkommen abgestimmt wurden, wird man für nahezu alle modellbahnerischen Ansprüche eine geeignete Vorlage finden. Wer keinen so großen Wert auf ein konkretes Vorbild legt (zu dem dann auch der korrekte Fahrzeugeinsatz gehören sollte), kann sich natürlich seine eigene Neben- oder Kleinbahn selbst schaffen und dabei auch bestimmen, welche Transportleistungen auf der Strecke abzuwickeln sind und wie der Personenverkehr „bedarfsgerecht“ durchgeführt wird.

Auf der größeren Fläche einer stationären Heimanlage bieten besonders Nebenbahnen die Chance, die Bahn in einer vorbildnah gestalteten Modelllandschaft zu präsentieren. Dafür kommen alle Landschaftsformen in Betracht, von der Küste bis zur hochalpinen Gebirgskulisse. Während sich schon ein mittelgroßer Bahnhof einer Hauptstrecke kaum im Modell darstellen lässt, kann bei einer Nebenbahnstation meist auch das Umfeld gestaltet werden. Sie wirkt dadurch weitaus stimmiger.

Zugleich wird auch im Kleinen der auf der Strecke ablaufende Betrieb besser begründet, beispielsweise durch Gewerbebetriebe, die sich in Bahnhofsnähe angesiedelt haben und vielleicht sogar über einen eigenen Gleisanschluss verfügen. Und dabei muss es sich keineswegs um ein ländliches Ambiente handeln. Auch durch Mittel- und Großstädte führen Nebenbahnen.

Solche Strecken werden gerne als Modul- oder Segmentanlage errichtet. Bei vereinheitlichten Übergängen lassen sich Streckenabschnitte, Bahnhöfe oder Segmente mit Gleisanschlüssen austauschen. Oder man folgt gleich einer der verschiedenen Normen, wie z. B. vom FREMO oder anderen Vereinen, so dass auch ein Betrieb mit Gleichgesinnten möglich wird.

Nur ein Beispiel ...

Dem Verfasser liegen zahlreiche Gleisplanentwürfe für höchst unterschiedliche Nebenbahn-Stationen sowie komplette Anlagen mit diesem Thema vor. Hier müssen wir uns auf ein Beispiel beschränken, das allerdings nicht unbedingt als konkrete Vorlage für ein Bauvorhaben gedacht ist. Vielmehr soll der Entwurf verschiedene Möglichkeiten aufzeigen und so Anregungen für eine individuelle Planung geben. Neben längeren Streckenabschnitten wurde Wert auf die betriebliche Vielfalt gelegt.

Bis auf den in den Raum ragenden Gleisanschluss haben die Module eine einheitliche Größe von 120 x 50 cm. Damit kommt die gesamte Anlage auf ein Maß von 580 x 360 cm. Man könnte aber auch mit deutlich weniger Platz auskommen. Die Strecken wie auch die Bahnhofsanlagen – mit Bahnsteiglängen von über 120 cm – sind bewusst recht großzügig angelegt worden. Sie haben kein konkretes Vorbild. Allerdings orientieren sich die beiden Bahnhöfe an verschiedenen Vorbildplänen.

Die Modulbreite von 50 cm entspricht der FREMO-Standardnorm für eingleisige Strecken in der Baugröße H0. Allerdings haben wir uns an den Übergängen nicht an die vorgegebene Gleislage gehalten. Dies wäre jedoch bei den Streckenmodulen mit relativ geringen Korrekturen möglich. Völlig frei gestaltet wurden hingegen die Bögen in den Ecken mit möglichst großen Radien (ca. 1.950 mm). Es wurde ausschließlich Roco-Line-Gleismaterial verwendet, bis auf die fünf 15°-Weichen beim Gleisanschluss am unteren Bahnhof, und bei der BayWa rechts oben handelt es sich um die schlanken 10°-Weichen.

Die Bahnhöfe

Der in der Zeichnung obere, kleinere Bahnhof hat nur eine Minimalausstattung, es gibt nicht einmal einen Güterschuppen. Die dazuge-

hörige Ortschaft wurde mit einigen Gebäuden angedeutet. Ein einfaches Stichgleis führt zu einem Industriebetrieb und sorgt für regelmäßigen Güterverkehr und Rangierbetrieb auf den Bahnhofsgleisen.

Auf der linken Seite wurde eine Erhebung mit einem Tunnel vorgesehen. Er ist nicht unbedingt nötig, könnte aber eine Zufahrt zu einem Schattenbahnhof verdecken. Außerdem deutet der Berg mit der darauf platzierten Burg darauf hin, dass die Anlage nicht im reinen Flachland angesiedelt ist.

Deutlich größer ist der zweite Bahnhof mit immerhin schon drei Bahnsteiggleisen. Es gibt einen zweiständigen Lokschuppen mit den kleinen (!) Behandlungsanlagen unmittelbar davor. Betrieblich bedeutend ist auch der aus dem Bahnhof heraus abzweigende Gleisanschluss zu einem größeren Industriebetrieb. Er wurde, obwohl hier nicht zwingend erforderlich, mit einer Schutzweiche versehen.

Paradestrecke und Schattenbahnhöfe

Für die Miniaturbahner, die sich zwar für ein Nebenbahnthema entscheiden, aber dennoch nicht ganz auf den Hauptbahnbetrieb verzichten wollen, haben wir auf der rechten Seite eine zweigleisige Paradestrecke auf einer tiefer liegenden Ebene integriert – entgegen jeder Norm. Sie könnte sogar noch etwas verlängert werden. Dies setzt natürlich eine entsprechend hügelig oder gebirgig gestaltete Landschaft voraus. Die beiden Tunnel führen zu einem Schattenbahnhof, der unter der Anlage errichtet werden kann.

Zwar spielt der Fernverkehr nur eine untergeordnete Rolle, zumindest müssen aber die entsprechenden Modelle, sofern vorhanden, kein reines Vitrinendasein mehr fristen. Wer darauf verzichten kann, hat hier noch weiteren Platz für sein Nebenbahnthema.

Außerdem gibt es auf der rechten Seite noch einen weiteren Gleisanschluss, angenommenermaßen zu einem Landhandel (z. B. Raiffeisen, BayWa). Bei dem einfachen, auch nicht durch eine Schutzweiche gesicherten Gleis handelt es sich um eine Anschlussstelle, die eine Sperrfahrt erforderlich macht.

Während der Personenverkehr keine große Rolle spielen muss, sorgen die insgesamt drei Gleisanschlüsse und die für ihre Bedienung erforderlichen Rangierfahrten für reichlich Betrieb. Ein einzelner Modellbahner ist damit schon mehr als ausgelastet. Und dies gilt auch für eine im Platzbedarf reduzierte Variante, bei der man mit einem Raum von etwa 4,5 x 2,8 m auskommen würde.

Thema mit Varianten

Mit einer Rundum-Anlage kann man ein zur Verfügung stehendes Modellbahnzimmer optimal ausnutzen. Allerdings muss man zumindest für den Bereich der Tür ein herausnehmbares oder klappbares Anlagenstück einplanen. Einziger Nachteil ist der vorbildwidrige Kreisverkehr, der sich aber durch zwei Endbahnhöfe mit optischer Trennung leicht vermeiden ließe.

Alternativ könnte der „Kreis“ auch unterbrochen und beide oder nur der größere Bahnhof als Endbahnhof errichtet werden. Bei einer „An-der-Wand-entlang“-Anlage würde es sich dann anbieten, das andere Streckenende z. B. über eine Gleiswendel in einen Schattenbahnhof zu führen oder auf einem weiteren Modul/Segment einen Fiddleyard (offener Schattenbahnhof) zu installieren, beim Einsatz von Schlepptenderloks ggf. auch mit einer Drehscheibe, die es dann auch im Endbahnhof geben sollte. Allerdings handelt es sich dann schon um eine betrieblich recht bedeutende Nebenbahn. Doch auch das wäre realistisch. Es gibt auch zweigleisige Nebenbahnen mit viel und eingleisige Hauptstrecken mit wenig Betrieb.

Anlagenthemen und -motive

Die Vielfalt des Hobbys Modellbahn ist auch bei der Auswahl von Anlagenthemen und -motiven ein ständiger Begleiter. Die Auswahl ist groß, die Entscheidung fällt nicht leicht. Dieses Kapitel gibt einen kleinen Einblick in die unendlich vielen Möglichkeiten.

Wer in der Baugröße H0 eine zwei oder drei Quadratmeter große Anlage bauen möchte und darauf längere Züge fahren sehen möchte, kommt kaum um einen „klassischen" Gleisplan mit Gleisoval und einem zentralen Bahnhof umhin. Der gestalterische Spielraum ist nicht allzu groß, fast immer möchte man mehr Motive unterbringen, als der Platz zulässt. In den kleineren Baugrößen (TT, N und Z) gibt es mehr Möglichkeiten (oder man kommt bei gleichem Anlagenplan mit weniger Platz aus).

Sobald man großzügiger bauen kann, sollte man sich aber schon vor der konkreten Gleisplanung Gedanken darüber machen, was dargestellt werden soll. Denn in diesem Punkt ist die Modellbahn so vielfältig wie die Realität. Das Anlagenthema und die einzelnen Motive wirken sich auch auf den Gleisplan aus. Wer viel rangieren möchte, hat ganz andere Anforderungen als derjenige, der möglichst lange Züge durch die Landschaft fahren lassen möchte – um hier nur ein Beispiel zu nennen.

Zumindest früher war es üblich, streng chronologisch vorzugehen,

Im Mittelpunkt dieser großen, raumfüllenden Heimanlage steht der große Personenbahnhof. Dahinter wurden, in der Höhe gestaffelt, Häuserzeilen einer mittelgroßen Stadt angedeutet. Zusammen mit der Hintergrundkulisse ist so eine gute Tiefenwirkung entstanden. Ein typisches Motiv ist der Kohlenhändler in der Bahnhofstraße. Die für ihn bestimmten Wagen sorgen für Rangierbetrieb.

Auf dem zweiten großen, hier nicht gezeigten Anlagenschenkel gegenüber befinden sich mehrere Industriebetriebe mit Gleisanschlüssen. Die Verbindung dazwischen wurde landschaftlich gestaltet.

Industrie- und Gewerbebetriebe sind immer ein Blickfang. Besonders dann, wenn mehrere Gebäude mit unterschiedlichen Baustilen miteinander kombiniert werden, so, wie man es bei Firmen oft sieht, die im Laufe der Jahre gewachsen sind. Solche Betriebe lassen sich auch auf kleinen Flächen stimmig darstellen.

Dieser Industriekomplex ist schon deutlich größer, jedoch ebenso abwechslungsreich zusammengestellt worden. Neben der interessanten Optik sorgen solche Motive auch für abwechslungsreichen Rangierbetrieb, sofern sie über Gleisanschlüsse verfügen.

von der Anlagenform und -größe über den Gleisplan bis zum Baubeginn. Erst dann hat man sich Gedanken über die Gestaltung gemacht („Was kommt zwischen und neben die Gleise?"). Auch heute halten sich noch viele Miniaturbahner daran. Doch diese auf den ersten Blick ein-

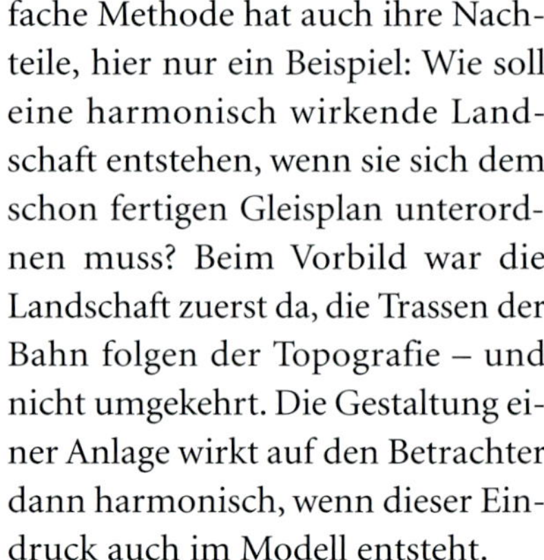

fache Methode hat auch ihre Nachteile, hier nur ein Beispiel: Wie soll eine harmonisch wirkende Landschaft entstehen, wenn sie sich dem schon fertigen Gleisplan unterordnen muss? Beim Vorbild war die Landschaft zuerst da, die Trassen der Bahn folgen der Topografie – und nicht umgekehrt. Die Gestaltung einer Anlage wirkt auf den Betrachter dann harmonisch, wenn dieser Eindruck auch im Modell entsteht.

Vom Wunsch zum Ziel

Bessere Ergebnisse werden erzielt, wenn man von Anfang an möglichst viele Faktoren in die Planung einbezieht. Denn der Wunsch nach einer Modellbahn ist mit vielen Vorstellungen verbunden, von denen fast alle Auswirkungen auf die Planung haben (sollten). Etwa die Entscheidung zugunsten einer Epoche, einer ganz bestimmten Landschaftsform, Wünsche hinsichtlich der Betriebsabläufe und der einzusetzenden Fahrzeuge – vier von etlichen Stichworten, die möglichst früh berücksichtigt werden sollten.

Folglich steht am Anfang die Frage nach den Zielen. Einige Beispiele: Was ist wichtiger, ein reger Rangierbetrieb oder Zugfahrten auf langen Strecken? Welche Landschaftsform wird bevorzugt, und soll darin eine Nebenstrecke oder eine Hauptbahn dargestellt werden? Welches Thema bzw. welche Themen hat die Anlage (z. B. Großstadt mit großem Bahnhof, Kleinstadt, ländliche Idylle oder einen ausgedehnten Rangierbahnhof). In welcher Epoche spielt sie, und welche Motive sollen dargestellt werden? Fragen über Fragen, auf die es keine einfachen und schon gar keine allgemeingültigen Antworten gibt. Einige der Ziele schließen einander aus, manche nicht, andere

stehen in einer engen Beziehung zueinander.
Wer ein großes Bahnbetriebswerk für seine Dampfloks errichten will, wird eine andere Anlagenform wählen als derjenige, dem an möglichst langen Strecken gelegen ist. Wenn ein großer Personenbahnhof entstehen soll, wird man nicht nur bei der Gleisplanung ganz anders vorgehen als bei einem Bauvorhaben, bei dem Gleisanschlüsse von Industriebetrieben dargestellt werden sollen.

Erst mit einer Stadt lässt sich ein größerer Personenbahnhof begründen. Dafür muss man aber kein Häusermeer nachbilden, es genügt, die städtische Bebauung anzudeuten. Bei dieser N-Anlage ist dies hervorragend gelungen. Dazu trägt auch die im Bogen gelegene, ansteigende Häuserzeile links im Bild bei.

Anlagenbau nach Vorbild

Auch die Vorbildtreue ist ein wichtiges Kriterium. Modellbahnanlagen können reine Fantasieprodukt sein, vorbildähnlich („so könnte es gewesen sein“), oder sich an einem tatsächlich existierenden Vorbild orientieren. Die drei Varianten können auch miteinander kombiniert werden, etwa ein konkreter Vorbildbahnhof in Verbindung mit einer frei erfundenen Streckenführung.

Die Beschäftigung mit der großen Bahn ist für viele Modellbahner Teil des Hobbys. Das Studium entsprechender Literatur (die sich keineswegs auf reine Bahnthemen beschränken muss) kann dazu ebenso gehören wie Ausflüge zum großen Vorbild – bewaffnet mit einer Kamera, um nachbildenswerte Motive festzuhalten. Dabei gehen die Interessen des Anlagenbauers weit über Loks und Züge hinaus. Denn er will auch das Umfeld der Bahn gestalten, Bahnhöfe, Brücken und Tunnel, oft aber auch Landschaften, Gewerbe- und Industriebauten.

Sogar lehrreich kann es sein, man denke nur einmal an die Entwicklungsgeschichte der Bahn und ihres jeweiligen Umfelds oder den tieferen Einblick in bestimmte indus-

Die Strecke schlängelt sich am Berg entlang. Schmalspurbahnen beanspruchen wenig Fläche, da sie enge Radien erlauben. Dieses bezaubernd gestaltete Motiv stammt von einer kleinen Heimanlage nach dem Vorbild sächsischer Schmalspurbahnen.

Man kann jeden Zentimeter der zur Verfügung stehenden Fläche ausnutzen, für möglichst viele Gleise, für Straßen und Gebäude. Sehr viele Anlagen werden nach diesem Schema gebaut. Ein Motiv wie das hier gezeigte lässt sich auf diese Weise allerdings nicht realisieren. Ein Zug fährt durch eine realistisch gestaltete Landschaft, die durch den passenden Hintergrund noch viel weitläufiger aussieht. Links sieht man schon die Laderampe des in Kürze erreichten Bahnhofs.

trielle Produktionsabläufe und die mit ihnen verbundenen Transportaufgaben. Oder die Beschäftigung mit einer bestimmten Epoche, ihrer Mode, Werbung, Architekturstile, den Straßenfahrzeugen usw.

Sobald es an die planerische Umsetzung geht, wird man jedoch auch feststellen, dass sich meist nicht alle ursprünglichen Wünsche realisieren lassen. Entweder weil der Platz fehlt oder weil sie sich nicht sinnvoll miteinander kombinieren lassen. Das Hobby Modellbahn bietet Vielfalt, entfalten kann es sich aber nur, wenn die Motive realistisch wirken, sich ein harmonisches Gesamtbild ergibt.

Selbst bei einer überdurchschnittlich großen Anlage sollte man stets daran denken, dass wir nur einen winzigen Ausschnitt der Wirklichkeit zeigen. Eine von der Nordsee bis zu den Alpen reichende Landschaft lässt sich nicht glaubhaft darstellen. Ebenso ist es mit der Anzahl der Motive: Hauptstrecke mit abzweigender Nebenbahn, beide mit mindestens einem Bahnhof, Rangiergleise, Industrie und Gewerbe, dazu das beliebte Bahnbetriebswerk – wer all dies realisieren möchte, braucht nicht nur sehr viel Platz, sondern auch überdurchschnittlich viel Zeit und Geld.

In der Selbstbeschränkung liegt auch eine Chance. Durch die Konzentration auf wenige Motive können diese sorgfältiger geplant und umgesetzt werden. Auch deshalb bauen immer mehr Modellbahner ihre Anlagen in Teilstücken, aus Modulen oder Segmenten.

Es gibt auch gestalterische Tricks, mit denen sich Platz für weitere Motive schaffen lässt. Ein Beispiel: Wenn man statt eines hohen Bahndamms mit vorbildgerecht geneigter Böschung (1:1,5) eine Stützmauer verwendet, wird der Platzbedarf deutlich reduziert. Es muss auch nicht das große Empfangsgebäude oder die ausgedehnte Industrieanlage sein. Bei unseren ohnehin kleinen Ausschnitten aus der (fiktiven) Realität wirken kleinere Motive oft viel besser. Und sie können Platz schaffen, z. B. für ein weiteres Gleis zur Steigerung des Spielvergnügens.

Diese Beispiele zeigen, dass beim Entwurf eines Gleisplans nicht nur an seine (modell-)betrieblichen Möglichkeiten und den hier noch zweidimensionalen Streckenverlauf gedacht werden sollte. So wichtig er auch ist, in die Planung sollten stets alle Vorgaben, die selbst gesteckten Ziele und die gestalterischen Wünsche einfließen. Erst durch Berücksichtigung möglichst vieler Faktoren wird daraus ein Anlagenkonzept, an dem man auch noch nach der Bauphase viel Freude hat.

Von solchen grandiosen Landschaften träumt so mancher Modellbahner. Natürlich benötigt man dafür ausreichend Platz, schließlich soll ja auch der Rest der Anlage dazu passen. Die tatsächliche Größe dieses Motivs in der Baugröße H0 solle man aber nicht überschätzen. Eine Tiefe von sechzig, siebzig Zentimetern reicht dafür schon aus. Entscheidend für die Wirkung ist hier der fast nahtlose Übergang zur Hintergrundkulisse. Sie ist im unteren Bereich bewaldet, dahinter ragt das viel weiter entfernte Hochgebirge auf.

Bahnhofsformen und -pläne

Kaum eine Modellbahnanlage kommt ohne Bahnhof aus. Fast immer ist es der betriebliche Mittelpunkt, meist direkt im Blickfeld des Betrachters. Deshalb sollte man diesem wichtigen Teil der Anlage schon bei der Planung die ihm gebührende Beachtung schenken – von der Form bis zur Ausführung.

Modellbahnen ohne Bahnhöfe kann man sich nur schwer vorstellen. Es gibt sie, und auch solche Anlagen können durchaus interessant sein. Aber sie sind eher selten, aus gutem Grund. Denn wie beim Vorbild finden auch in den Miniaturbahnhöfen die interessantesten Betriebsabläufe statt. Personen- und Güterzüge halten, Loks werden umgesetzt, Wagen rangiert und zu neuen Zügen zusammengestellt. Wer möchte darauf schon verzichten?

Nach einführenden Erläuterungen zu Vorbild und Modell zeigen wir einige Bahnhofspläne. Sie sind weder repräsentativ, noch decken sie das gesamte Spektrum an Bahnhofsarten ab. Vielmehr geht es darum, einige betrieblich und gestalterisch reizvolle Vorschläge zu präsentieren, die sich auch noch abwandeln bzw. anpassen lassen.

Obwohl der Güterverkehr betrieblich weitaus interessanter ist, sind nur die wenigsten Modellbahner bereit, sich ganz darauf zu konzentrieren und auf einen Personenbahnhof zu verzichten. Beides, Güter- und Personenverkehr, lässt sich jedoch auch gut – und vorbildgetreu – miteinander kombinieren. Gütergleise und Laderampen gibt es in allen vorgestellten Plänen, teils wurden auch Gleisanschlüsse vorgesehen, die sich im Modell auf vielfältige Weise gestalten lassen.

Nur wenigen Modellbahnern ist es vergönnt, einen so großen Bahnhof auf ihrer Heimanlage nachbilden zu können. Fast immer müssen Bahnhöfe und ihre Weichenstraßen mehr oder minder verkürzt wiedergegeben werden. Mit einer geschickten Planung lässt sich dies aber zumindest teilweise kaschieren. Außerdem sind viele Bahnhöfe beim Vorbild so lang, dass sie bei einer exakten Nachbildung im Modell gar nicht richtig zur Geltung kommen würden.

Fast wie aus dem Bilderbuch: eine ländliche Nebenbahn-Station. Die Bahnsteigkante ist aus Bohlen entstanden, vor dem Empfangsgebäude steht im Freien auf dem Bahnsteig das mechanische Stellwerk.

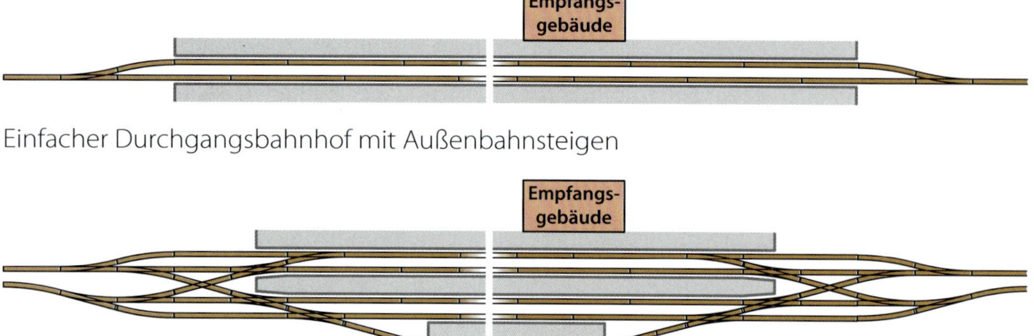

Einfacher Durchgangsbahnhof mit Außenbahnsteigen

Größerer Durchgangsbahnhof mit Haus- und Inselbahnsteigen

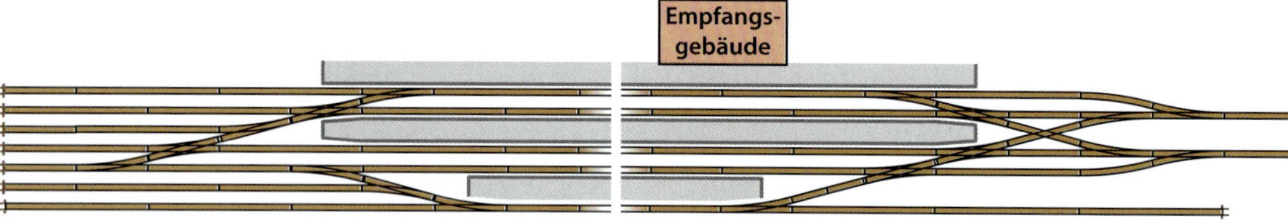

Kopfbahnhof mit Ausziehgleisen hinter dem Bahnsteigbereich

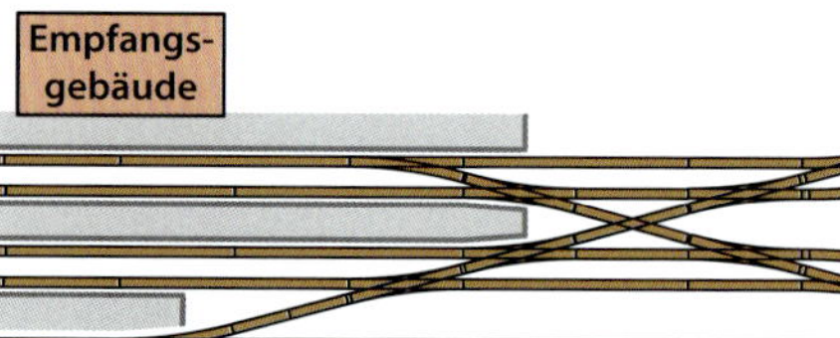

Variante mit zwei Hauptstrecken

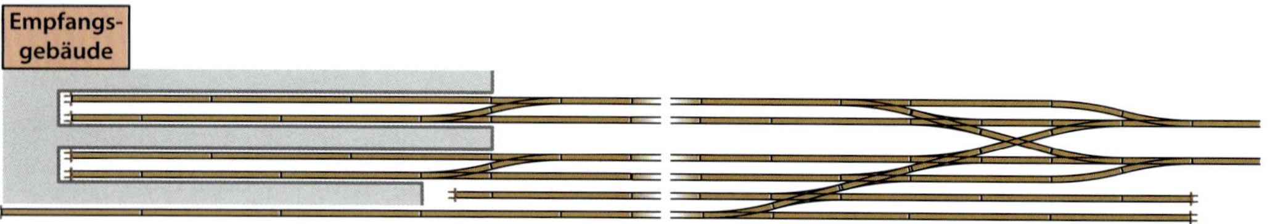

Kopfbahnhof mit Haus-, Insel- und Querbahnsteig, zweigleisige Hauptstrecke

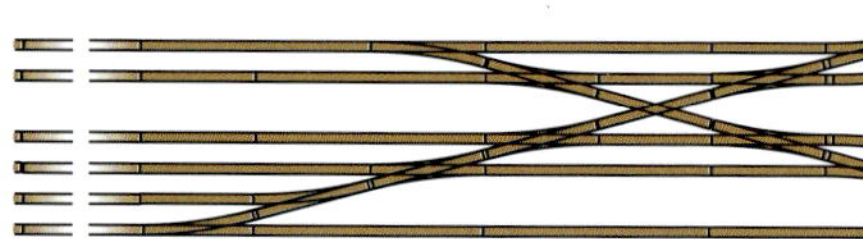

Variante mit zwei Hauptstrecken

Bahnhofstypen und -formen

Bei der Bezeichnung von Bahnhöfen unterscheidet man zwischen seiner Lage im Streckennetz und dem Grundriss. Letzteres spielt bei der Modellbahn die größere Rolle, denn ausgedehnte Streckennetze mit mehreren Bahnhöfen, die in einer Beziehung zueinander stehen, lassen sich im Kleinen ja kaum errichten. Auf diesen Seiten zeigen wir einige Beispiele. Es handelt sich um verkürzte Darstellungen, die Länge der Bahnsteiggleise lässt sich beliebig anpassen. Für die Skizzen wurde die Geometrie des Fleischmann-Gleissystems verwendet – was jedoch keinen Einfluss auf die Allgemeingültigkeit hat.

Betrieblich unterscheidet man zwischen Durchgangsbahnhöfen (die häufigste Form), Kopfbahnhöfen, End-, Zwischen- und Anschlussbahnhöfen, Trennungs-, Berührungs- und Kreuzungsbahnhöfen. Bei Letzteren weist die Bezeichnung auf die Lage im Streckennetz hin. So zweigt in einem Trennungsbahnhof von mindestens einer Strecke mindestens eine weitere ab. In einem Berührungsbahnhof treffen zwei Strecken aufeinander, ohne dass ganze Züge von der einen auf die andere Strecke übergehen. Die tatsächliche Ausführung kann dabei höchst unterschiedlich sein.

Eine recht ungewöhnliche Bahnhofsform ist z. B. der Keilbahnhof, bei dem es sich in der Regel um einen Trennungsbahnhof handelt. Oder der Turmbahnhof, der entweder ein Kreuzungs- oder Berührungsbahnhof ist. Diese Bauform ist optisch sehr ansprechend, erfordert aber viel Platz – wobei die Strecken natürlich nicht unbedingt rechtwinklig zueinander verlaufen müssen.

Beim Vorbild recht selten, da betrieblich aufwendig, sind Spitzkehrenbahnhöfe. Dies gilt sinngemäß für Kopfbahnhöfe, die betrieblich ein Nadelöhr darstellen. Dass viele Großstadt-Bahnhöfe so errichtet wurden, hat historische Gründe (z.B. Stuttgart, Leipzig, Frankfurt/Main, Hamburg-Altona). Ein Kopfbahnhof im Modell ist betrieblich interessant, aber auch anspruchsvoll. Während Triebwagen und -züge den Bahnhof in der Gegenrichtung wie-

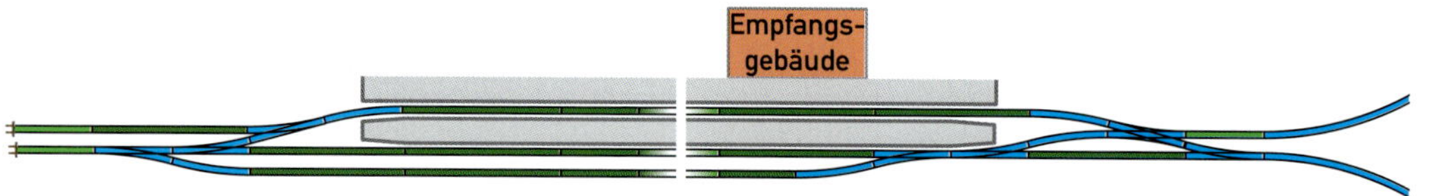

Kopf- bzw. Endbahnhof mit Umfahrmöglichkeit, zwei eingleisige Streckenäste

der verlassen können, muss bei den lokbespannten Zügen ein Lokwechsel stattfinden (Ausnahme: Wendezüge mit Steuerwagen). Die eingetroffene Lok ist durch den Zug „gefangen“, sie wird abgekuppelt, am anderen Ende wird eine andere Maschine vor den Zug gesetzt. Erst dann kann die Reise fortgesetzt werden. Ein automatischer Anlagenbetrieb lässt sich unter diesen Vorzeichen nur sehr schwer realisieren, der Modellbahn-Fahrdienstleiter ist ständig gefordert.

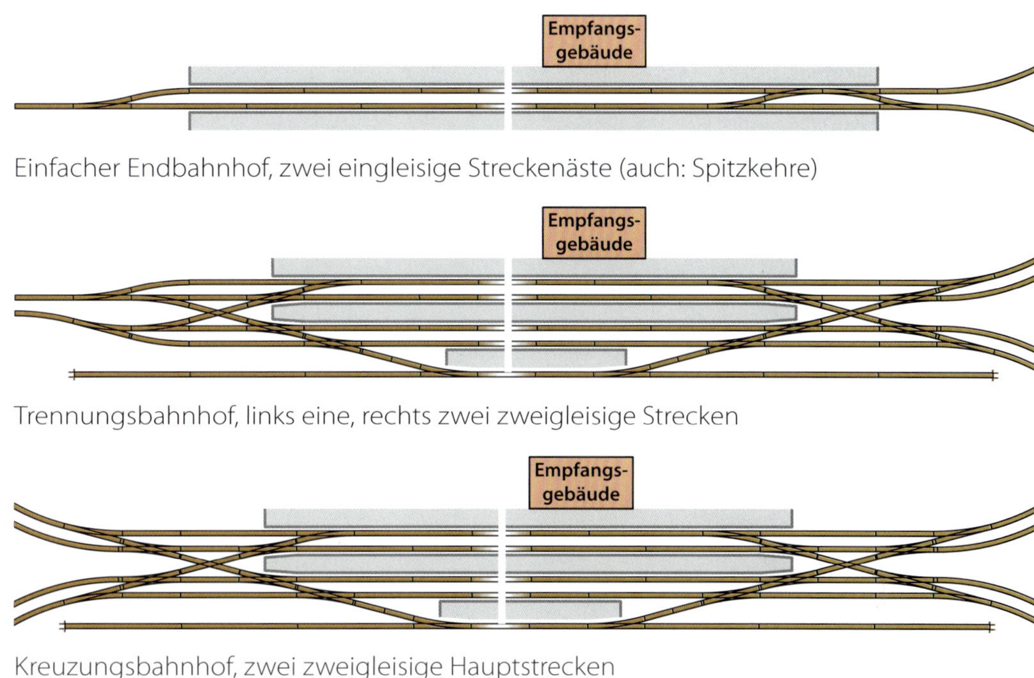

Einfacher Endbahnhof, zwei eingleisige Streckenäste (auch: Spitzkehre)

Trennungsbahnhof, links eine, rechts zwei zweigleisige Strecken

Kreuzungsbahnhof, zwei zweigleisige Hauptstrecken

Bahnsteige und Empfangsgebäude

Im Kleinen relevant ist auch die Anordnung von Empfangsgebäude und Bahnsteigen. Fast immer gibt es am Bahnhofsgebäude den sog. Hausbahnsteig für das Gleis 1 (die Gleise werden stets am Empfangsgebäude beginnend gezählt). Für die weiteren Gleise sind Inselbahnsteige am weitesten verbreitet. Sie erfordern jedoch eine Erweiterung des Gleismittenabstands, um auf eine ausreichende Bahnsteigbreite zu kommen. Dies wirkt sich auf die Längenentwicklung aus.

Eine Alternative sind Außenbahnsteige, wie man sie z. B. im Nahverkehr oder bei kleinen Stationen antreffen kann. Die Minimalversion, z. B. zwei Bahnsteige an einer zweigleisigen Strecke ohne weitere betriebliche Anlagen, ist allerdings kein Bahnhof, sondern ein Haltepunkt. Denn ein Bahnhof zeichnet sich u. a. dadurch aus, dass es mindestens eine Weiche gibt.

Diese Fülle an unterschiedlichen Aspekten zeigt, dass auch dies ein Thema ist, mit dem man sich schon in der sehr frühen Planungsphase beschäftigen sollte. Neben dem Platzbedarf hat das Gleisbild des Bahnhofs auch großen Einfluss auf die Betriebsabläufe bzw. die betrieblichen Möglichkeiten. Auch ein Modellbahnhof muss „funktionieren“, es ist höchst ärgerlich, wenn man erst zu spät bemerkt, dass z. B. ein Gleis nicht so erreicht werden kann, wie man es sich gewünscht hätte oder es Konflikte bei geplanten Fahrwegen gibt. Nachträgliche Korrekturen sind immer aufwendig, oft auch problematisch. Besser ist es daher, bei der Planung Sorgfalt walten zu lassen und gedanklich gründlich „durchzuspielen“ ob mit dem Entwurf tatsächlich das gewünschte Ziel erreicht wurde. Erst danach sollte die Freigabe für den Baubeginn erteilt werden.

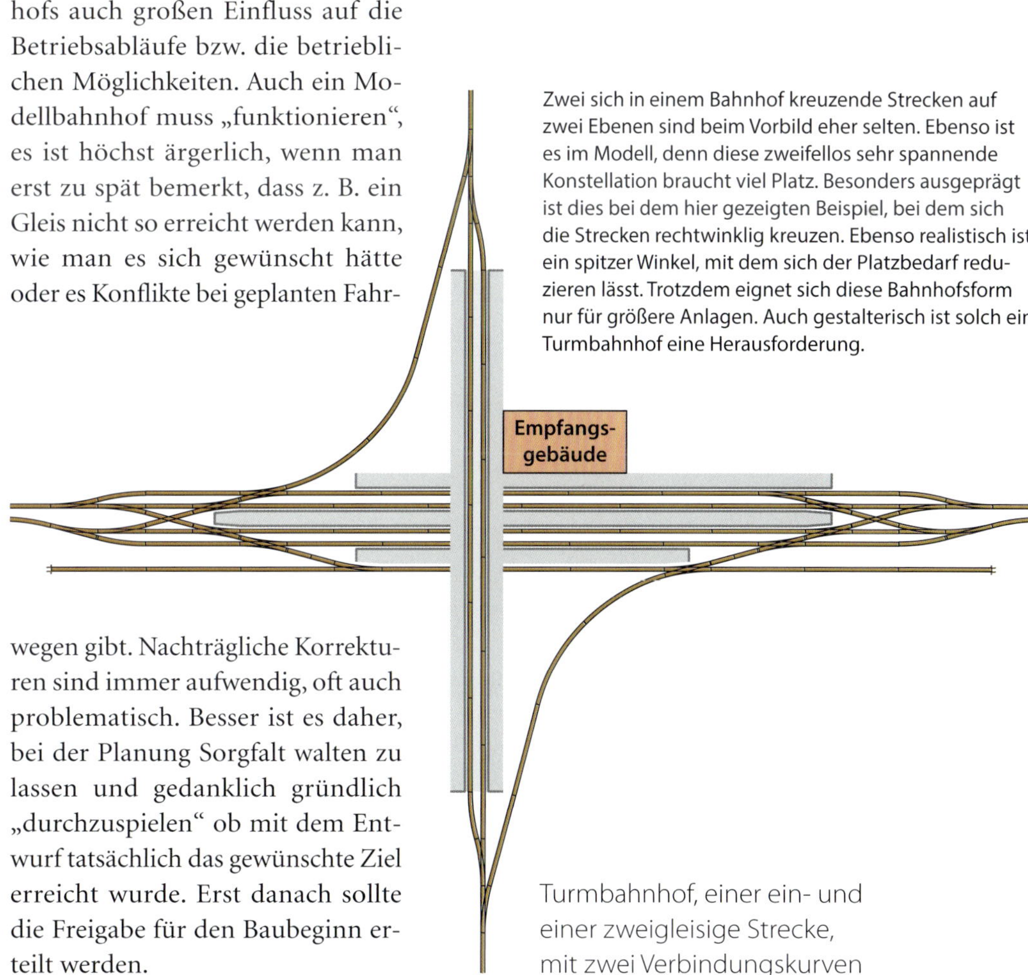

Zwei sich in einem Bahnhof kreuzende Strecken auf zwei Ebenen sind beim Vorbild eher selten. Ebenso ist es im Modell, denn diese zweifellos sehr spannende Konstellation braucht viel Platz. Besonders ausgeprägt ist dies bei dem hier gezeigten Beispiel, bei dem sich die Strecken rechtwinklig kreuzen. Ebenso realistisch ist ein spitzer Winkel, mit dem sich der Platzbedarf reduzieren lässt. Trotzdem eignet sich diese Bahnhofsform nur für größere Anlagen. Auch gestalterisch ist solch ein Turmbahnhof eine Herausforderung.

Turmbahnhof, einer ein- und einer zweigleisige Strecke, mit zwei Verbindungskurven

Ein H0-Bahnhof, zwei Gleissysteme: Der obere Plan wurde mit Roco-Line-Gleisen und den 15°-Weichen gezeichnet. Darunter sieht man dasselbe Gleisbild, nun jedoch mit Märklins C-Gleis. Die Unterschiede sind deutlich zu erkennen. Der Platzbedarf ist jedoch bei beiden Plänen annähernd identisch.

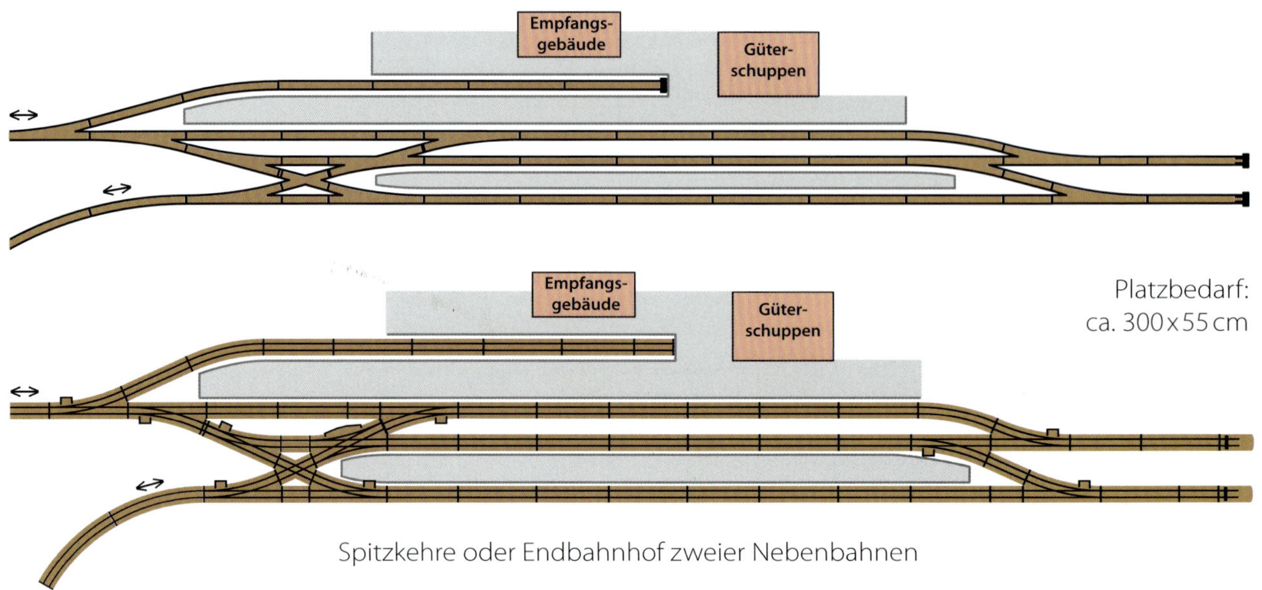

Spitzkehre oder Endbahnhof zweier Nebenbahnen

Modellbahnhöfe

Auf diesen Seiten zeigen wir einige Beispiele für Modellbahnhöfe, basierend auf der Geometrie verschiedener Gleissysteme in H0. Mit geringem Aufwand lassen sie sich für andere Geometrien adaptieren oder auf eine andere Baugröße übertragen – dann natürlich mit deutlich anderem Platzbedarf.

Keiner der Pläne hat ein konkretes Vorbild, sie orientieren sich jedoch an verschiedenen typischen Vorbildsituationen, die auf modellbahngerechte Verhältnisse gebracht wurden. Allen Entwürfen gemeinsam sind die moderaten Dimensionen. Sie wurden ausschließlich mit Standard-Weichen und -Kreuzungen sowie mit knapp bemessenen Gleis- und Bahnsteiglängen gezeich-

Eine kleine Nebenbahn-Endstation mit Lokschuppen, angesiedelt im ländlichen Bereich. Im Vordergrund erkennt man noch einen Teil der Viehverladerampe und die Spitze eines einfachen Ladekrans der Bauart Derrick.

Die Bauweise des Empfangsgebäudes (Modell von Faller) weist darauf hin, dass sich der Bahnhof im Württembergischen befinden muss.

Bahnhof für zwei Hauptstrecken

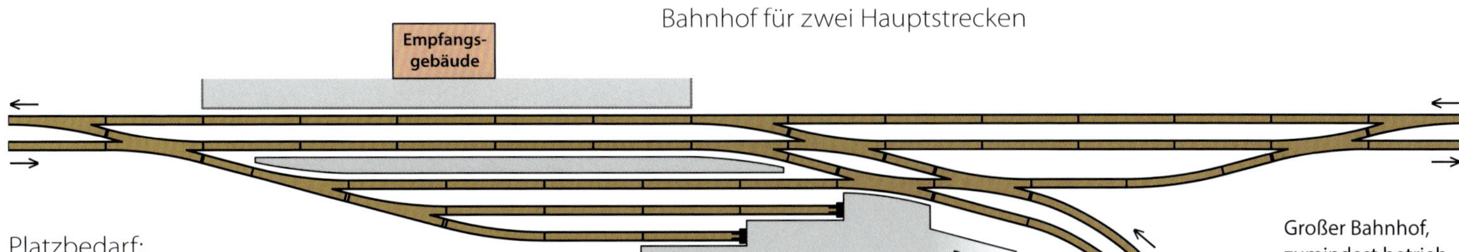

Platzbedarf:
ca. 345 x 65 cm

net. Bei den Angaben zum Platzbedarf handelt es sich daher um das jeweilige Minimum. Sofern der Platz es erlaubt, sollten die Gleisanlagen etwas großzügiger ausgeführt werden. Die Länge der Bahnsteig-, Lade- und Rangiergleise lässt sich bei allen Beispielen gut den individuellen Verhältnissen anpassen. Andererseits könnte man in einigen Fällen, sofern der weitere Streckenverlauf es zulässt, durch den Einsatz von Bogenweichen in den Ein- bzw. Ausfahrten auch noch etwas Platz sparen. Außerdem darf der Hinweis nicht fehlen, dass sich alle Vorschläge noch variieren und um weitere Gleise ergänzen lassen. Auch eine seitenverkehrte und/oder gespiegelte Umsetzung ist denkbar. Doch Vorsicht: Beim Umplanen können in den Weichenstraßen kleine Änderungen erforderlich sein, um den in Deutschland herrschenden Rechtsverkehr bei zweigleisigen Strecken durchführen zu können.

Spitzkehre oder Endbahnhof zweier Nebenbahnen

Unser erster Vorschlag eignet sich für zwei unterschiedliche Betriebssituationen. Bei der ersten Variante handelt es sich um einen Zwischenbahnhof, bei dem die beiden links angedeuteten Streckenäste zu ein und derselben Linie gehören. Die Züge erreichen den Bahnhof über das eine Gleis und setzen ihre Fahrt – zunächst in der entgegengesetzten Richtung – über das andere fort. Es handelt sich also um eine Spitzkehre. Eine durch den Richtungswechsel betrieblich aufwendige Konstellation, die man beim Vorbild nur dann wählt, wenn die Topografie oder andere Gründe sie zwingend erforderlich machen. Bei Triebwagen oder dem Einsatz von Steuerwagen hält sich der Aufwand in Grenzen, bei lokbespannten Zügen ohne Steuerwagen muss die Lok bei jedem Richtungswechsel umsetzen.

Was beim Vorbild die Fahrzeiten verlängert und Kosten verursacht, bietet dem Modellbahner durchaus willkommene Abwechslung. Aber auch im Kleinen sollte man eine schlüssige Begründung für die Spitzkehre schaffen. Ein Hindernis, ob Berg oder dichte Bebauung, sollte optisch eine normale Verlängerung der Strecke unmöglich machen.

Bei der zweiten Variante handelt es sich um einen Endbahnhof zweier Nebenbahnen. Allerdings ohne die in der Dampflokzeit hier fast immer vorhandenen Behandlungsanlagen. Doch auch ohne dieses „Extra" hat dieser gar nicht so große Entwurf betrieblich recht viel zu bieten. Neben der Abwicklung des Personenverkehrs ist ja – bei beiden Varianten – auch noch das zu Rampe und Güterschuppen führende Ladegleis zu bedienen. In Zugpausen könnten auf den Bahnhofsgleisen sogar recht umfangreiche Rangierfahrten abgewickelt werden.

Das Gleisbild erlaubt Zugkreuzungen und sogar die gleichzeitige Einfahrt von Zügen aus beiden Richtungen. Dank der doppelten Gleisverbindung und der einfachen Kreuzungsweiche können dabei jeweils alle drei Bahnsteiggleise erreicht werden. Sofern Loks umzusetzen sind, sollten die Züge in die äußeren Gleise einfahren, damit das mittlere zum Umsetzen genutzt werden kann.

Übrigens zeigt dieses Beispiel sehr schön den Einsatz einer einfachen Kreuzungsweiche (die es nur bei wenigen Modell-Gleissystemen gibt). Denn betrieblich sinnvoll sind nur die Stellungen „geradeaus" für beide Strecken und „abzweigend" für den unteren Streckenast auf das mittlere Gleis. Der Einbau einer doppelten Kreuzungsweiche verbietet sich daher beim Vorbild von selbst, schon aufgrund der höheren Kosten bei Anschaffung und Unterhalt. Bei einem Umbau des Bahnhofes würde man heute beide Kreuzungen durch Weichen ersetzen. Doch dem Modellbahner kommt die hier gezeigte Konstellation entgegen, schon aufgrund des viel geringeren Platzbedarfes.

Bahnhof für zwei Hauptstrecken

Weil sie für den Miniaturbahner so interessant sind, zeigen wir nun einen für Modellbahnverhältnisse schon recht großen Trennungsbahnhof. In einem betrieblich ent-

Großer Bahnhof, zumindest betrieblich: Eine zweigleisige Hauptstrecke verzweigt sich in diesem Bahnhof zu zwei zweigleisigen Hauptstrecken. Entsprechend rege geht es in diesem Bahnhof betrieblich zu. Beim Vorbild wären die Gleisanlagen wesentlich umfangreicher.

Wenn irgend möglich, sollten bei diesem Entwurf die Bahnsteiggleise verlängert werden – was natürlich den Platzbedarf erhöht. Dieser Gleisplan wurde mit der Roco-Line-Geometrie mit 15°-Weichen und -Kreuzungen gezeichnet.

Dank der beiden Ladegleise mit einer großen Kopf-/Seitenrampe kommen auch der Güterverkehr und der Rangierbetrieb nicht zu kurz. Sofern dort nichts anderes vorgesehen ist, könnten die Gleisanlagen noch auf die freie Fläche links von den beiden Weichen ausgedehnt werden.

scheidenden Punkt weicht er von den anderen Vorschlägen ab: Statt um eingleisige Nebenbahnen handelt es sich um zweigleisige Strecken, die im Modell durchaus als bedeutende, viel befahrene Hauptbahnen deklariert werden können.

Die parallele Ausfädelung der zweiten Strecke hat natürlich Auswirkungen auf die Längenentwicklung. Sie erfolgt über eine Kombination aus zwei Weichen und drei doppelten Kreuzungsweichen. Die beiden in der Zeichnung unteren könnten – je nach vorgesehenem Betriebsablauf – ggf. auch durch einfache Kreuzungsweichen ersetzt werden. Wie schon erwähnt, werden Kreuzungsweichen beim Vorbild heute möglichst durch einfache Weichen ersetzt. Doch dem Modellbahner kommt diese Konstellation aufgrund des geringeren Platzbedarfs entgegen. Wenn noch Spielraum für eine Vergrößerung bleibt, wäre in diesem Falle eine Verlängerung der Bahnsteiggleise vorzuziehen. Schließlich handelt es sich um bedeutendere Strecken, auf denen auch längere Reisezug-Garnituren zum Einsatz kommen (sollten).

Auf der dem Empfangsgebäude gegenüberliegenden Seite gibt es zwei unterschiedlich lange Ladegleise, die zu einer Rampe führen. Auf die Darstellung eines Güterschuppens wurde verzichtet. Es spricht jedoch nichts dagegen, weitere Gleise oder auch einen Gleisanschluss vorzusehen, beispielsweise im Bereich der linken Weichenstraße. Doch auch ohne umfangreiche Rangierbewegungen ist die Bedienung dieses Bahnhofes, zumindest bei einer kurzen Zugfolge, recht anspruchsvoll. Denn in der Ausfädelung der zweiten Strecke steckt ein hohes Unfallpotenzial, das auch im Modellbetrieb beherrscht sein will.

Große Nebenbahn-Endstation mit Gleisanschluss

Nebenbahnen zweigen häufig von Hauptstrecken ab, meist in Knotenpunkten oder Anschlussbahnhöfen in größeren Städten. Um diese halbwegs vorbildgetreu nachzubilden, braucht man schon recht viel Platz. Für den Modellbahner viel interessanter sind daher die Endbahnhöfe am anderen Streckenende, die beim Vorbild in den unterschiedlichsten Varianten anzutreffen sind.

Das Beispiel ist schon recht groß geraten und bietet umfangreiche Betriebsmöglichkeiten im Personen- wie im Güterverkehr. Neben dem Empfangsgebäude gibt es einen Güterschuppen, an dem zwei Gleise enden. Schon in der Bahnhofseinfahrt zweigt ein weiteres Gleis ab. Es führt vorbei an einem anderen Gebäude, bei dem es sich ebenfalls um einen Güter- oder Lagerschuppen handeln könnte. Aber auch ein kleiner Gewerbebetrieb wäre denkbar.

Im weiteren Verlauf wird eine große Laderampe samt Ladestraße erreicht. Es könnte sich jedoch auch um einen Gleisanschluss handeln. In ländlichen Regionen findet man fast überall die Lagerhäuser und Silos des privaten oder genossenschaftlichen Landhandels (z. B. Raiffeisen, BayWa, WLZ). Die recht umfangreichen Gleisanlagen und die verschiedenen Lade- und Abstellgleise erlauben also einen regen Rangierverkehr.

Der Personenverkehr fällt etwas bescheidener aus. Streng genommen steht dafür nur eines der Bahnsteiggleise zur Verfügung, das zweite wird zum Umsetzen der Triebfahrzeuge benötigt. Ungewöhnlich ist der lange, zweigeteilte Inselbahnsteig. Ursprünglich werden wohl nur sehr kurze Züge direkt am Empfangsgebäude gehalten haben. Um auch län-

Ein Endbahnhof einer Nebenbahn, der den Modellbahner nachhaltig zum „Spielen" auffordert. Ohne einen Fahrdienstleiter, der den Überblick behält, geht hier nichts! Erst auf den zweiten Blick wird deutlich, welcher Aufwand (= Modellbahn-Vergnügen) damit verbunden ist, allen Anforderungen im Personen- und Güterverkehr zu genügen.

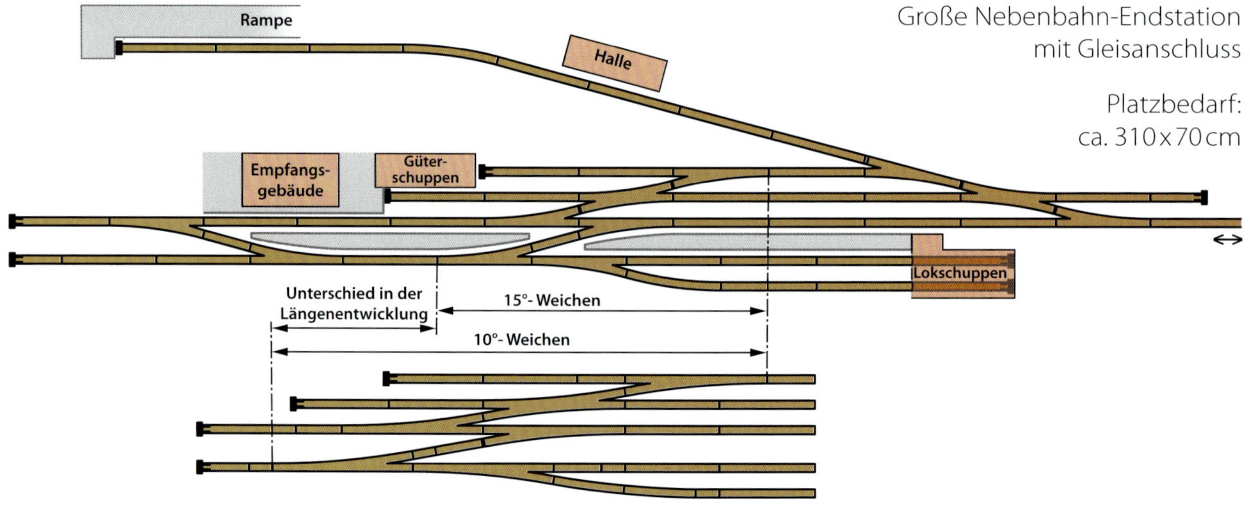

Große Nebenbahn-Endstation mit Gleisanschluss

Platzbedarf: ca. 310 x 70 cm

Bei fast allen Gleissystemen gibt es mindestens zwei Ausführungen von Weichen mit unterschiedlichen Geometrien – die mit großem Winkel sparen Platz, die schlankeren sind näher am Vorbild, brauchen aber mehr Platz. Der im Gleisplan gezeigte Vergleich (15°-/10°-Weichen bzw. Kreuzungen) zeigt dies recht anschaulich.

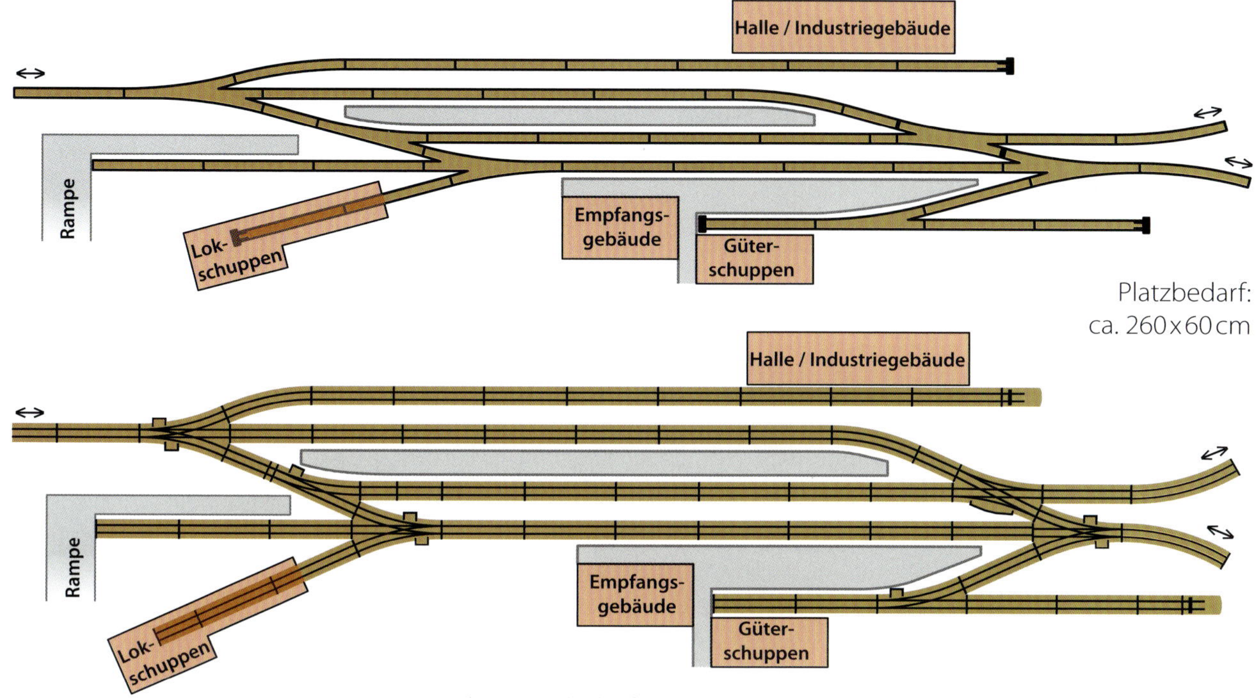

Platzbedarf: ca. 260 x 60 cm

Kleiner Bahnhof mit viel Betrieb

Auch bei diesem Bahnhof gibt es beim Platzbedarf keinen großen Unterschied zwischen dem Roco-Line-Gleis (oben) und dem Märklin-C-Gleis (unten), bei dem jedoch aufgrund der steileren Weichen die Bahnsteige etwas größer ausfallen können.

Links mündet eine eingleisige Strecke in den Bahnhof, an der anderen Seite sind es zwei, die je nach Konstellation auf der Anlage in unterschiedliche Richtungen führen können. Wer es mag, kann auch Personenwagen rangieren und zu neuen Zügen zusammenstellen.

gere Züge abfertigen zu können, wurde zusätzlich der Inselbahnsteig angelegt. Ein Grund könnten z. B. Ausflugs- und Urlauberzüge sein.

Sobald sie eine gewisse Länge erreichen und die mittlere Weichenkombination blockieren – dazu genügen schon drei lange Wagen – gibt es jedoch ein kleines betriebliches Problem: Die Lok kann nicht mehr umsetzen. Auch dies ist ein Indiz dafür, dass zumindest die Verlängerung des Inselbahnsteigs erst später hinzugekommen ist und er nicht regelmäßig benötigt wird. Lösen lässt sich dieses Problem nur mit einer weiteren Lok, für die an der Bahnhofseinfahrt ein kurzes Abstellgleis vorgesehen ist.

Für hier einzusetzende Triebfahrzeuge steht ein zweiständiger Lokschuppen zur Verfügung. An den Gleisen davor sollten sich bei einem in der Dampflokära angesiedelten Motiv kleine Behandlungsanlagen befinden: ein oder zwei Wasserkräne, eine Kleinbekohlung und eine Schlackengrube. Alternativ könnte hier auch ein kleines Bahnbetriebswerk angesiedelt werden, das aber deutlich mehr Platz beanspruchen würde.

Zum Vergleich der Längenentwicklung wurde ein Teil des Plans zusätzlich mit schlanken Roco-Line-10°-Weichen wiedergegeben. Auch bei den meisten anderen Gleissystemen gibt es (mindestens) einen Weichentyp mit einem kleineren, vorbildnäheren Abzweigwinkel.

Kleiner Bahnhof mit viel Betrieb

Dass man für einen abwechslungsreichen Betrieb weder besonders viele Gleise noch viel Platz benötigt, soll dieser Bahnhofsplan zeigen. Es handelt sich wieder um einen Trennungsbahnhof. Eine eingleisige Nebenbahn teilt sich hier in zwei ebenfalls eingleisige Strecken auf. Der Personenverkehr hat keine allzu große Bedeutung. Es gibt lediglich den Haus- und einen Inselbahnsteig. Letzterer kann von Zügen in beide Richtungen benutzt werden. Alle weiteren Gleise dienen dem (betrieblich interessanteren) Güterverkehr.

Rechts vom Empfangsgebäude befindet sich ein großer Güterschuppen, der über ein sehr kurzes Ladegleis erreicht wird. Entsprechend umfangreich fallen die Rangierbewegungen aus. Etwas weiter links befindet sich der einständige Lokschuppen. Daran schließt sich die Ladestraße mit großer Rampe an. Doch damit nicht genug, auf der gegenüberliegenden Seite gibt es ein weiteres, langes Ladegleis, das auch als Gleisanschluss genutzt werden könnte. Der Entwurf zeigt ein recht großes Gebäude, vielleicht ein Lagerhaus, vielleicht ein mittelgroßer Gewerbebetrieb?

Durch den Einsatz von drei Dreiweg- und einer doppelten Kreuzungsweiche konnte viel Platz ge-

Ein „Klassiker“: die von einer zweigleisigen Hauptstrecke abzweigende Nebenbahn. Der Gleisplan ist bewusst einfach gehalten, könnte aber problemlos mit weiteren Gleisen beider Strecken erweitert werden. Unverzichtbar ist die Schutzweiche vor der Einfahrt der Neben- in die Hauptstrecke.

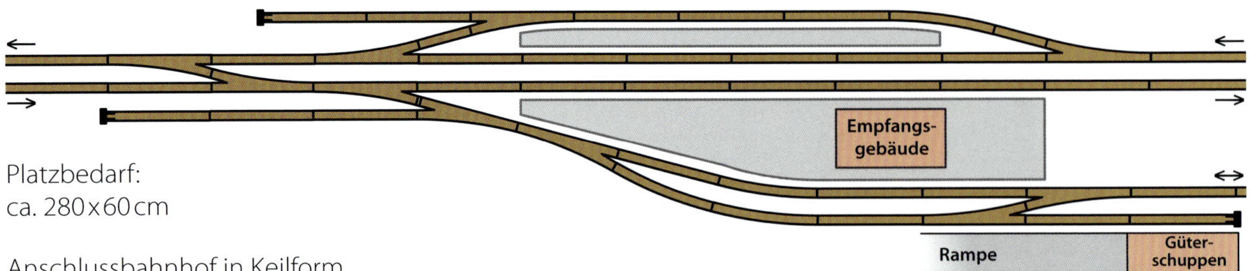

Platzbedarf:
ca. 280 x 60 cm

Anschlussbahnhof in Keilform

spart werden. Obwohl in der Baugröße H0 insgesamt nur ca. 260 cm lang, weisen alle Bahnsteiggleise eine Länge von mindestens 90 cm auf – genug für die auf diesen Strecken einzusetzenden kurzen Nebenbahn-Garnituren. Wer mehr Platz hat, sollte diesen in eine vorbildnähere Ausführung der Weichenstraßen, der Rangier- und Ladegleise investieren.

Anschlussbahnhof in Keilform

Die Hauptstrecke mit abzweigender Nebenbahn ist eines der beliebtesten Modellbahnthemen. Einer der Gründe dafür ist die große Vielfalt an Fahrzeugen, die sich auf den beiden unterschiedlich bedeutenden Strecken einsetzen lassen. Bei der Umsetzung dieses Themas zweigt die Nebenstrecke meistens in einem sog. Anschlussbahnhof ab. Die bei diesem Entwurf gezeigte Keilform ist im Modell jedoch recht selten anzutreffen. Dabei liegt das Empfangsgebäude zwischen den beiden voneinander abzweigenden Strecken. Personenzüge halten an beiden Seiten. Je nach Gleislage füllt der Hausbahnsteig die Fläche dazwischen aus, oder er bildet ein keilförmiges V.

Bei diesem Beispiel verfügt nur die Nebenstrecke über eine kleine Ortsgüteranlage mit Rampe und Güterschuppen. Vor der Einmündung in die Hauptstrecke wurde ein Schutzgleis angelegt. Es ist lang genug, um eine Lok oder ein paar Wagen darauf abzustellen. Für die Hauptstrecke hat der Bahnhof nur geringe Bedeutung. Es gibt nur ein Ausweichgleis mit einem Inselbahnsteig und eine Schutzweiche in Fahrtrichtung. Über die einfache Gleisverbindung links gelangen die Züge von der Neben- auf die Hauptstrecke. Außerhalb des dargestellten Ausschnitts sollte es weitere Gleisverbindungen geben, um den in der Zeichnung nach rechts fahrenden Zügen einen Gleiswechsel zu ermöglichen.

Noch ein kleiner Bahnhof, diesmal mit typisch preußischer Architektur. Diese kleine Anlage der Baugröße H0e besteht aus drei Segmenten und ist insgesamt nur 125 x 190 cm groß.

Platzbedarf:
ca. 280 x 85 cm

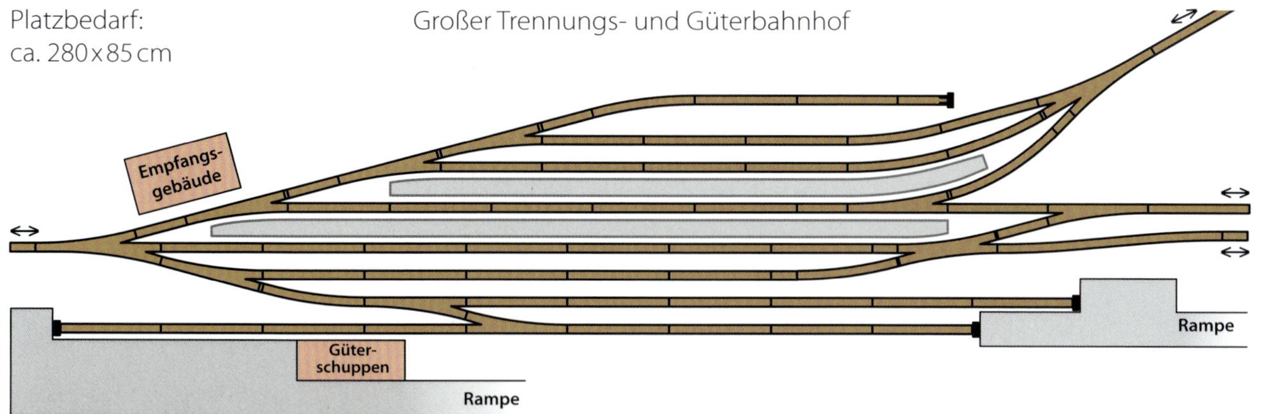

Dieser Bahnhof hat, trotz seiner noch moderaten Abmessungen, recht umfangreiche Gleisanlagen. Neben vier Bahnsteiggleisen für den Personenverkehr gibt es an beiden Seiten des Bahnhofs Gütergleise mit Kopf-/Seitenrampen und einem Güterschuppen. Daher befindet sich das Empfangsgebäude in einer ungewöhnlichen Lage. Der Zugang zu den Bahnsteigen muss gelöst werden (Tunnel, Fußgängerbrücke).

Trennungs- und Güterbahnhof

Nun fallen die Gleisanlagen schon recht umfangreich aus. Sie lassen darauf schließen, dass es sich um den Trennungsbahnhof von einer auf zwei eingleisige Hauptstrecken handelt – wobei die rechts unten den Bahnhof verlassende Strecke im dargestellten Ausschnitt (vorerst?) zweigleisig geführt wird. Sehr schön ist die Aufteilung der Hauptgleise für die beiden Richtungen zu erkennen. Das mittlere Bahnsteiggleis kann für beide Streckenäste genutzt werden. Die Bahnsteige an beiden Seiten erleichtern den Reisenden das Umsteigen. So lässt sich der Personenverkehr problemlos abwickeln.

Ähnlich umfangreich sind die dem Güterverkehr vorbehaltenen Rangier-, Abstell- und Ladegleise. Ein solches sieht man oben im Plan. Auf der gegenüberliegenden Seite gibt es zwei ausgedehnte Rampen und einen Güterschuppen, die von mehreren Lade- und Rangiergleisen bedient werden. Alternativ könnte das Gleis links auch als Gleisanschluss dienen. Mit der Abwicklung des Betriebs ist ein Modell-Fahrdienstleiter gut beschäftigt. Ist mehr Platz vorhanden, sollte man sich bei diesem Entwurf vorrangig um den betrieblich sinnvollen Ausbau der Weichenstraßen und längere Bahnhofsgleise kümmern.

Ein kleiner, ungewöhnlicher Bahnhof von oben. In der Mitte verläuft das Streckengleis. Der kurze Hausbahnsteig liegt in einem Bogen. Links davon gibt es ein Ausweichgleis, das auch zum Umsetzen genutzt werden kann. Nach rechts hin zweigt ein Gleisanschluss ab. Die Lok der Baureihe 94 passiert mit ihrem Schotterzug gerade die sog. Schutzweiche. Mit dieser wird verhindert, dass ungewollt Fahrzeuge vom Gleisanschluss auf das Streckengleis gelangen. Das sich an die Weiche anschließende Gleis kann auch zum Abstellen von Fahrzeugen genutzt werden. Rechts im Hintergrund sieht man die einfachen Gleisanlagen des Gleisanschlusses – er gehört zweifellos zu einem Schotterwerk.

Bahnbetriebswerke

Für Modellbahner, deren Anlage zeitlich in der Dampflok-Ära angesiedelt ist, also bis zur frühen Epoche IV, gehören Bahnbetriebswerke zu den beliebtesten Motiven. Nirgends sonst kommt die besondere Atmosphäre der Dampftraktion so gut zur Geltung.

Unverzichtbar für jedes größere Dampflok-Bw und im Modell stets ein Blickfang: die Drehscheibe mit dem Ringlokschuppen. Trotzdem ist es nur ein kleiner Teil der technischen Anlagen und Gebäude, die zu einem vollständigen Bahnbetriebswerk gehören.

Das Foto zeigt einen kleinen Ausschnitt des im Modell riesigen Bahnbetriebswerks der Modellbahnfreunde Maifeld. Man findet auf der Anlage sämtliche Behandlungsanlagen, etliche Gebäude sowie eine Schiebebühne mit zwei großen Hallen, in denen die Dieselloks abgestellt und gewartet werden.

Das Dampflok-Bahnbetriebswerk (kurz: Bw) mit seinen zahlreichen Behandlungsanlagen, oft mit Drehscheibe und Ringlokschuppen, ist beim Vorbild immer einen Besuch wert – mehrere Bw's sind mal mehr, mal weniger authentisch museal erhalten worden. Und im Modell erweisen sie sich stets als besonderer Blickfang. Doch Vorsicht, nicht alles, was im Modell so bezeichnet wird, gibt tatsächlich ein Bw wieder. Schauen wir uns also zunächst das Vorbild an.

Aufgaben des Bahnbetriebswerks

Das Dampflok-Bw dient der sog. Restaurierung der Lok, also u. a. der Versorgung mit Wasser, Kohle und Sand (Behandlungsanlagen), der Unterbringung der Fahrzeuge (Lokschuppen) und, je nach Umfang des Bw, der Durchführung kleinerer oder größerer Reparaturen. Die allerkleinsten dieser Anlagen sind allerdings keine echten Bw's, sondern Lokstationen oder Bw-Außenstellen, wie man sie zum Beispiel in Endbahnhöfen von Nebenbahnen findet. Im Minimalfall befinden sich die entsprechend kleinen Behandlungsanlagen am Zufahrtsgleis zum

So eine Kleinbekohlung mit handbetriebenem Kran ist ein durchaus reizvolles Motiv, allerdings nicht für ein Bahnbetriebswerk. Diese Bekohlung passt zu einer wenig frequentierten Nebenstrecke, z. B. direkt vor dem Lokschuppen im Endbahnhof.

einständigen Lokschuppen: Kleinbekohlung, Wasserkran und Schürhaken für das ggf. erforderliche Ausschlacken. Im Gleis, vor oder im Lokschuppen, gibt es oft eine Untersuchungsgrube. Die Wasservorräte befinden sich oft in einem Anbau am Lokschuppen. Größere Werkstätten sind nicht vorhanden. Auch dies ist ein schönes, in manchen Konstellationen unverzichtbares Modellbahn-Motiv. Ein Bahnbetriebswerk ist es jedoch nicht.

Das andere Extrem sind Groß-Bw's mit mehreren Drehscheiben, vielständigen Ringlokschuppen und umfangreichen Behandlungsanlagen. Hier gibt es Bekohlungsanlagen mit großen Kränen und ausgedehnten Kohlebunkern, Besandungsanlagen und Sandvorräte, lange Schlackengruben mit Schlackenaufzügen, Untersuchungsgruben (auch im Lokschuppen), ein Kesselhaus, größere Werkstätten, die Verwaltung, eine Lokleitung und ggf. ein eigenes Stellwerk. Die Zeichnungen auf der rechten Seite zeigen schematisch den Aufbau verschiedener Vorbild-Bahnbetriebswerke.

Die an sich reizvolle Umsetzung eines solchen Themas ins Modell

Eine Einheits-Großbekohlung, wie sie einst in vielen Bw's anzutreffen war. Große Kräne sorgen für Nachschub aus den ausgedehnten Kohlebunkern. Auch dieses Motiv stammt vom Bw der Modellbahnfreunde Maifeld.

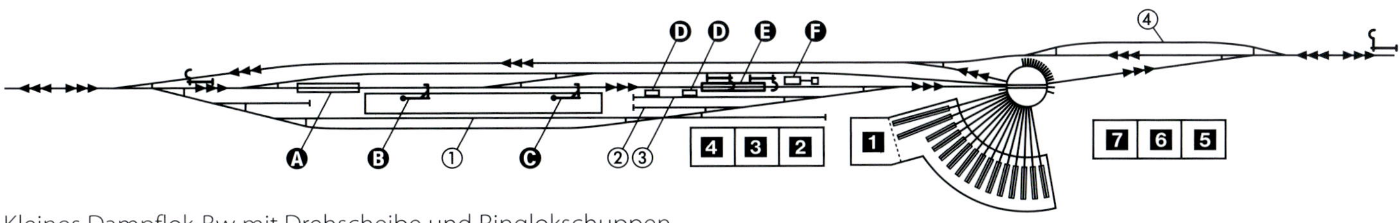

Kleines Dampflok-Bw mit Drehscheibe und Ringlokschuppen

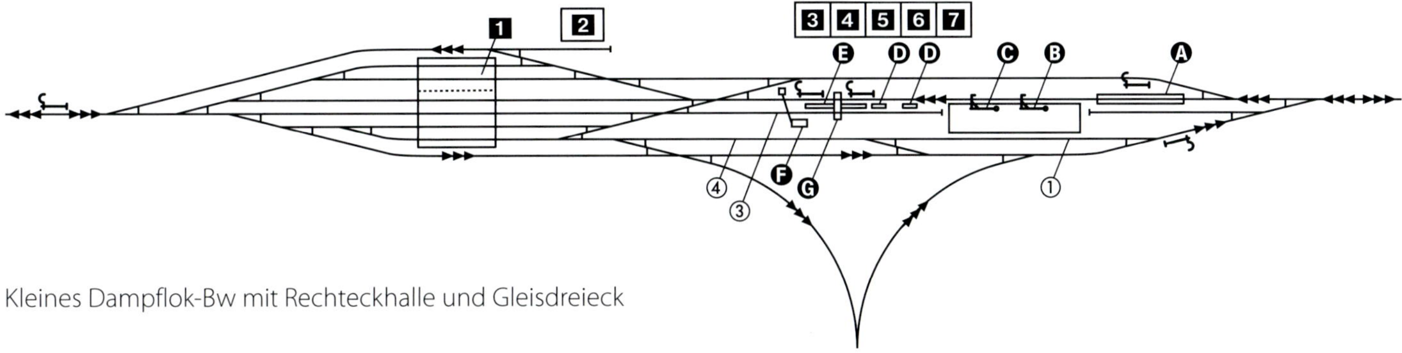

Kleines Dampflok-Bw mit Rechteckhalle und Gleisdreieck

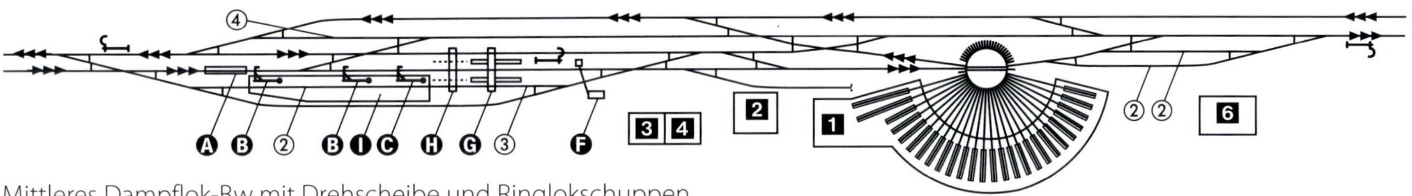

Mittleres Dampflok-Bw mit Drehscheibe und Ringlokschuppen

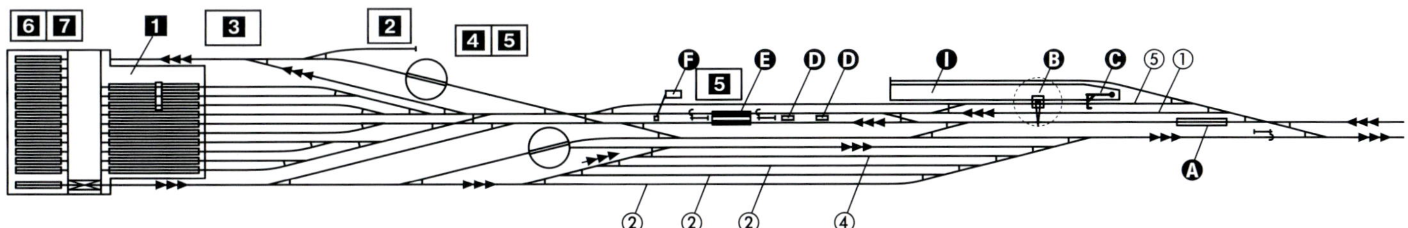

Mittleres Dampflok-Bw in Kopfform mit Rechteckhalle

- **A** Untersuchungsgrube
- **B** Bekohlungskran
- **C** Notbekohlung
- **D** Löschebansen
- **E** Ausschlackgrube
- **F** Besandung
- **G** Schlackenbockkran
- **H** Löschebockkran
- **I** Kohlenlager
- **1** Werkstatt
- **2** Stofflager
- **3** Verwaltung
- **4** Lokomotivdienstleitung
- **5** Aufenthaltsräume
- **6** Übernachtungsräume
- **7** Kantine mit Werksküche
- ① Kohlenwagengleis
- ② Aufstellgleis
- ③ Schlackenwagengleis
- ④ Hilfszug- oder Gerätewagengleis
- ⑤ Kran- oder Bunkergleis

beansprucht allerdings etliche Quadratmeter und lässt sich nicht in einer Anlagenecke unterbringen. Andererseits eignet sich das Bw auch als eigenständiges Anlagenthema. Ein Zugbetrieb ist dann nicht möglich (sofern nicht noch eine Paradestrecke vorgesehen wird), doch die Fahrzeugsammler, die ansonsten kein Interesse am Anlagen- und Landschaftsbau haben, können auf diese Weise ihre Fahrzeuge in einem passenden Umfeld präsentieren – gewissermaßen eine offene Vitrine.

Kleines Dampf- und Diesellok-Bw mit Rechteckschuppen

Unser erster Vorschlag zeigt ein kleines Bw, das jedoch schon über alle wichtigen Behandlungsanlagen verfügt. Da sie sich an drei Gleisen befinden, können mehrere Loks gleich-

Kleines Dampf- und Diesellok-Bw mit Rechteckschuppen **(Baugröße H0)**

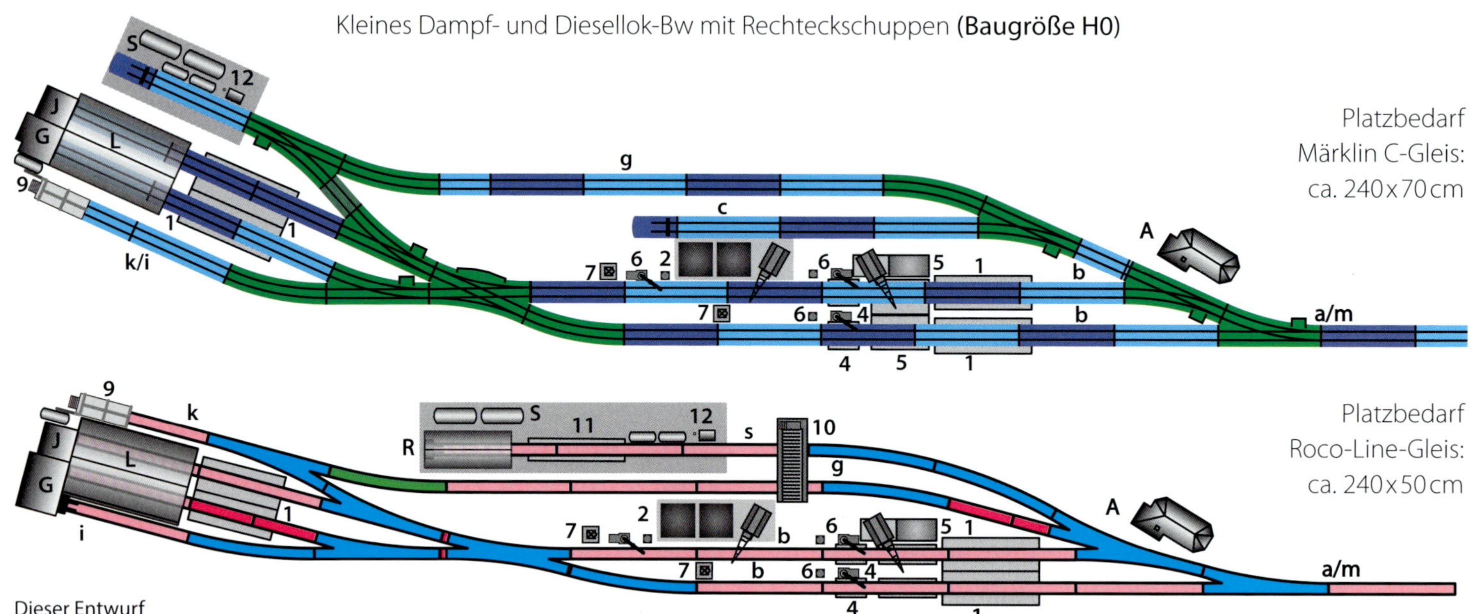

Platzbedarf Märklin C-Gleis: ca. 240 x 70 cm

Platzbedarf Roco-Line-Gleis: ca. 240 x 50 cm

Dieser Entwurf zeigt noch kein ausgewachsenes Bw, dafür fehlt es an Werkstätten und weiteren Gebäuden, aber schon deutlich größer als eine einfache Lokstation.

Ein Dampflok-Bw mit Drehscheibe, Ringlokschuppen und mächtigem Wasserturm auf einer Heimanlage der Baugröße N.

zeitig abgefertigt werden. Zur Unterbringung der Fahrzeuge steht ein zweiständiger Lokschuppen mit Anbauten zur Verfügung. Das Fehlen einer Drehscheibe lässt darauf schließen, dass hier nur Tenderloks zum Einsatz kommen. Außerdem gibt es an einem separaten Gleis eine Tankstelle für Dieselloks, die folglich ebenfalls hier verkehren.

Das mit „g“ gekennzeichnete Gleis lässt sich zum Umfahren der Behandlungsanlagen nutzen. Dies setzt allerdings voraus, dass das für die Sägefahrt erforderliche Gleis frei ist (im oberen Entwurf das Gleis der Dieseltankstelle, im unteren das zum Rohrblasgerüst führende). Nicht dargestellt ist die an sich wichtige Schutzweiche im Ausfahrgleis (hier auch das Einfahrgleis) in Richtung Bahnhof bzw. Streckengleis. Wird sie ergänzt, erhöht sich der Platzbedarf in der Länge mindestens um das Maß dieser Weiche.

Das Bw wurde mit der Geometrie des Märklin-C-Gleises (oben) und des Roco-Line-Gleises dargestellt. Dabei haben sich kleine Unterschiede bei der Gleislage und der Anordnung der Dieseltankstelle und des Rohrblasgerüsts ergeben. Die betrieblichen Möglichkeiten sind jedoch weitgehend identisch. Nur der Roco-Entwurf verfügt hinter der Dieseltankstelle über einen einständigen Lokschuppen für eine Diesellok. Bei der Längenentwicklung gibt es kaum einen Unterschied, der Märklin-Entwurf ist jedoch aufgrund der steileren Weichen deutlich breiter geworden.

Variante in N

Etwas umfangreicher fallen die Gleisanlagen bei dem Entwurf für die Baugröße N aus, gezeichnet mit der

Kleines Dampf- und Diesellok-Bw mit Rechteckschuppen **(Baugröße N)**

Platzbedarf: ca. 125 x 35 cm

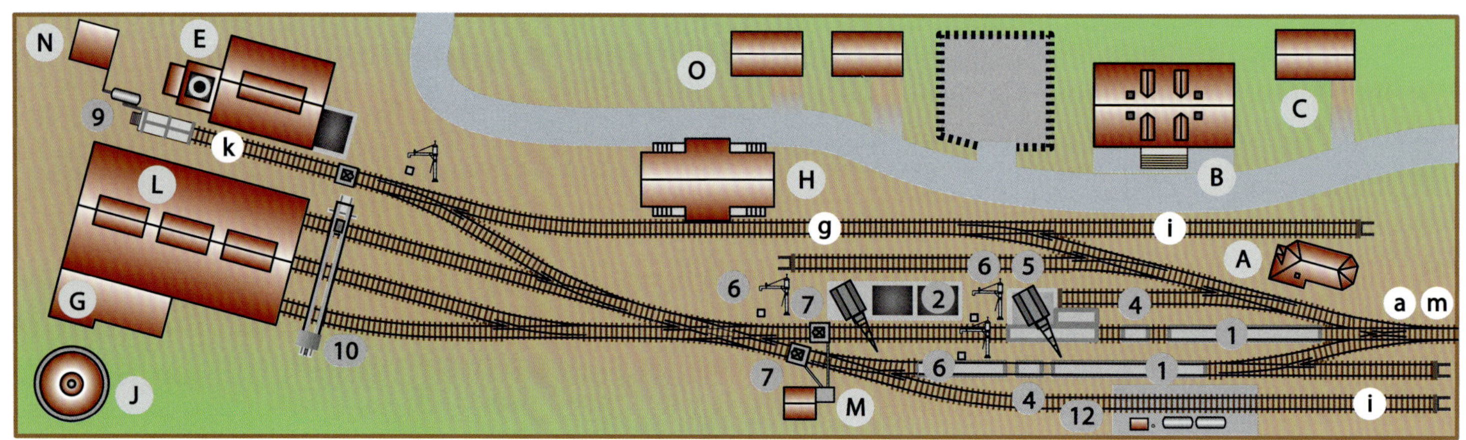

Legende zu den Gleisplänen

Gleisanlagen im Bahnbetriebswerk:
a Einfahrgleis
b Behandlungsgleis
c Kohlewagengleis
d Schlackenwagengleis
e Aufstellgleis
f Hilfszuggleis
g Umfahrgleis
h Stofflagergleis
i Abstellgleis
k Gleis zum Rohrblasgerüst
l Wartegleis
m Ausfahrgleis
r Reparaturgleis
s Versorgungsgleis
t Schutzweiche

Behandlungsanlagen für Dampflok:
1 Untersuchungsgrube
2 Bekohlung bestehend aus:
Kohlebansen
Kohlekran
Hochbunker (bei Großbekohlung)
3 Klein- bzw. Notbekohlung bestehend aus:
Kohlebansen
Kohlekran
4 Löschegrube
5 Schlackengrube mit
Schlackensumpf
Schlackenkran
6 Wasserkran
7 Besandungsturm mit
Sandbunker
8 Drehscheibe
9 Rohrblasgerüst
10 Bockkran

Behandlungsanlagen für Dieselloks:
11 Inspektionsgrube
12 Dieseltankstelle

Bahnhochbauten:
A Stellwerk
B Lokleitung/Verwaltung
C Sozialgebäude
D Lokwerkstatt
E Heizhaus
G Werkstätten
H Stofflager
J Wasserturm/-behälter
K Ringlokschuppen
L Lokschuppen
M Sand-Trockenhaus
N Kompressorhaus
0 Eisenbahner-Wohnhäuser
R Diesellokschuppen
S Öltanklager

Platzbedarf für Drehscheiben mit 15°- und 7,5°-Teilung am Beispiel des Roco-Modells

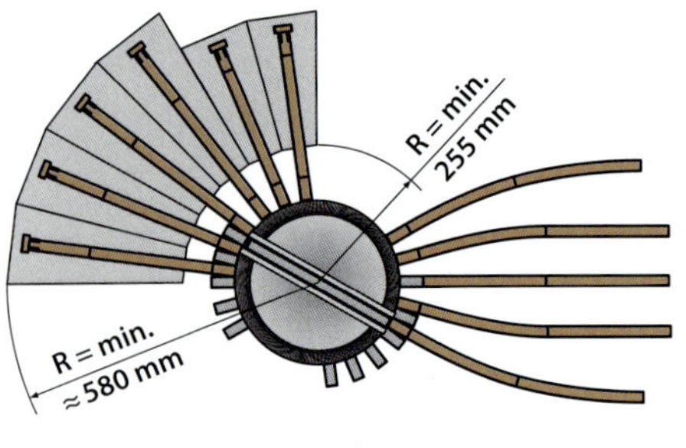

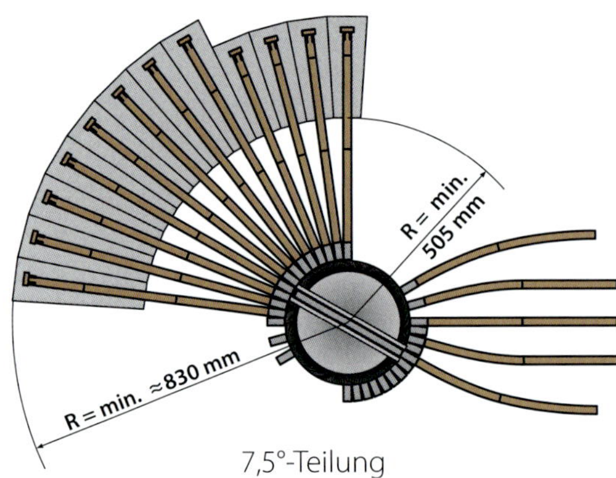

Geometrie des Minitrix-Gleises. Betrieblich ist hier, sofern gewünscht, schon einiges los. Trotzdem kommt man im Maßstab 1:160 erwartungsgemäß mit deutlich weniger Platz aus. Bei diesem illustrierten Plan wurden zudem einige weitere Gebäude eingezeichnet. Nun kommt man der Ausstattung eines Vorbild-Bahnbetriebswerks schon deutlich näher. Denn auch dort gab es nicht nur ganz große, sondern auch viele kleinere Werke (die allerdings bei der Umsetzung ins Modell schon recht viel Platz benötigen). Außerdem fehlt noch ein für viele Modellbahner wichtiges Attribut: die Drehscheibe mit Ringlokschuppen.

Drehscheibe und Ringlokschuppen

Sobald im Modell Schlepptender-Lokomotiven zum Einsatz kommen, ist eine Drehscheibe schon fast zwingend erforderlich. Denn diese Maschinen dürfen, bis auf ganz wenige Ausnahmen, nicht in Rückwärtsfahrt vor Zügen eingesetzt werden. Daher müssen sie in Fahrtrichtung gedreht werden. Alternativ funktioniert dies auch mit einem Gleisdreieck, doch beim Vorbild wie im Modell ist dies eine seltene Variante. In aller Regel wurden Drehscheiben eingesetzt, zu denen fast immer ein mehr oder minder großer Ringlokschuppen zum Abstellen der Loks gehörte.

Im Modell-Bahnbetriebswerk beanspruchen Drehscheibe und Ringlokschuppen einen beachtlichen Teil des Platzes. Je nach Konstellationen kann es dabei jedoch beachtliche Unterschiede geben. Dies hängt vom Durchmesser der Drehscheibe, von der Teilung der Gleisabgänge und von der Länge der Lokstände im Ringlokschuppen ab.

In der Baugröße H0 gibt es drei gängige Drehscheiben-Modelle mit unterschiedlichen Durchmessern – zwei von Fleischmann, eine von Roco. Die Märklin-Drehscheibe ist prinzipiell baugleich mit dem großen

Ein Traum für wohl jeden Dampflok-Fan: ein riesiger Ringlokschuppen als Heimat für viele Dampflok-Modelle. Die Modellbahnfreunde Maifeld haben sich diesen Traum verwirklicht.

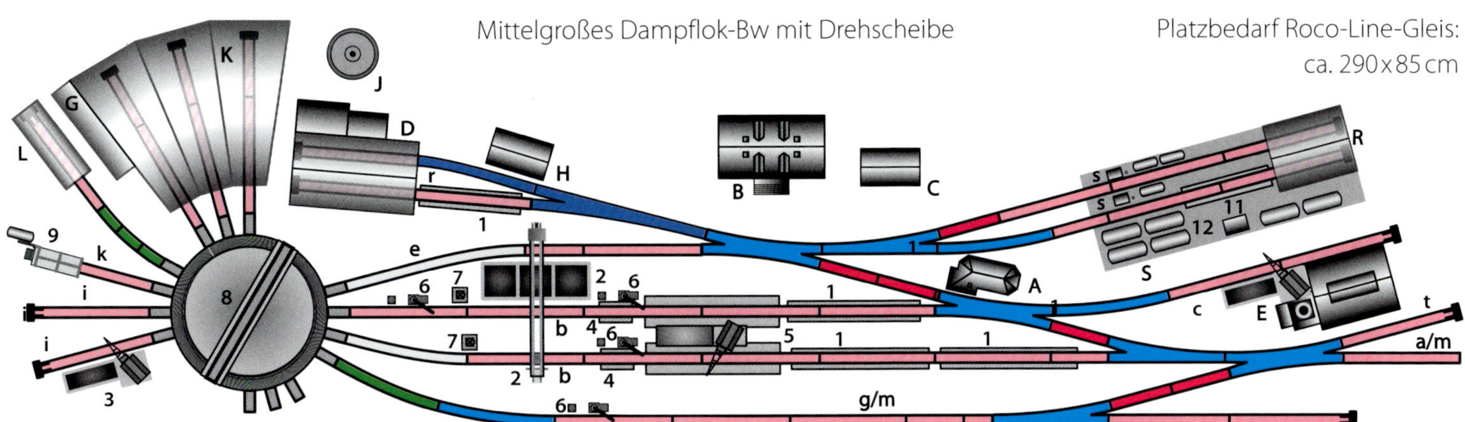

Modell von Fleischmann (mit 7,5°- oder 15°-Teilung). Die Version von Roco liegt beim Durchmesser in der Mitte und dient daher hier als Beispiel. Sie lässt sich auch mit dem Märklin-System einsetzen. Hier können die Auffahrgleise beliebig im 1°-Raster angeordnet werden. Die Zeichnungen auf der linken Seite zeigen die Längenentwicklung bei 7,5° und 15°. Als Lokschuppen kam das Modell Nidda von Faller zum Einsatz, das es mit kurzen und langen Ständen gibt. Die Bemaßung geht vom Mittelpunkt der Drehscheibe aus.

Die 7,5°-Teilung wirkt deutlich eleganter und vorbildgetreuer, zudem kann man vor dem Schuppen noch Loks abstellen, sie lässt jedoch den Platzbedarf deutlich steigen. Zusammen mit den Zufahrtsgleisen von den Behandlungsanlagen beanspruchen Lokschuppen und Drehscheibe eine Gesamtlänge von deutlich über einem Meter!

Ein wichtiges Kriterium bei der Auswahl der geeigneten Drehscheibe ist auch die Bühnenlänge. Sie sollte Platz für die längsten zu drehenden Loks haben. Entscheidend ist hier der Radstand, nicht die LüP (Länge über Puffer) des Modells.

Mittelgroßes Dampflok-Bw mit Drehscheibe

Auch der zweite Gleisplan-Vorschlag orientiert sich an modellbahnerischen Gegebenheiten. Neben der nun vorhandenen Drehscheibe mit Ringlokschuppen (um weitere Stände ausbaubar) gibt es nun deutlich mehr Platz für die Behandlungsan-

TIPP

Die Standard-Gleismittenabstände variieren von Gleissystem zu Gleissystem, trotz gleicher Nenngröße. Während dies bei Streckengleisen keine Auswirkungen hat (außer optischen), muss dieses Maß bei Bahnhnbetriebswerken, aber auch bei Bahnhöfen bei der weiteren Planung berücksichtigt werden. So gibt es bei Bahnsteigmodellen unterschiedliche Breiten, nicht jede Ausführung passt zu allen Gleismittenabständen. Genauso ist es bei Rechteckschuppen, die stets für einen bestimmten Gleisabstand entwickelt werden. Auch bei der Anschaffung von Behandlungsanlagen sollte darauf geachtet werden, dass sie zur jeweiligen Konstellation passen. Eine Bekohlungsanlage, bei der der Brennstoff neben dem Gleis (statt im Tender) landet, wirkt unglaubwürdig. Ggf. kann auch der Gleisplan noch etwas angepasst werden.

Harmonisch aufeinander abgestimmte Farben der Vegetation tragen viel zum Gesamteindruck einer Anlage bei. Hier sind es die goldgelben bis rötlichen Töne des Herbstes, die eine entsprechende Stimmung erzeugen – und das auf einem nur sehr kleinen, handlichen Schaustück der Firma Heki.

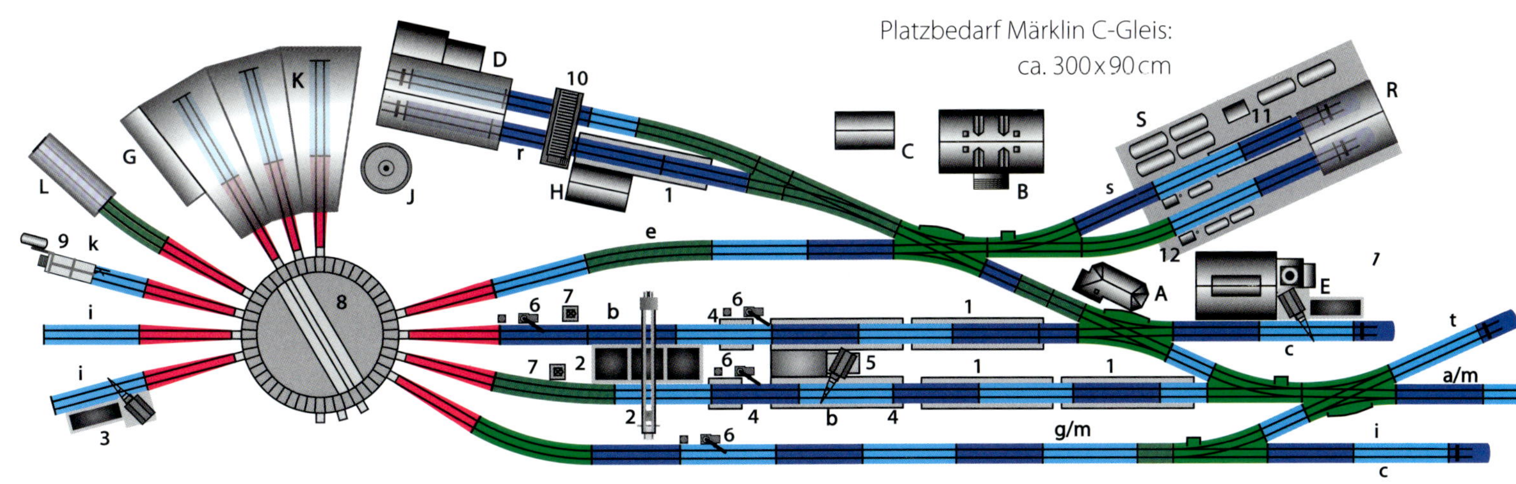

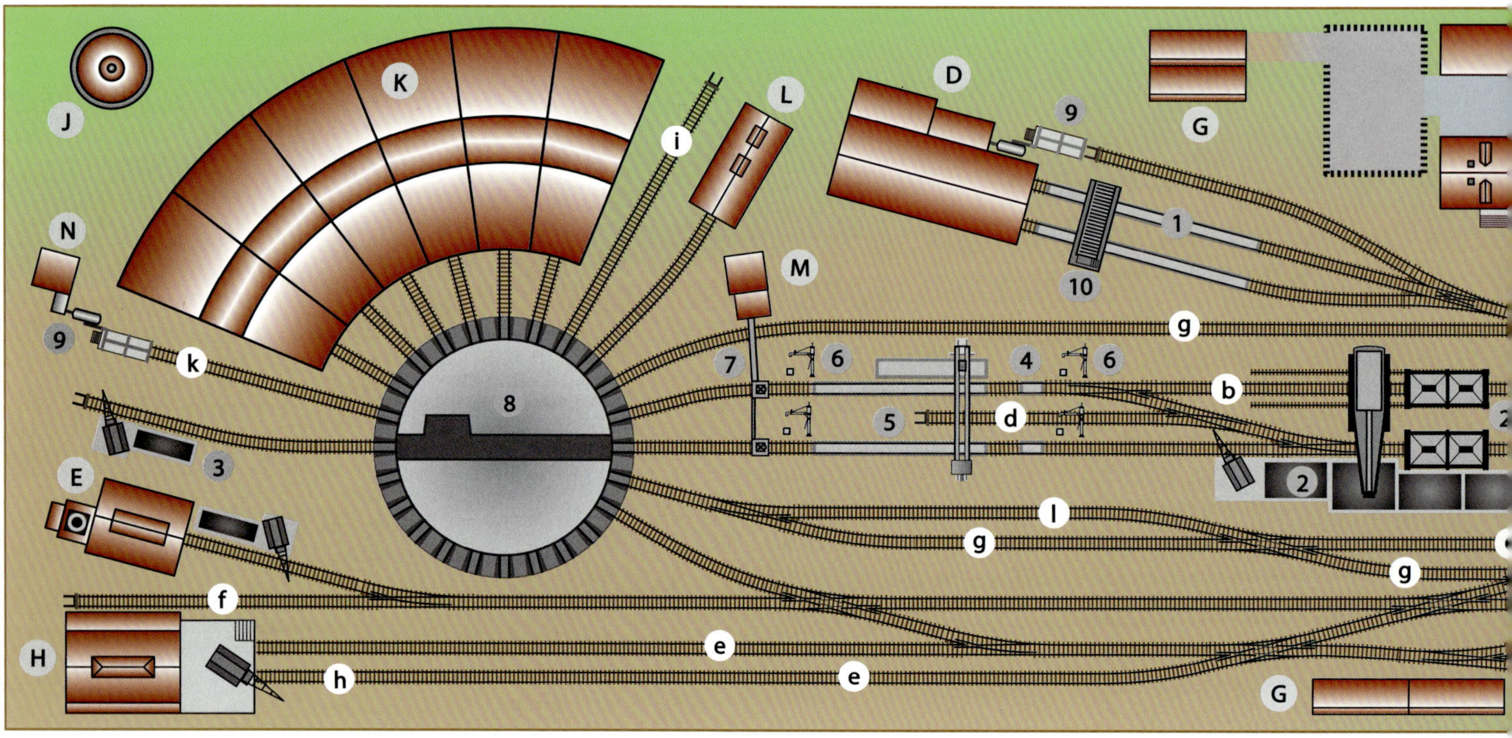

Dampflok-Bw mittlerer Größe **(Baugröße N)**
Platzbedarf: ca. 200 x 70 cm

lagen. Diese Gleise sind ca. 30 cm länger geworden. Außerdem wurden einige zusätzliche Gleise eingeplant, für eine zweiständige Lokwerkstatt neben dem Ringlokschuppen und gegenüber für eine große Dieseltankstelle, an die sich wieder ein zweiständiger Lokschuppen anschließt.

Zwischen den beiden gerade genannten Betriebsbereichen wäre noch Platz für weitere Gebäude. Dabei kann es sich um Lager oder um weitere Werkstätten handeln, um Räume für die Verwaltung, um Sozialgebäude oder auch um Eisenbahner-Wohnhäuser.

Im Vergleich mit dem ersten Plan sind etliche Einrichtungen hinzugekommen, etwa der wichtige Wasserturm, aber auch eine Notbekohlung, ein Stofflager oder das Heizhaus mit eigenem Kohlebunker und einem kleinen Kran.

Bei einem solchen Modell-Bw dürfte weder optisch noch betrieblich Langeweile aufkommen; obwohl es sich, ausgehend vom Vorbild, allenfalls um ein mittelgroßes Bw handelt, das dort über noch mehr Gleise verfügen würde. Doch dies würde den Rahmen der meisten Modellbahnanlagen sprengen. Außerdem ist ein einzelner Modellbahner mit dem Betrieb in diesem Bw bereits vollauf beschäftigt. Mehr braucht man allenfalls aus optischen Gründen – oder im Verein mit mehreren Mitspielern.

Dieser Plan wurde wieder für zwei H0-Gleissysteme entwickelt. Die Unterschiede in der Länge sind gering. Märklins C-Gleis beansprucht aber auch hier wieder eine deutlich größere Breite. Reduzieren ließe sich dies mit den schlanken 12°-Weichen (statt der hier verwendeten 24°-Version). Da es jedoch keine dazu passende, schlanke Kreuzungsweiche gibt, müssten statt der Kreuzungen Weichen verwendet werden, die jedoch wiederum eine größere Längenentwicklung zur Folge hätten.

Dampflok-Bw mittlerer Größe in Baugröße N

Darf es noch etwas mehr sein? Es darf! Allerdings wird dieser Plan nur in Baugröße N gezeigt, um die H0-Bahner ob des Platzbedarfs nicht zu verschrecken. Ein rund zwei Meter langes Bw im Maßstab 1:160 ist schon ziemlich üppig. Die Bezeichnung als „Bw mittlerer Größe" ist dennoch korrekt. Es gab noch wesentlich komplexere Vorbilder. Und auch hier wurde der Gleisplan unter Modellbahn-Gesichtspunkten entwickelt.

Ansonsten sind alle Einrichtungen vorhanden, die das Herz eines Bahnbetriebswerk-Betriebsleiters begehrt. Wobei sich ein Teil der Werkstätten im Ringlokschuppen befindet. Aufgrund der 15°-Teilung der Drehscheibe ist im hinteren Bereich

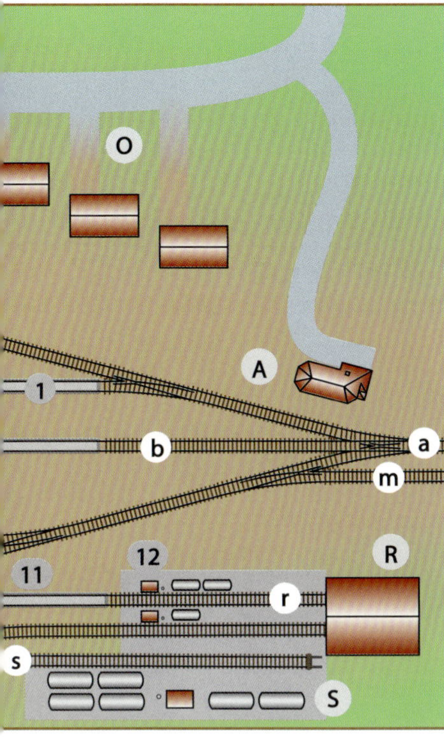

reichlich Platz (Gleissystem und Drehscheibe: Fleischmann).

Die Ausstattung mit Behandlungsanlagen ist sehr gut. Wenn zum Feierabend hin in kurzer Folge die Loks eintreffen, können deren Personale die Maschinen in kurzer Folge hintereinander restaurieren und anschließend über die Drehscheibe im Lokschuppen abstellen.

An weiteren Einrichtungen gehören u.a. ein Heizhaus, ein Stofflager mit eigenem Kran auf der Laderampe, eine zweiständige Lokwerkstatt, eine weitere Werkstatt, Stellwerk, Lokleitung und Sozialgebäude dazu. Im Bereich der Zufahrt stehen einige Eisenbahner-Wohnhäuser. Schließlich gibt es zur Versorgung von Dieselloks einen eigenen Bereich mit Tankstelle und zweiständigem Rechteckschuppen. Etwa 30 Dampfloks und zehn Dieselloks lassen sich problemlos unterbringen, ohne dass es übertrieben oder beengt wirkt.

Allen Beispielen gemeinsam ist der schlichte Aufbau der Gleisanlagen. Vorrang sollten die verschiedenen Elemente des Dampflok-Bw's haben. Abhängig von den örtlichen Gegebenheit gibt es beim Vorbild auch davon abweichende Gleisbilder.

Natürlich gibt es auch Bw's für E- und/oder Dieselloks. Letztere erfordern Diesellok-Tankstellen. Drehscheiben sind nicht erforderlich, es gibt häufiger Rechteckschuppen, die über eine Gleisharfe oder eine (Platz sparende) Schiebebühne erreicht werden. Auf sie soll hier jedoch nicht eingegangen werden.

An den Behandlungsanlagen herrscht reger Betrieb. Sie sind groß genug, um auf den beiden parallelen Gleisen mehrere Dampfloks gleichzeitig abfertigen zu können. Drei Wasserkräne stehen bereit. Die Gleise verlaufen aufgeständert über die lange Schlackegrube. Dahinter sieht man einen beachtlichen Kohlevorrat, der von einem fahrbaren Kran erreicht werden kann, sowie zwei große Werkstatthallen, vor denen neue Radsätze auf ihren Einbau warten.

Signale

Bis auf wenige Ausnahmen sind die Strecken der Bahn mit Signalen ausgestattet, um einen sicheren Fahrbetrieb zu gewährleisten. Sie sollten daher auch im Modell nicht fehlen. Dieses Kapitel vermittelt die wichtigsten Grundlagen der Signalisierung und stellt weitverbreitete Signalsysteme vor.

Welche Aufgaben haben die Signale dort überhaupt, und was sind die wichtigsten Signale und deren Bedeutung?

Ein Blick auf die historische Entwicklung hilft uns, die Entstehung der Signalsysteme bei uns in Deutschland zu verstehen.

Bereits in der Frühzeit der Eisenbahngeschichte, als nur ein oder zwei Züge auf einer Strecke verkehrten, erkannte man schon die Notwendigkeit, die Folge der Züge durch einfache Signale aufeinander abzustimmen. So kamen zunächst sehr simple Methoden zur Verständigung zum Einsatz. Die Kommunikation erfolgte mittels Pfiffen, Winken, Schwenken von Fahnen oder Laternen.

Da aber die Anzahl der Züge stetig zunahm, wurden diese Verfahren zunehmend unpraktikabel, und man ging dazu über, die Züge im Zeitabstand fahren zu lassen. Zeitabstand bedeutete, dass der eine Zug einem anderen erst nach einer gewissen Zeit auf einer Strecke folgen durfte. Der Fahrplan bestimmte somit den Abstand der Züge. Dabei wurde schon von Anfang an auch nach Zuggattungen und deren Geschwindig-

Das Einfahr-Lichtsignal vor dem Bahnhof steht auf Hp 0. Das Foto mit der aufwendig gealterten Lok der Baureihe 64 ist auf der Modulanlage des Spur-0-Teams Ruhr-Lenne entstanden, das regelmäßig auf größeren Ausstellungen vertreten ist.

DB
64 295
ARAL

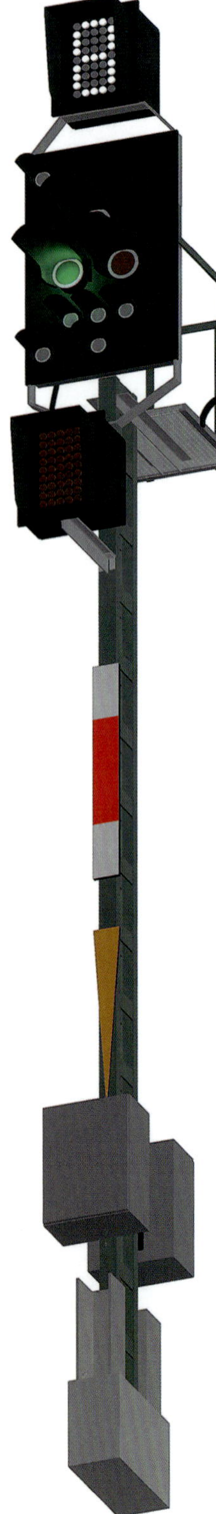

keiten unterschieden: Einem Güterzug durfte nur mit großem zeitlichen Abstand ein weiterer Zug folgen, bei einem Schnellzug war dieser Abstand deutlich geringer. So blieb (theoretisch) trotz unterschiedlicher Geschwindigkeiten immer ein ausreichender Abstand zwischen zwei aufeinanderfolgenden Zügen. Solange alle Züge einer Strecke pünktlich verkehrten und das Bahnpersonal richtig zeigende Uhren bei sich hatte, erschien dieses sehr kostengünstige System geeignet, die Zugfolge zu regeln.

Mit der weiteren Zunahme der Zugdichte und der Erhöhung der Streckengeschwindigkeiten häufte sich beim Fahren auf Sicht bzw. dem Fahren im Zeitabstand jedoch sehr bald die Anzahl der Zusammenstöße. Als Reaktion darauf wurde der Raumabstand eingeführt. Dies bedeutet, dass in einen Streckenabschnitt kein weiterer Zug einfahren darf, bis der vorhergehende ihn verlassen hat.

Die ersten Signale

Diese Abschnitte wurden durch die Bahnwärter entlang der Bahnstrecken begrenzt, die mit Flaggen und Korbsignalen, die an Masten hochgezogen wurden, den Lokführern ortsfest das Freisein der einzelnen Streckenabschnitte anzeigten – die ersten Signale. Diese Bahnwärter wurden in Sichtweite zueinander positioniert, sodass die Nachrichtenübermittlung untereinander über das Besetzt- oder Freisein des vorgelegenen Streckenabschnittes ohne telegrafische Verbindung möglich war.

Gleichzeitig fand auch die rasante Entwicklung der telegrafischen Systeme zur Nachrichtenübermittlung statt, von der dann natürlich auch die Bahn profitierte: Die Abstände der Bahnwärter konnten vergrößert und besser auf die Zugfolgedichte abgestimmt werden.

Mit der vermehrten Nutzung der elektrischen Telegrafie wurden Züge alsbald durch sogenannte Läutewerke akustisch vorgeläutet und damit angekündigt. Damit hielt erstmals die Nutzung elektrischer Energie zur Nachrichtenübermittlung Einzug in die Sicherung der Zugfolge.

Entlang einiger sehr alter Bahnstrecken findet man übrigens noch heute in regelmäßigen Abständen die auffällig kleinen Dienstgebäude der ehemaligen Streckenwärter, die heute oftmals als Wohnhäuser genutzt werden

Eine technische Abhängigkeit der Signale untereinander gab es allerdings noch nicht, und so hing die Zuverlässigkeit des angezeigten Signalbildes immer noch entscheidend von der Sorgfalt des Bedieners ab. Zugfahrten in besetzte Abschnitte waren leider keine Seltenheit.

Bis heute sind beim großen Vorbild auch noch Formsignale anzutreffen, samt den mechanischen Stellwerke und den dazugehörigen Anlagen wie z. B. Seilzügen und Spannwerken. Auch im Modell erfreuen sie sich einer hohen Beliebtheit.

H/V-Signalsystem Signalbegriff / Signalbedeutung Signalbeschreibung	Signalbilder Formsignal: am Tag / in der Nacht Lichtsignal: – / mit Ersatzsignal
Hp 0 **Bedeutung: Halt** Formsignal Tag: Ein Signalflügel – bei zweiflügligen Signalen der obere Flügel – zeigt waagerecht nach rechts. Formsignal Nacht: Ein rotes Licht. Lichtsignal: Ein rotes Licht oder zwei rote Lichter nebeneinander.	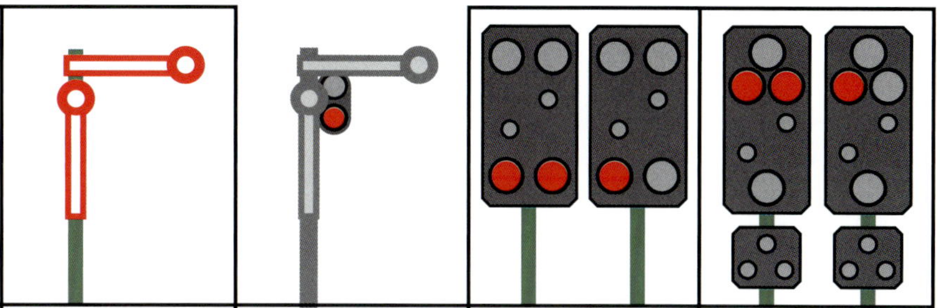
Vr 0 **Bedeutung: Halt erwarten** Formsignal Tag: Die runde Scheibe steht senkrecht. Wo ein Flügel vorhanden ist, zeigt er senkrecht nach unten. Formsignal Nacht: Zwei gelbe Lichter nach rechts steigend. Lichtsignal: Zwei gelbe Lichter nach rechts steigend.	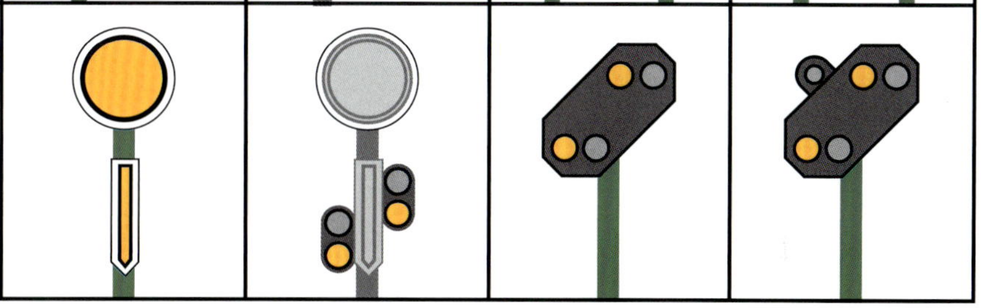
Hp 1 **Bedeutung: Fahrt** Formsignal Tag: Ein Signalflügel – bei zweiflügligen Signalen der obere Flügel – zeigt schräg nach rechts aufwärts. Formsignal Nacht: Ein grünes Licht. Lichtsignal: Ein grünes Licht.	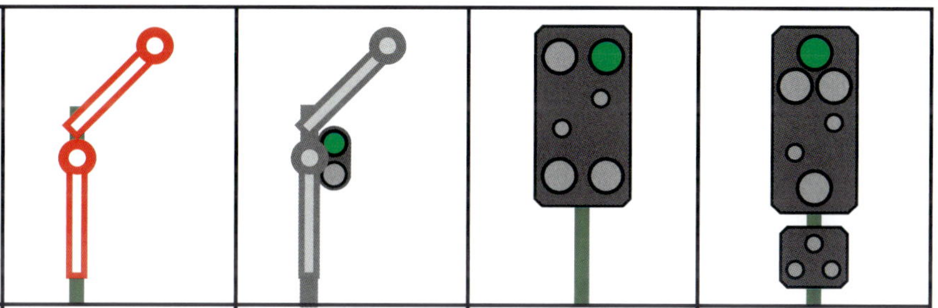
Vr 1 **Bedeutung: Fahrt erwarten** Formsignal Tag: Die runde Scheibe liegt waagerecht. Wo ein Flügel vorhanden ist, zeigt er senkrecht nach unten. Formsignal Nacht: Zwei grüne Lichter nach rechts steigend. Lichtsignal: Zwei gelbe Lichter nach rechts steigend.	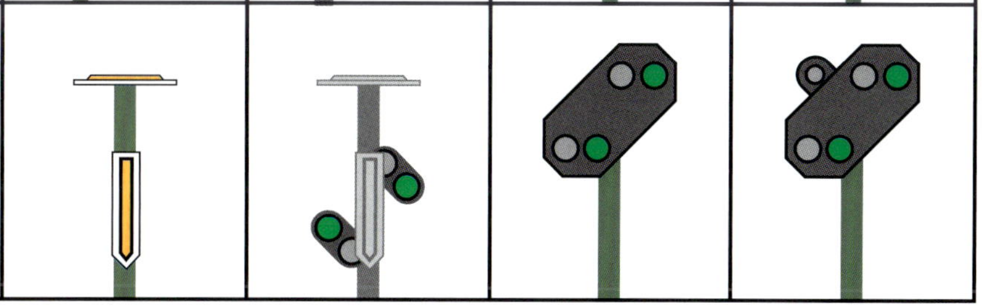
Hp 2 **Bedeutung: Langsamfahrt** Das Signal schreibt eine Geschwindigkeitsbeschränkung auf 40 km/h vor, wenn nicht Signal Zs 3 (= Geschwindigkeitsanzeiger) eine abweichende Geschwindigkeit anzeigt. Formsignal Tag: Zwei Signalflügel zeigen schräg nach rechts aufwärts. Formsignal Nacht: Ein grünes Licht und senkrecht darunter ein gelbes Licht. Lichtsignal: Ein grünes Licht und senkrecht darunter ein gelbes Licht.	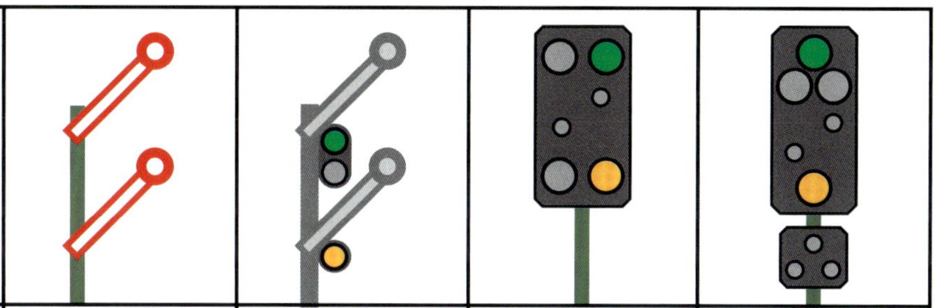
Vr2 **Bedeutung: Langsamfahrt erwarten** Formsignal Tag: Die runde Scheibe steht senkrecht, der Flügel zeigt schräg nach rechts abwärts. Formsignal Nacht: Ein gelbes Licht und nach rechts steigend ein grünes Licht. Lichtsignal: Ein gelbes Licht und nach rechts steigend ein grünes Licht.	

Erklärung einiger Fachausdrücke

Fahrweg: Der Fahrweg beinhaltet die zu befahrenden Weichen und Gleisabschnitte, den D-Weg, den Flankenschutz. Diese Abschnitte können sowohl Blockabschnitte auf der freien Strecke als auch Gleisbereiche im Bahnhof inklusive der Weichen sein.

D-Weg: Durchrutschweg. Als Durchrutschweg wird der Teil einer Fahrstraße bezeichnet, der als Schutzstrecke hinter dem Zielsignal einer Fahrstraße gesichert und freigehalten werden muss. Für den Fall, dass ein Zug nicht rechtzeitig vor dem Halt zeigenden Signal zum Stehen kommt, sondern über das Signal hinaus „durchrutscht".

Flankenschutz: Flankenschutzeinrichtungen sind signaltechnische Einrichtungen, die Fahrten auf Fahrstraßen gegen gefährdende Fahrzeugbewegungen schützen. Dazu gehören Weichen, Gleissperren, Sperrsignale und Hauptsignale.

Fahrstraße: Eine Fahrstraße ist ein signaltechnisch gesicherter Fahrweg, d.h. alle Elemente des Fahrweges befinden sich in der erforderlichen Lage, sind gegen versehentliches Umstellen gesichert, sind frei von Fahrzeugen, und das Startsignal zeigt Fahrt (Begriff Hp1, Hp2, Ks1, Ks2).

Rangieren, Rangierfahrt: Rangieren ist das Bewegen von Fahrzeugen im Bahnbetrieb, ausgenommen das Fahren der Züge.

Züge: Züge sind auf die freie Strecke übergehende oder innerhalb eines Bahnhofs nach einem Fahrplan verkehrende einzelne Triebfahrzeuge oder Einheiten aus Triebfahrzeugen, ggf. mit Wagen.

Die „Signalabhängigkeit"

Mit der fortschreitenden Entwicklung der Stellwerkstechnik von den mechanischen Stellwerken über die elektromechanischen Stellwerke über die Spurplan-Drucktastenstellwerke bis hin zu den Elektronischen Stellwerken wurde der Sicherheitsstandard immer höher. Über die genannten Stellwerksarten wurde und wird die Signalabhängigkeit mechanisch über die Verriegelungen, elektrisch über Relais und elektronisch über Rechner sichergestellt.

Was bedeutet aber eigentlich „Signalabhängigkeit"? Ein Signal kann nur dann auf „Fahrt" gestellt werden, wenn alle Weichen (und weitere Elemente) des Fahrweges in der richtigen Lage gestellt und gesichert sind.

Aber damit ein Signal auf „Fahrt" gestellt werden, also eine Zugfahrt zugelassen werden kann, gehört nicht nur die Signalabhängigkeit dazu. Von grundlegender Bedeutung ist vielmehr das, was unmittelbar vor dem Stellen des Signales geschieht. Bevor nun also überhaupt eine Zugfahrt stattfinden kann, müssen bei der „großen" Bahn einige Voraussetzungen erfüllt sein.

Bedingungen einer Zugfahrt

Die nachfolgenden Bedingungen müssen erfüllt sein, damit überhaupt eine Zugfahrt zugelassen werden darf:

- Die zu befahrenden Weichen im Fahrweg, im D-Weg und im Flankenschutz müssen in der richtigen Lage und gegen Umstellen gesichert sein,
- der Fahrweg, der D-Weg und die angrenzenden Bereiche müssen frei von Fahrzeugen sein.

Ks-Signalsystem **Signalbegriff / Signalbedeutung** **Signalbeschreibung**			**Vorsignal**	**Hauptsignal**	**Mehrabschnittssignal**
Hp 0		**Bedeutung: Halt** Ein rotes Licht.			
Ks1		**Bedeutung: Fahrt** Ein grünes Licht bzw. ein grünes Blinklicht.	8 / 8 6	8	8 / 8 6
	Grünes Licht:	Der Zug darf mit der im Fahrplan zugelassenen oder der durch einen Geschwindigkeitsanzeiger angegebenen Geschwindigkeit vorbeifahren.			
	Grünes Blinklicht:	Dies weist zusätzlich auf eine Geschwindigkeitsbeschränkung am nächsten Hauptsignal oder Mehrabschnittsignal hin.			
Ks2		**Bedeutung: Halt erwarten** Ein gelbes Licht. Das Signal erlaubt die Vorbeifahrt und kündigt Halt an.			

Erst wenn diese Bedingungen zutreffen, darf bzw. kann das zugehörige Startsignal auf Fahrt gestellt werden.

Folgende Signalarten werden unterschieden:

- Hauptsignale: Sie zeigen an, ob der anschließende Gleisabschnitt befahren werden darf.
  Hauptsignale werden verwendet als
  - Einfahrsignale,
  - Ausfahrsignale,
  - Zwischensignale (Hauptsignale des Bahnhofs, die keine Einfahr- oder Ausfahrsignale sind),
  - Blocksignale (auf freier Strecke),
  - Deckungssign. vor Gefahrstellen.
- Vorsignale: Sie zeigen an, welches Signalbild am zugehörigen Hauptsignal zu erwarten ist.
- Sperrsignale: Sie zeigen an, ob in den folgenden Gleisabschnitt eingefahren und in diesem rangiert werden darf oder ob eine Drehscheibe oder Schiebebühne befahren werden darf.

Darüber hinaus gibt es u. a. noch Zusatzsignale, Schutzsignale oder Nebensignale.

Die aktuell im Bereich der Deutschen Bahn gültige Richtlinie, das sog. Signalbuch oder Ril 301, steht im Internet zum freien Download zur Verfügung. Auf der Seite www.dbnetz.de findet sich eine Zusammenstellung der betrieblich-technischen Regelwerke im Bereich der Nutzungsbedingungen. Rechts unten unter den Downloads stehen die Regelwerke dann bereit.

Signalbauformen sind eng mit der Stellwerkstechnik verbunden. Da Stellwerke, besonders mechanische, eine hohe Lebenserwartung haben, findet man alle Systeme heute noch in Betrieb. Aus der Historie heraus haben sich in Deutschland folgende noch existierenden Signalsysteme entwickelt:

Das H/V-Signalsystem

H/V steht für Haupt-/Vorsignal. Das Haupt-/Vorsignalsystem ist das älteste derzeit noch in Betrieb befindliche Signalsystem. Hierbei wird zwischen Haupt- und Vorsignalen unterschieden: Hauptsignale zeigen an, ob der folgende Gleisabschnitt befahren werden kann, und wenn ja, mit welcher Geschwindigkeit (diese kann z. B. durch Weichen in abzweigender Stellung eingeschränkt sein).

Da Züge einen sehr langen Bremsweg – ca. 1000 m bei 160 km/h – haben, reicht das Hauptsignal alleine nicht aus, da es bei dessen Erkennen für eine Bremsung schon zu spät ist. Deswegen muss dem Triebwagenführer rechtzeitig die Stellung des Hauptsignales angekündigt werden, so kann er bei Bedarf die Bremsung noch rechtzeitig einleiten. Daraus ergibt sich ein regulärer Hauptsignalabstand (= Bremswegabstand)

Zwei Form-Ausfahrsignale in einem Bahnhof. Das Signal links ist dreibegriffig (Hp 0, Hp 1 und HP 2), da die Ausfahrt über einen abzweigenden Strang einer Weiche führt und daher mit verminderter Geschwindigkeit gefahren werden muss.

Hl-Signalsystem **Signalbegriff** **Signalbedeutung** **Signalbeschreibung**	
Hl 1 **Fahrt mit Höchstgeschwindigkeit.** Ein grünes Licht.	
Hl 3a **Fahrt mit 40 km/h, dann mit Höchstgeschwindigkeit.** Ein gelbes Licht, darüber ein grünes Licht.	
Hl 4 **Höchstgeschwindigkeit auf 100 km/h ermäßigen.** Ein grünes Blinklicht.	
Hl 6a **Fahrt mit 40 km/h, dann mit 100 km/h.** Ein gelbes Licht, darüber ein grünes Blinklicht.	
Hl 7 **Höchstgeschwindigkeit auf 40 km/h (60 km/h) ermäßigen.** Ein gelbes Blinklicht.	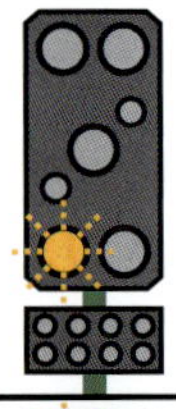
Hl 9a **Fahrt mit 40 km/h, dann mit 40 km/h (60 km/h).** Ein gelbes Licht, darüber ein gelbes Blinklicht.	
Hl 10 **„Halt" erwarten.** Ein gelbes Licht.	
Hl 12a **Geschwindigkeit auf 40 km/h ermäßigen, „Halt" erwarten.** Zwei gelbe Lichter.	

Hp 0 (früher Hl 13) **„Halt"** Ein rotes Licht.	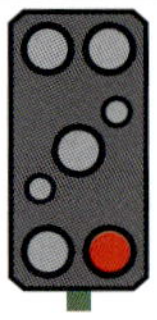 Ersatzlampe	
Hl 2 **Fahrt mit 100 km/h, dann mit Höchstgeschwindigkeit.** Ein gelbes Licht mit einem grünen Lichtstreifen, darüber ein grünes Licht.		
Hl 3b **Fahrt mit 60 km/h, dann mit Höchstgeschwindigkeit.** Ein gelbes Licht mit einem gelben Lichtstreifen, darüber ein grünes Licht.		
Hl 5 **Fahrt mit 100 km/h.** Ein gelbes Licht mit einem grünen Lichtstreifen, darüber ein grünes Licht.		
Hl 6b **Fahrt mit 60 km/h, dann mit 100 km/h.** Ein gelbes Licht mit einem gelben Lichtstreifen, darüber ein grünes Licht.		
Hl 8 **Geschwindigkeit von 100 km/h auf 40 km/h (60 km/h) ermäßigen.** Ein gelbes Licht mit einem grünen Lichtstreifen, darüber ein grünes Licht.		
Hl 9b **Fahrt mit 60 km/h, dann 40 km/h (60 km/h).** Ein gelbes Licht mit einem gelben Lichtstreifen, darüber ein grünes Blinklicht.		
Hl 11 **Geschwindigkeit auf 100 km/h ermäßigen, „Halt" erwarten.** Ein gelbes Licht mit einem grünen Lichtstreifen, darüber ein gelbes Licht.		
Hl 12b **Geschwindigkeit auf 60 km/h ermäßigen, „Halt" erwarten.** Ein gelbes Licht mit einem gelben Lichtstreifen, darüber ein gelbes Licht.		

von 1000m. Die Vorsignale sind zur besseren Erkennbarkeit mit Vorsignalbaken und Vorsignaltafel gekennzeichnet, diese Baken und Tafeln gehören zu den sog. Nebensignalen.

Die älteste Form dieser Signale sind die Formsignale, die man auch heute noch besonders an Nebenstrecken sieht. Hierbei werden rot-weiße Flügel durch Seilzüge oder elektrische Antriebe bewegt und zeigen durch ihre Stellung einen bestimmten Begriff. Nachts werden weiße Lampen benutzt, die von Farbscheiben abgedeckt werden. Diese Farbscheiben sind mit den Flügeln gekuppelt und bewegen sich zusammen mit diesen.

Nach dem Zweiten Weltkrieg entwickelten beide deutschen Bahnen Relaisstellwerke, die mit Lichtsignalen arbeiteten. Die DB übernahm dafür einfach die Nachtzeichen der Formsignale, was die DR anfangs auch tat, dann aber auf das Hl-System überging.

Folgende Signalbegriffe gibt es im H/V-Signalsystem (siehe Zeichnung):

- Hp 0 Halt
- Vr 0 Halt erwarten
- Hp 1 Fahrt
- Vr 1 Fahrt erwarten
- Hp 2 Langsamfahrt
- Vr 2 Langsamfahrt erwarten

Das Ks-Signalsystem

Das „Ks“ steht für Kombinationssignal und ist das modernste System bei der Deutschen Bahn. Dieses System wird in der Regel dort installiert, wo ein Elektronisches Stellwerk (ESTW) die bisher vorhandene Technik ablöst.

Bei Ks-Signalen können Vor- und/oder Hauptsignalfunktion in einem Signalschirm kombiniert sein (daher die Bezeichnung). Ausschließlich bei den Ks-Signalen leuchtet auch dann stets nur eine Lampe. Geschwindigkeiten werden ausschließlich durch Geschwindigkeitsanzeiger (Zs 3, Zs 3v) signalisiert.

Wir erinnern uns: Beim H/V-System wurde die Geschwindigkeit grundsätzlich durch Hp 1 (maximal zulässige Geschwindigkeit) und Hp 2 (i. d. R. 40 km/h) vorgegeben. Durch die Kombination mit Geschwindigkeitsanzeigern, die verschiedene Geschwindigkeiten anzeigen können, bietet das Ks-System hier mehr Flexibilität.

Je nach Funktion des Signals werden Ks-Signale mit unterschiedlichen Signalkombinationen aufgestellt:

- Vorsignal: Die Vorsignale verfügen über zwei waagerecht nebeneinanderliegende Lampen in den Farben Gelb und Grün. Der Mast ist mit der Vorsignaltafel (Ne 2) oder mit einem gelben Dreieck nach unten gekennzeichnet.
- Hauptsignal: Hauptsignale besitzen zwei senkrecht übereinander liegende Lampen mit den Farben Rot und Grün. Der Mast ist mit dem weiß-rot-weißen Schild gekennzeichnet.
- Mehrabschnittssignal: Mehrabschnittssignale vereinigen Haupt- und Vorsignal-Funktionen. Sie haben daher im Dreieck angeordnete Lampen, Rot liegt oben, Grün und Gelb unten. Unter dem weiß-rot-weißen Mastschild tragen sie als zusätzliches Mastschild ein schlankes gelbes Dreieck mit Spitze nach unten.

Folgende Signalbegriffe gibt es im Ks-Signalsystem:

- Hp 0 Halt
- Ks 1 Fahrt
- Ks 2 Halt erwarten

Weitere Zusatzsignale können auf zusätzlichen Flächen unter oder über dem eigentlichen Signal angezeigt werden, beispielsweise:

- Richtungsanzeiger oder -voranzeiger (Zs 2 oder Zs 2v) in Form eines leuchtenden Buchstabens,
- Geschwindigkeitsanzeiger oder -voranzeiger (Zs 3 oder Zs 3v) in Form einer leuchtenden Kennziffer oder einer festen Tafel.

So ein Mehrabschnittssignal mit „Vollausstattung“ könnte dann beispielsweise so aussehen:

- Signalbegriffe: Ks1 + Zs3 + Zs3v
- Bedeutung: Fahrt.

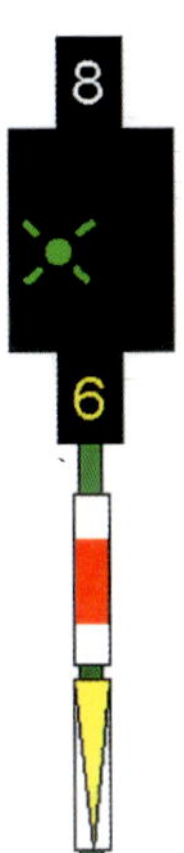

Das Signal erlaubt die Anwendung der durch die weiße Kennziffer angezeigten Geschwindigkeit. Es zeigt grünes Blinklicht, da an diesem Signal ein Signal Zs 3v (gelbe Kennziffer) gezeigt wird. Ein Geschwindigkeitsanzeiger mit der angezeigten Kennziffer ist zu erwarten (siehe dazu auch Ks-Signalbilder).

Das Hl-Signalsystem

Die Hl-Signale sind die Eisenbahnsignale, die seit 1959 in der DDR von der Deutschen Reichsbahn als Haupt- und Vorsignale eingesetzt wurden.

Auch bei diesem Signalsystem werden die Vor- und Hauptsignalfunktion in einem Signalschirm kombiniert. Zudem können bis zu vier Geschwindigkeitsstufen (40 km/h, 60 km/h, 100 km/h und Streckenhöchstgeschwindigkeit) signalisiert werden. So ergeben sich insgesamt 17 verschiedene Signalbilder (Hl 1 bis Hl 12b + Hp 0). Die ab dem Signalstandort gültige Geschwindigkeit wird durch die unteren Lichter (bei 60 km/h mit zusätzlichem gelbem Lichtstreifen und bei 100 km/h mit

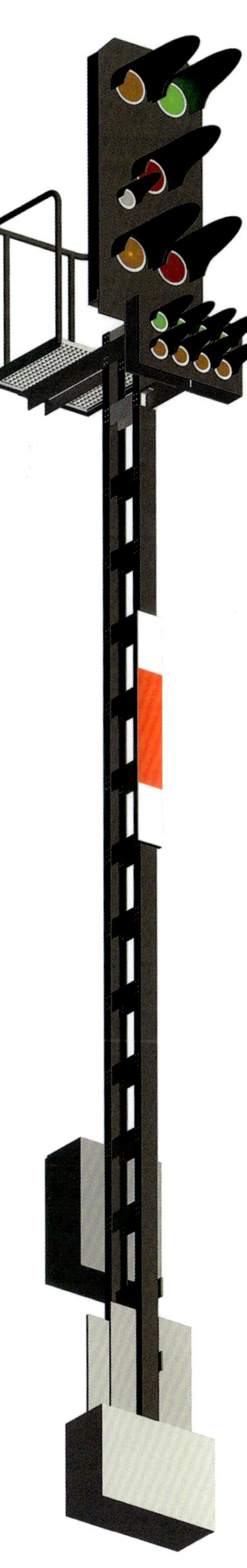

Erklärung wichtiger Begriffe bei Signalen

Signal: Ein Signal ist ein sichtbares oder hörbares Zeichen mit einer festgelegten Information zur Gewährleistung des sicheren Bewegens von Eisenbahnfahrzeugen.

Signalbegriff: Der Signalbegriff ist die Kurzbezeichnung eines Signals (z. B. Zs 1), die bei einigen Signalen durch eine Langbezeichnung ergänzt ist (z. B. Ersatzsignal).

Signalbedeutung: Die Signalbedeutung ist die verbale Darstellung der Information, die ein Signal gibt.

Signalbeschreibung: Die Signalbeschreibung ist die verbale Darstellung des Signalbildes oder des Signaltones.

Signalbild: Das Signalbild umfasst die für ein sichtbares Signal festgelegten Formen, Farben und Merkmale (z. B. Symbole, Buchstaben, Zahlen). Ein sichtbares Signal kann ein Formsignal, Lichtsignal oder ein Handsignal sein.

Signalton: Der Signalton umfasst das hörbare Signal, das aus einem oder mehreren Tönen besteht, für die die Dauer und, wenn erforderlich, auch die Tonhöhe festgelegt sind.

Quelle: Signalbuch der DB Netz AG, Ril 301.0002

zusätzlichem grünem Lichtstreifen) angezeigt, die am nachfolgenden Signal zu erwartende Höchstgeschwindigkeit wird durch das obere Licht signalisiert.

Hauptsignale haben somit für den Triebfahrzeugführer eine weitreichende Bedeutung. Während sie in der Vergangenheit lediglich Fahrt frei oder Halt bedeuteten, kann der Lokführer sich bei modernen Signalsystemen mit größtmöglicher Sicherheit darauf verlassen, dass der Fahrweg frei von Fahrzeugen ist, die zu befahrenden Weichen richtig stehen und in der erforderlichen Lage für die Dauer ihres Befahrens verschlossen sind, benachbarte Weichen in abweisender Stellung Flankenschutz bieten und ein variabler Sicherheitsabstand hinter einem Halt zeigenden Folgesignal freigehalten wird (D-Weg). Hauptsignale zeigen dem Lokführer in bestimmten Fällen einen Richtungs- sowie einen Geschwindigkeitsbegriff an; sie können ein-, zwei- oder dreibegriffig sein.

Ausfahrsignale in einem mittelgroßen Bahnhof der Baugröße H0. Im Vordergrund steht ein hohes Gleissperrsignal (Blick von hinten). Wer im Modell seine Signale vorbildgerecht aufstellen möchte, wird sich ein wenig mit dem Thema beschäftigen müssen. Zumindest in der Baugröße H0 sind alle Signaltypen erhältlich, teils allerdings nur von Kleinserienherstellern.

Eine eingleisige, elektrifizierte Strecke führt an einem Weinberg vorbei. Hinten sieht man ein einflügeliges Formsignal auf einem Signalausleger. Dieser war aufgrund der sehr beengten Platzverhältnisse erforderlich. Dabei handelt es sich um das Einfahrsignal für den in Kürze erreichten Bahnhof. Es zeigt Hp1, sodass der Zug passieren konnte.

Vorne steht ein Form-Vorsignal für die Gegenrichtung und zeigt erwartungsgemäß Vr0 und steht in Zusammenhang mit dem nächsten Streckenhauptsignal, das hier jedoch nicht zu sehen ist.

Es ist durchaus möglich, Bahnhofsanlagen etc. im Modell vorbildgerecht mit Signalen auszustatten. Bei Strecken stößt dies jedoch an seine Grenzen, da die Streckenlängen, verglichen mit dem Vorbild, deutlich verkürzt sind. Die maßstäblich umgerechneten Signalabstände können daher nicht eingehalten werden.

Wie funktioniert die Digitaltechnik?

Viele Modellbahner setzen schon auf die Digitaltechnik. Andere haben davor noch eine gewisse Scheu. In diesem Kapitel werden die wichtigsten Grundlagen vermittelt, die ver- schiedenen Komponenten vorgestellt und Entscheidungshilfen für Ein- und Umsteiger gegeben.

Wer das Hobby mit einer Startpackung neu beginnt, wird zunächst keinen großen Unterschied zwischen analog und digital feststellen. Wenn die Gleisanlagen aufgebaut und angeschlossen sind, werden die Fahrzeuge auf die Schienen gestellt und durch Drehen des Reglers am Fahrgerät in Betrieb gesetzt. Ob sie dies in Abhängigkeit von der am Gleis anliegenden Spannung tun oder aufgrund eines digitalen „Befehls", der von der Zentrale an den Lokdecoder gesendet wird, spielt jetzt noch keine Rolle.

Das kann sich aber schnell ändern – sobald nämlich eine zweite Lok auf die Gleise gestellt wird. Bei einem analogen System reagieren nun beide auf den einen Fahrregler, sodass an einen einigermaßen sinnvollen Spielbetrieb nicht mehr zu denken ist (wobei der Inhalt eines Startsets ohnehin enge Grenzen setzt). Es sind mindestens ein, besser zwei stromlos zu schaltende Gleisabschnitte erforderlich (etwa ein Ausweich- und ein Streckengleis als „Bahnhof"), um die Loks wenigstens abwechselnd fahren zu können.

Eine solche Anlage ohne Digitaltechnik zu steuern, die vielen Züge, die aufwendige Lichttechnik etc., ist kaum vorstellbar. Der Aufwand wäre viel zu hoch. Doch auch wenn es sich nicht um eine Großanlage handelt – das Motiv stammt aus dem Schweiz-Bauabschnitt des Hamburger Miniatur Wunderlands – bringt die digitale Anlagensteuerung viele Vorteile mit sich. Außerdem ermöglicht sie Funktionen, die mit analoger Technik nicht möglich wären.

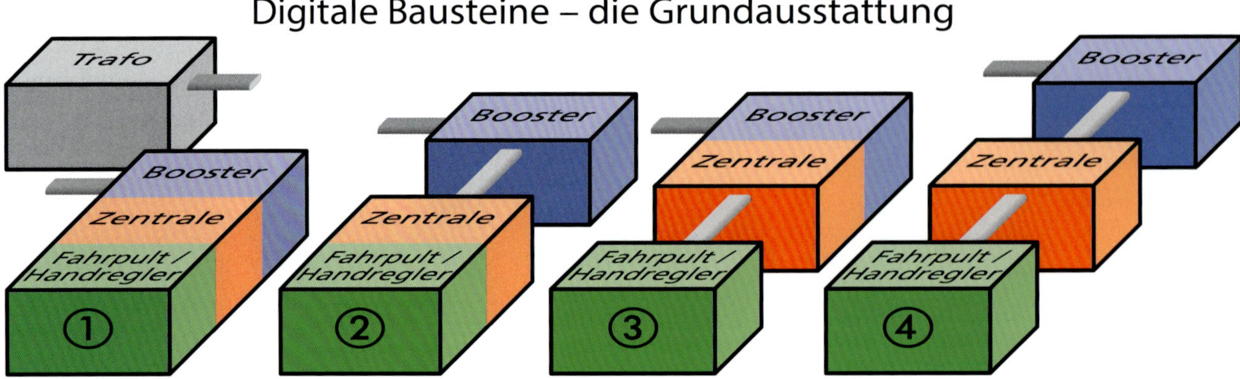

Die digitale Grundausstattung besteht stets aus der Zentrale, einem Fahrpult oder Handregler, dem Booster sowie einem Trafo zur Stromversorgung. Sie wird in verschiedenen Kombinationen angeboten, oft werden zwei oder mehr Bausteine in einem Gehäuse zusammengefasst – die Zeichnung zeigt Beispiele für verschiedene Kombinationen. Am weitesten verbreitet sind die Varianten 1 und 2.

Jeder dieser Abschnitte ist zu isolieren, mit einer Zuleitung und einem Ein-/Ausschalter zu versehen. Sollen nach Ausbau der Gleisanlagen beide Züge gleichzeitig und unabhängig voneinander gesteuert werden, ist ein zweiter Stromkreis erforderlich, der von einem weiteren Fahrregler gespeist wird.

Nur ein einfaches Beispiel ...

Auf all dies kann man bei einem digitalen System verzichten. Es können zwei, drei oder noch mehr Loks auf einem Stromkreis eingesetzt und unabhängig voneinander gesteuert werden. Einzige Voraussetzung ist, dass sie mit zum System passenden Decodern ausgestattet sind und diese auf unterschiedliche Adressen eingestellt sind. Die von der Zentrale gesendeten digitalen Informationen werden nur von dem mit seiner Adresse angesprochenen Decoder in Fahrbefehle umgesetzt, die anderen Loks reagieren darauf nicht. Natürlich stoßen auch hier die Gleisanlagen aus einem Startset schnell an die Grenzen ihrer Kapazität. Doch schon dieses einfache Beispiel macht deutlich, welche Vorteile eine digitale Anlagensteuerung bereits bei den ersten Ausbaustufen einer Modellbahn haben kann.

Neben dem bald erforderlichen Ausbau der Gleisanlagen könnte die nächste Steigerung des Spielvergnügens das fernbediente Schalten von Weichen sein. Neben dem in jedem Fall benötigten Weichenantrieb sind im Analogbetrieb für jede Weiche drei Kabel erforderlich, die zu einem Weichenschalter („Stellpult") in Reichweite des Bedieners geführt werden müssen. Das Stellpult ist am Trafo anzuschließen. Beim Digitalbetrieb reicht es im einfachsten Fall aus, einen Weichendecoder „vor Ort", also direkt an der Weiche, an den Schienen und am Antrieb anzuschließen. Dieser Decoder erhält ebenfalls eine Adresse. Er wird über die Gleise mit Strom und mit den für ihn bestimmten digitalen Informationen

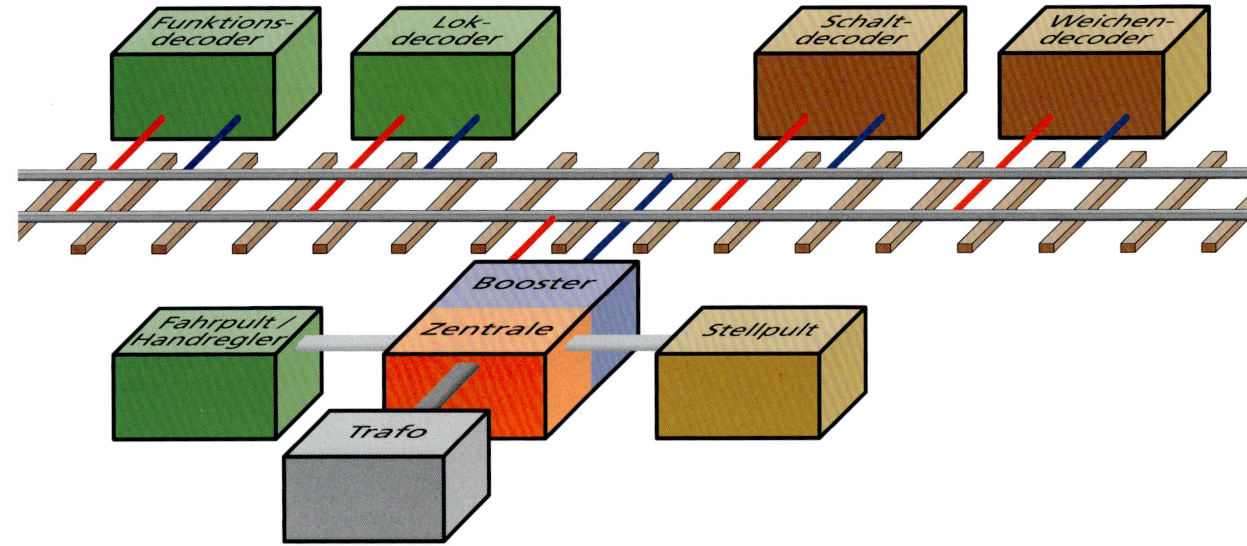

Der digitale Anlagenbetrieb lässt sich in zwei Hauptbereiche einteilen: fahren und schalten. Beides kann auch unabhängig voneinander umgesetzt werden, also digital fahren, analog schalten oder analog fahren, digital schalten – zum Beispiel als Übergangslösung bei der Umstellung von Analog- auf Digitalbetrieb. Bei den meisten Fahrpulten/Handreglern ist ein Stellpult (hier: Fähigkeit zum Stellen von Weichen etc.) integriert, allerdings mit unterschiedlichem Funktionsumfang und Bedienkomfort.

Ein Beispiel für eine aktuelle Zentrale und ihre Kompatibilität mit anderen Systemen und älteren Geräten: An die Red Box von Tams Elektronik, oben im Bild, zusammen mit dem Booster B-4, lassen sich beispielsweise die Vorgängerin EasyControl, die betagte Märklin-Zentrale Control Unit (6021) von Märklin, der Handregler LH100 von Lenz und die Multimaus von Roco/Fleischmann als Eingabegeräte anschließen. Außerdem gibt es eine App zur Bedienung der Anlage via Smartphone.

(Schaltbefehlen) versorgt und führt sie aus. Auf ähnliche Weise lassen sich bei einem weiteren Ausbau noch viele andere Dinge auf der Anlage schalten oder stellen – oder vorbildgerechte Abläufe organisieren.

Zwei Kabel genügen nicht

Die gern zitierte Werbeaussage, dass bei Digital zwei Kabel zum Anschluss der Anlage genügen, trifft hier sogar noch zu (sofern die „Vor-Ort"-Verkabelung zwischen Decoder und Verbraucher unberücksichtigt bleibt). In der Modellbahn-Praxis ist es jedoch ein Versprechen, das sich nicht halten lässt – und dessen Umsetzung auch wenig sinnvoll erscheint. Wenn die Anlage größer und die Ansprüche an den Betrieb höher werden, steigt auch der dafür erforderliche Aufwand. Natürlich wird es dann schon etwas komplizierter, doch dies gilt auch beim weiteren Ausbau einer analogen Modellbahn. Und zumindest am Anfang ist die Digitaltechnik leichter zu handhaben, bei zugleich wesentlich höherem Spielwert.

Die bewusst sehr einfach gehaltenen Beispiele dürften deutlich genug gezeigt haben, dass die Frage nach analog oder digital für einen Neueinsteiger heute bereits beantwortet ist. Dies entspricht auch dem aktuellen Angebot: Es sind nur noch sehr wenige analoge Startsets in den Sortimenten zu finden.

Eine Systementscheidung

Mit der Anschaffung eines digitalen Startsets wird auch die Entscheidung zugunsten eines der Digitalsysteme getroffen. Wer heute mit Märklin beginnt, landet zwangsläufig beim mfx-Protokoll. Noch vor wenigen Jahren musste, wer keine Einschränkungen beim Leistungsumfang hinnehmen wollte, bei einer der beiden Zentralen dieses Herstellers bleiben (Mobile Station und Central Station). Mittlerweile be-

Was bedeutet digital?

Für Leser, die sich bislang noch nicht damit beschäftigt haben, soll hier noch einmal kurz das Grundprinzip der digitalen Anlagensteuerung erläutert werden:

Der Fahrbetrieb auf einer herkömmlichen, heute analog genannten Modellbahn folgt einem einfachen Schema: Eine auf den Gleisen stehende Lok fährt, sobald genug Strom fließt. Ihre Geschwindigkeit ist abhängig von der Spannung, die am Fahrregler (meist ein Regeltrafo) eingestellt wird. Die Fahrtrichtung wird geändert, indem die Pole „Plus" und „Minus" vertauscht werden (bei Zweileiter-Gleichstrom) bzw. ein Fahrtrichtungs-Umschalter durch einen Spannungsimpuls betätigt wird (beim Wechselstrom-System). Befinden sich zwei oder mehr Fahrzeuge auf den Gleisen, lassen sie sich – ohne weitere Vorkehrungen – nur gemeinsam regeln. Um zwei Triebfahrzeuge unabhängig voneinander steuern zu können, ist (mindestens) ein weiterer Stromkreis mit einem weiteren Fahrregler erforderlich. Je nach Größe der Anlage und gewünschtem Betrieb sind elektrisch voneinander isolierte Strecken ggf. noch in Blockabschnitte aufzuteilen. Man benötigt abschaltbare Abstell- und Rangiergleise, Halteabschnitte vor Signalen etc. Weichen, Signale und andere Magnetartikel sind separat anzuschließen und werden über Taster mit Stromimpulsen geschaltet. Die Verdrahtung ist auch bei kleinen Anlagen aufwendig.

Bei der digitalen Modellbahn werden die Gleise hingegen permanent mit Strom versorgt. Die Aufteilung in Stromkreise ist zunächst nicht erforderlich. Zumindest bei kleinen Anlagen lässt sich der Verdrahtungsaufwand deutlich reduzieren. Gesteuert wird mit einer sog. Digitalzentrale. Sie sendet digitale Informationen an die in den Triebfahrzeugen eingebauten Decoder, die diese Befehle ausführen – zum Beispiel Fahren mit einer bestimmten Geschwindigkeit. Tempo, Fahrtrichtung und ggf. noch viele weitere Funktionen können für jede Lok individuell eingegeben werden, ohne dass dies Einfluss auf das Verhalten anderer Fahrzeuge im selben Stromkreis hat. Auch Weichen, Signale etc. können mit Decodern ausgestattet werden, die ihre (Schalt-)Befehle von der Digitalzentrale erhalten. Da die Decoder in aller Regel in der Nähe der Verbraucher installiert und angeschlossen werden, ist auch hier der Verdrahtungsaufwand deutlich geringer, herkömmliche Schalter und Taster werden nicht mehr benötigt.

Das bedeutet allerdings nicht, dass die einst für Werbezwecke aufgestellte Behauptung, bei Digital würden zwei Drähte genügen, sich in der Praxis umsetzen lässt. Sobald z. B. Rückmelder eingesetzt werden, für eine Belegtmeldung von Gleisen oder um einen automatischen Anlagenbetrieb zu ermöglichen, sind auch hier isolierte, separat angeschlossene Gleisabschnitte erforderlich.

Digital kann noch viel, viel mehr, von der Optimierung der Laufeigenschaften über Sonder- und Soundfunktionen, das leichte Konfigurieren und Schalten von Weichenstraßen bis zur komplexen Steuerung großer Anlagen vom PC aus. Man muss aber nicht alle theoretisch möglichen Funktionen anwenden, um die unbestreitbaren Vorteile der Digitaltechnik nutzen zur können.

Als Anwender sollte man auch im Blick behalten, dass alle Systeme weiter entwickelt und um neue Funktionen ergänzt werden. Die vielleicht wichtigsten Trend der letzten Jahre sind die Einbindung in WLAN-Netze, der Einsatz von Smartphones und Tablets als Beienelemente (Handregler) sowie die stetig wachsende Bedeutung von Soundfunktionen.

herrschen immer mehr andere Geräte das Format ebenfalls. Die meisten anderen Hersteller (Lenz, Roco/Fleischmann, ESU, Zimo, Piko…) setzen primär auf das international genormte DCC-Format – auch wenn es sich Multiprotokollzentralen mit mfx-Fähigkeit handelt.

Dies gilt heute auch für Trix – aus diesem Hause kommt das Selectrix-Format, für das es von mehreren Fremdfirmen (MÜT, MTTM, Rautenhaus) nach wie vor eine ganze Palette an Geräten auf aktuellem technischen Stand gibt. Inzwischen hat auch hier das DCC-Format auf breiter Front Einzug gehalten. Die meisten Zentralen beherrschen also mindestens zwei Formate und lassen sich bei Bedarf systemübergreifend einsetzen.

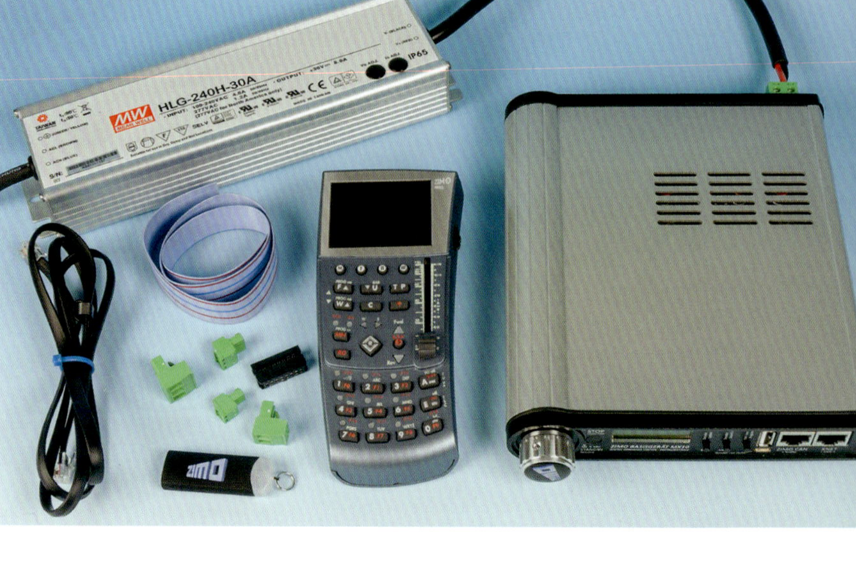

Mit dem Basisgerät MX10 als Zentrale und den Handregler MX32 in Kabel- und Funkversion setzt Zimo einmal mehr die Maßstäbe in Bezug auf die Ausgangsleistung, die integrierten Schnittstellen und den Funktionsumfang.

Der individuelle Einstieg

Doch nicht immer führt der Weg zum Hobby über die von den Firmen dafür angebotenen Komplettlösungen. Wer sich sein Material individuell zusammenstellt, steht ebenfalls vor der Entscheidung zwischen analog und digital. Dabei sollte man sich zunächst grundsätzlich mit der Frage beschäftigen, auf welche Weise das Hobby betrieben werden soll. Wer Fahrzeugmodelle nur sammeln möchte („Vitrinenbahner"), hat wenig Nutzen von der Digitaltechnik. Soll es – auch längerfristig – nur eine sehr kleine Anlage werden oder gar nur einzelne Module, lassen sich auch analog viele betriebliche Wünsche mit geringem Aufwand realisieren. Auf Sound, digital abrufbar, oder auf via Decoder optimierte Laufeigenschaften muss dann allerdings verzichtet werden, um hier nur zwei Beispiele zu nennen. Bei Loks mit ab Werk installiertem Decoder zahlt man diesen nicht nur mit, ohne ihn zu nutzen, so manches Digitalmodell hat im Analogmodus auch deutlich schlechtere Laufeigenschaften. Und es gibt noch eine ganze Reihe weiterer Gründe, auch bei dieser Form des Einstiegs dem Trend zu Digital zu folgen.

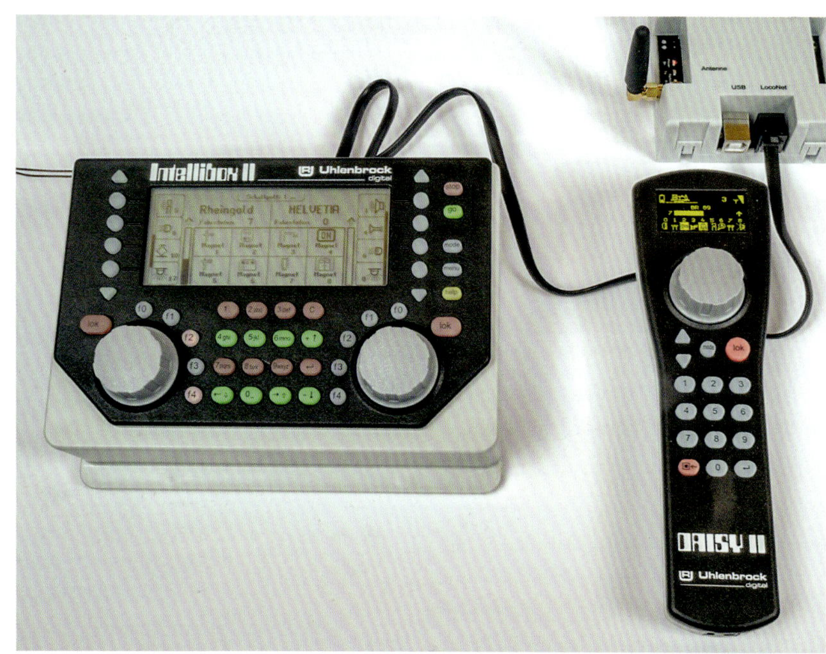

Uhlenbrocks Intellibox war vor vielen Jahren die erste Multiprotokollzentrale und konnte zudem mit zwei getrennten Fahrreglern aufwarten. Abgebildet ist die Nachfolgerin Intellibox II mit den gleichen Attributen, einem größeren Display und zusätzlichen Funktionen.

Die Daisy II, hier gezeigt in der Funkversion, ist eine eigenständige Zentrale, eignet sich aber auch als Handregler für die Intellibox.

Von KM 1 gibt es Varianten dieser beiden Geräte speziell für die Baugröße 1 mit höherer Ausgangsleistung.

Ein Vorteil des individuellen Einstiegs ist, dass auch in Sachen Digitalsystem freier entschieden werden kann. Denn nur ein kleiner Teil der Zentralen wird auch als Bestandteil eines Start-Sets angeboten, während sich der Individualist völlig frei entscheiden kann.

Dann kann man sich nicht nur bei Modellbahn-Herstellern, sondern auch bei den Firmen bedienen, die sich auf Digitaltechnik spezialisiert haben – und zum Teil ebenfalls günstige Sets für den Einstieg offerieren.

Dabei muss es nicht unbedingt von Anfang an eines der großen

nern: Modellbahner, die bereits eine weitgehend fertige Anlage oder einen umfangreichen Bestand an Material haben, aus dem eine Anlage entstehen soll. Auch der „Wiedereinsteiger mit Altbestand“ kann dieser Gruppe zugeordnet werden. Denn es gibt eine Gemeinsamkeit: Der Umstieg erfordert nicht nur die Anschaffung von Zentrale etc., hinzu kommt die Ausstattung des Fuhrparks und der Anlage (Weichen, Signale ...) mit Decodern. In Abhängigkeit von den individuellen Wünschen und Ansprüchen sind ggf. noch weitere Digitalkomponenten Systeme sein. Selbst mittelgroße Anlagen lassen sich noch mit kleinen Zentralen steuern, sofern man keine speziellen Wünsche hat (z. B. Besetztmeldung, Automatikbetrieb). Außerdem lassen sich solche Geräte bei einem späteren Umstieg auf ein größeres, kompatibles System weiterhin als Fahrregler verwenden.

Stets sollte jedoch vorausschauend geplant werden, um Fehlinvestitionen zu vermeiden. Dies gilt für die grundsätzliche Entscheidung zugunsten eines der drei gängigen Digitalformate sowie besonders für das „Herzstück“, die Zentrale.

Umsteigen auf Digital?

Dass man sich mit der Materie beschäftigen muss, gilt in einem fast noch höheren Maße für die dritte Gruppe an potenziellen Digitalbah-

Links: Klein, handlich und mit OLED-Touchscreen einschließlich Lokfoto: Zimos Handregler MX32 glänzt mit einem Funktionsumfang, wie man ihn bei kaum einem anderen System findet.

Mitte: Der über sehr viele Jahre angebotene und entsprechend weit verbreitete Lenz-Handregeler LH100 und sein noch junger Nachfolger LH101.

Diese Zeichnung gibt einen Überblick über die Bausteine, die zu einem kompletten Digitalsystem gehören (können, nicht müssen!). Wie weit ein System über die Grundfunktionen Fahren und Schalten ausgebaut wird, hängt einzig und allein von den individuellen Wünschen und Anforderungen ab.

Neben den bereits in der vorherigen Zeichnung gezeigten Bereichen Fahren und Schalten kommen hier insbesondere die Rückmeldung sowie die verschiedenen Schnittstellen hinzu. Je nach Hersteller kann der Systemaufbau geringfügig davon abweichen, nicht jede Firma bietet alle Komponenten an. Andererseits gibt es oft noch weitere, hier nicht dargestellte Geräte für spezielle Anwendungen, zum Beispiel Drehscheibensteuerungen. Wie die Bausteine untereinander verbunden werden, hängt vom jeweiligen Bussystem ab, das in dieser Zeichnung daher nur symbolisch dargestellt wurde.

Digitale Bausteine in der Systemübersicht

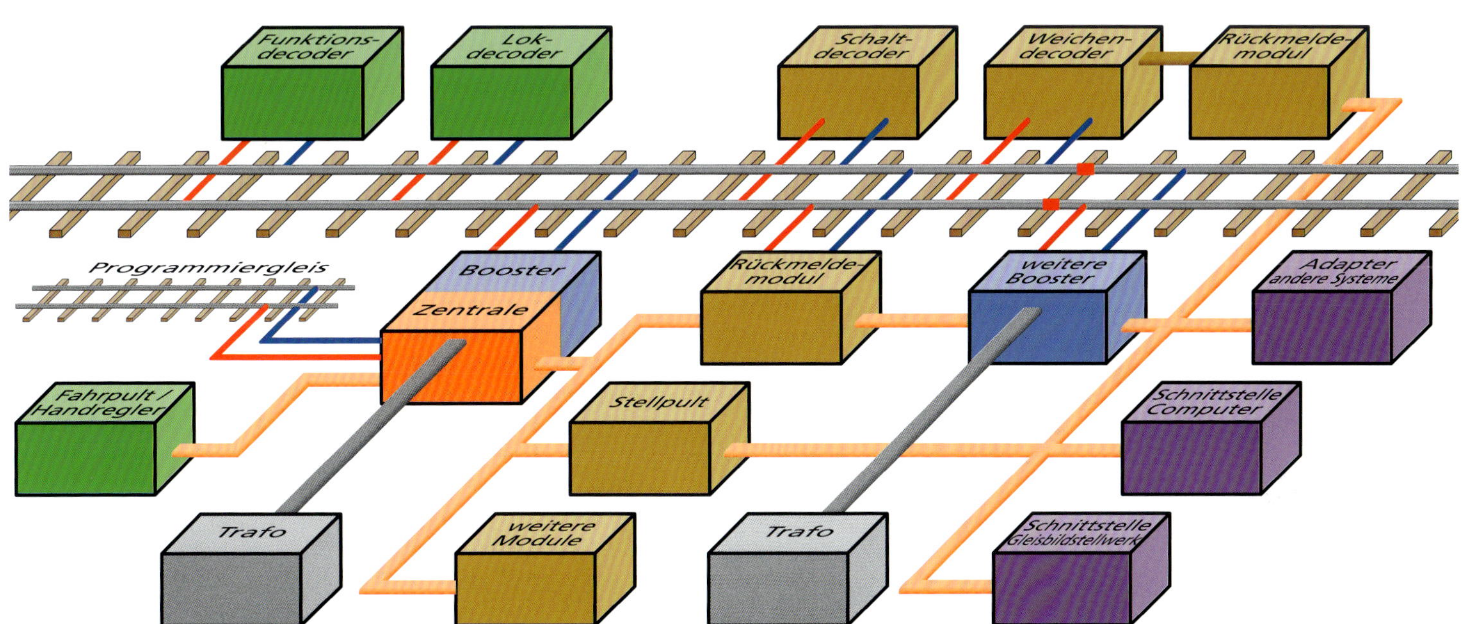

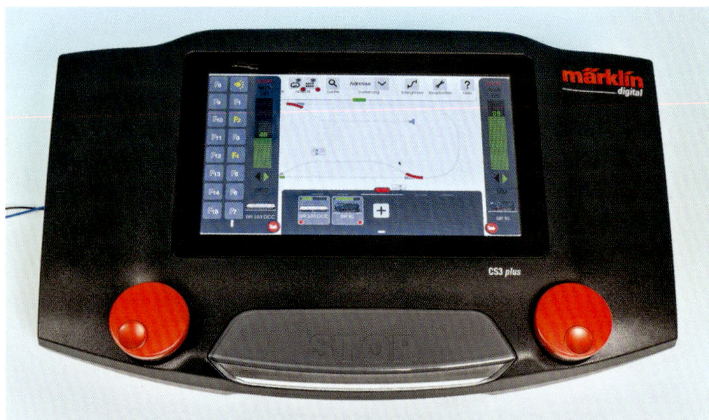

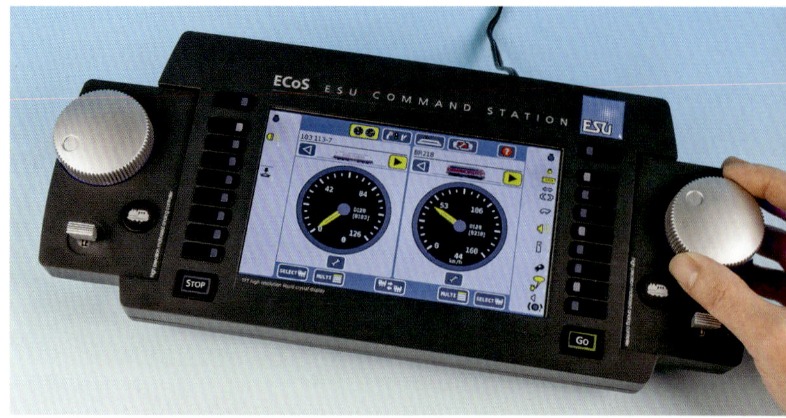

Oben: Märklins Central Station mit großem Farbdisplay und zwei separaten Fahrreglern in der aktuellen Version als CS3 plus. In der Mitte des Displays ist ein sehr einfacher Gleisplan zu sehen, über den z. B. Weichen direkt geschaltet werden können. Mit der entsprechenden App kann die Bedienung auch per Smartphone oder Tablet mit der gleichen bzw. einer angepassten Oberfläche erfolgen.

Rechts: Auch die ECoS von ESU verfügt über ein großes Farbdisplay und zwei Regler. Während Märklin mit Einführung der CS3 ganz auf die Bedienung per Touchscreen setzt, gibt es bei der ECoS zusätzlich noch Tasten beidseits des Displays, hauptsächlich zum Schalten der Lokfunktionen.

erforderlich, beispielsweise Belegtmelder, ein Computer-Interface und eine Software zur Steuerung der Anlage vom Bildschirm aus. Je nach Umfang kann es sich um eine beachtliche Investition handeln, die wohlüberlegt sein will.

TIPP

Auf den ersten Blick ist die digitale Modellbahn ganz einfach: zwei Kabel anschließen, Lokadresse auswählen und losfahren. Wer sich damit begnügt, wird von Anfang an seine Freude daran haben und muss sich keine weiteren Gedanken mehr machen. Wer jedoch mehr verlangt, kommt nicht umhin, sich näher mit der Materie zu beschäftigen. Aktuelle Digitalzentralen haben einen beachtlichen Funktionsumfang, zwischen den Geräten gibt es aber auch große Unterschiede; am offensichtlichsten sind sie bei den Displays.

In diesem Kapitel wird auf die prinzipielle Funktionsweise der Digitaltechnik, die möglichen Funktionen und die wichtigsten Entscheidungskriterien eingegangen. Der Leser bekommt damit das nötige Grundwissen, um sich auf die Materie einlassen zu können. Konkrete Empfehlungen sind jedoch aufgrund der großen Unterschiede zwischen den Systemen, der raschen Weiterentwicklung und der verschiedenen Ansprüche nicht möglich. Auch Anschluss und Inbetriebnahme sind hier kein Thema. Dafür gibt es die in aller Regel sehr ausführlichen und verständlichen Anleitungen.

Ob dies sinnvoll ist, kann nur für den Einzelfall entschieden werden. Wenn bereits eine analog betriebene Anlage existiert, der Betrieb darauf reibungslos und den Wünschen entsprechend funktioniert, muss man sich die Frage stellen, ob eine so tief greifende Änderung sinnvoll ist – „never change a running system".

Eine weitere Möglichkeit ist, die Digitalisierung auf den Fahrbetrieb oder auf das Schalten zu beschränken. So kann man sich mit deutlich geringerem finanziellen Aufwand mit der neuen Technik vertraut machen und zu einem späteren Zeitpunkt über eine Ausweitung entscheiden.

Viel mehr als nur fahren

Seit 1982 mit Selectrix das erste Digitalsystem vorgestellt wurde, hat man den Funktionsumfang und die digitalen Möglichkeiten ständig weiterentwickelt. Das erste Märklin-Motorola-Protokoll konnte bis zu 80 Lokadressen verwalten. Bei mfx sind es 16000, bei DCC 9999. Beides ist weit mehr, als man in Anspruch nehmen kann. Doch kann man so zum Beispiel die Adressen so vergeben, dass man erkennt, um welches Fahrzeug (z. B. Baureihe/Ordnungsnummer) es sich handelt. Die meisten Systeme ermöglichen es heute, zusätzlich zur Digitaladresse alphanumerische „Klarnamen" zu vergeben, was die Handhabung nochmals deutlich einfacher macht.

Die Bestandsaufnahme

Doch wie geht man nun konkret an die Sache heran? Ganz gleich, ob Ein- oder Umstieg, ob kleine Anlage oder Großprojekt, den Anfang sollte eine sorgfältige Bestandsaufnahme machen. Dabei werden zunächst die Ziele definiert, beispielsweise:

- Digital fahren und/oder schalten,
- wie viele Loks müssen mit Decodern ausgestattet werden,
- wie viele Weichen, Signale etc. benötigen Decoder,
- soll manuell gefahren werden, oder sollen bestimmte Abläufe ganz oder teilweise automatisiert werden,
- sollen Fahrstraßen programmiert werden, wird ein Blockstellenbetrieb gewünscht,
- wird eine Schattenbahnhofssteuerung benötigt,
- wie viele Belegtmelder und weitere Digitalkomponenten sind für die Wunschkonstellation erforderlich,
- wird ein Stellpult gewünscht, oder soll die Anlage über einen PC mit Gleisbild-Stellpult gesteuert werden?

Wer nur eine kleine Anlage bauen wird, kann sich auf die ersten Ziele beschränken und darauf aufbauen. Geht es darüber hinaus, wird es zugegebenermaßen etwas schwieriger. Es verlangt eine eingehende Beschäftigung mit diesem inzwischen doch recht komplex gewordenen Thema (siehe auch „Tipp“ links).

Digital-Protokolle

Weiß man, welche Anforderungen zu erfüllen sind, kann die Suche nach dem geeigneten System beginnen. Neben den Fähigkeiten der Zentrale sollte – je nach Ansprüchen – auch berücksichtigt wer- den, welche weiteren, kompatiblen Komponenten für das System erhältlich sind, ggf. auch von Fremdherstellern. Außerdem muss spätestens jetzt eine der wichtigsten Fragen beantwortet werden: Mit welchem Digitalprotokoll soll die Anlage betrieben werden? Unter Pro- tokoll versteht man die „Sprache“, mit der die Komponenten untereinander kommunizieren. So muss z. B. der Decoder in der Lok den von der Zentrale gesandten Befehl verstehen und richtig interpretieren können.

Märklin hat 2005 das mfx-Format eingeführt, als Ablösung für das schon in den achtziger Jahren entwickelte Motorola-Protokoll. Der Funktionsumfang ist damit deutlich gestiegen, beispielsweise meldet sich eine auf die Gleise gestellte Lok von selbst bei einer entsprechend ausgestatteten Zentrale an.

Etwas in eine Außenseiterrolle ist das Selectrix-Protokoll geraten, seit Trix – als Fahrzeughersteller – auf DCC umgeschwenkt ist. Daraus sollte man aber keine Rückschlüsse auf die Qualitäten des Systems ziehen, es hat durchaus seine Vorzüge. Selectrix hat treue Anhänger, mehrere Firmen bieten ein vollständiges Sortiment an Komponenten an, die untereinander kompatibel sind. Sie beschäftigen sich mit der Weiterentwicklung, sodass Selectrix eine Alternative bleiben wird – auch unterstützt durch die inzwischen gängige DCC-Kompatibilität.

Das DCC-Format, für das es mit großem Abstand das umfangreichste Angebot gibt, ist durch die NMRA (National Model Railroad Association in den USA) international genormt. Zwar spricht man hier eine gemeinsame Sprache, sodass zum

Zweifellos eine Traum-Heimanlage in H0 – und das Foto zeigt nur die rechte Hälfte. Die Züge fahren digital gesteuert mit dem DCC-Format auf Zweileiter-Gleisen.

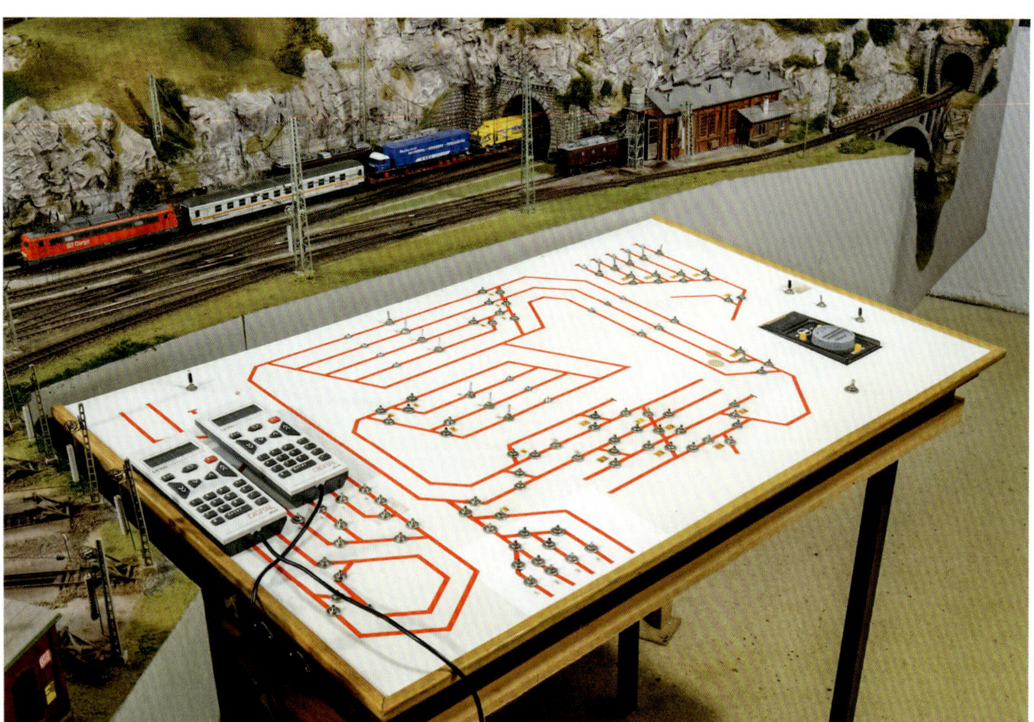

Die beiden Lenz-Handregler weisen deutlich darauf hin: Hier wird digital im DCC-Format gefahren. Geschaltet wird hingegen analog mit dem sehr gelungenen Eigenbau-Stellpult. Ganz links ist dort das Bediengerät für die Drehscheibe von Roco eingebaut.

Auch Eigenbau-Stellpulte können digitalisiert werden, dies ist allerdings recht aufwendig. Einfacher ist es, das Gleisbild auf einer Zentrale mit großem Touchscreen darzustellen oder gleich auf eine PC-Steuerung zu setzen– wie es heute auch beim Vorbild der Fall ist.

Beispiel jede DCC-Zentrale mit jedem DCC-Decoder funktioniert. Komponenten wie Zentralen, Handregler, Rückmelder etc. kommunizieren jedoch auf unterschiedlichen „Kanälen“ (Bussysteme) und sind daher nur mit einigen Einschränkungen untereinander kompatibel. Lücken entstehen dadurch jedoch nicht, alle wichtigen Komponenten sind für jede Variante erhältlich. Außerdem unterstützen die heute aktuellen Zentralen jeweils mehrere Bussysteme. Darüber hinaus werden Übersetzungsmodule angeboten. Die sog. „Sniffer“ mancher Zentralen können Informationen anderer Systeme auslesen und ermöglichen so den Anschluss von Fremdkomponenten.

RailCom & Co.

Lange Zeit funktionierte die Kommunikation nur in einer Richtung: von der Zentrale zum (Lok-)Decoder. Es war also nicht möglich, Informationen von einem Fahrzeug an die Zentrale zu senden. Dies änderte sich bei Märklin mit dem mfx-Format und bei DCC mit RailCom, dem Markennamen für die bidirektionale Kommunikation. Mit der Weiterentwicklung RailCom+ können sich nun auch bei DCC Loks selbst anmelden. Voraussetzung ist, dass die Zentrale und der Decoder damit ausgestattet sind.

Multiprotokoll?

Um einen Überblick über das heutige Angebot an Digitalsystemen und ihren Fähigkeiten zu geben,war es nötig, die am Markt präsenten Formate zunächst unabhängig voneinander zu betrachten. In der Praxis gibt es diese strikte Trennung jedoch nicht mehr. Eine ganze Reihe von Zentralen beherrscht heute zwei oder noch mehr Formate. Dies trifft auch auf viele Decoder zu.

Eine Vorreiterrolle übernahm 1998 die Intellibox von Uhlenbrock, die noch heute weit verbreitet ist. Sie verfügt über zwei separate Fahrregler, genauso wie ihr Nachfolger, die Intellibox II. Inzwischen gibt es nur noch wenige Zentralen, die nur ein Format beherrschen (z. B. Lenz). Sogar Märklins Central Station hat mittlerweile DCC „gelernt“.

Es ist also kein Problem mehr, systemübergreifend zu fahren und Komponenten verschiedener Anbietern und anderer „Digitalwelten“ zu kombinieren. Ob Multiprotokoll

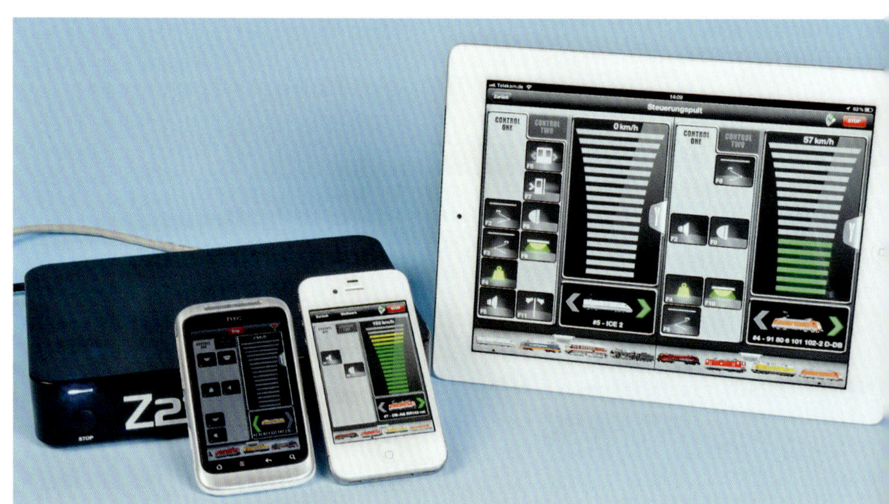

Der jüngste Trend: Anlagensteuerung mit dem iPhone/Smartphone bzw. iPad/Tablet-PC. Die Roco-Zentralen Z21/z21 (mit kleinem „z“ und weißem Gehäude in den Startsets enthalten) setzen stark auf diese Art der Bedienung.

Zum Lieferumfang der Roco-Zentrale Z21 gehört ein WLAN-Router, der die Verbindung zu iPhone/Smartphone bzw. iPad/Tablet-PC herstellt.

tatsächlich Vorteile mit sich bringt, hängt von der jeweiligen Konstellation ab. Ein möglicher Grund ist der gelegentliche Einsatz entsprechend ausgestatteter Fremdfahrzeuge, ein anderer der Einsatz der Zentrale bei verschiedenen Anlagen. Allerdings erübrigt sich die Multiprotokoll-Zentrale, wenn Multiprotokoll-Decoder zum Einsatz kommen …

Vielen Modellbahnern bringt Multiprotokoll jedoch keine Vorteile. Einem reinen DCC-Bahner mangelt es an nichts, wenn er darauf verzichtet. Mit einer reinen DCC-Zentrale ist er bestens bedient – und sollte beim Ausbau auf Komponenten für nur ein Bus-System setzen, weil sich so unnötige Konflikte vermeiden lassen. Ohnehin ist generell zu empfehlen, sich auf einen oder wenige Hersteller zu beschränken, da dann die Komponenten optimal aufeinander abgestimmt sind.

Die Zentrale

Beschränkt man sich auf das Fahren und/oder Schalten, kommt man mit allen der heute angebotenen Zentralen aus. Das Stellpult zum Schalten von Weichen etc. ist fast immer integriert. Aber längst nicht alle Zentralen können Fahrstraßen, also mehrere Weichen, mit einem Knopfdruck schalten. Die größten Unterschiede sind beim Bedienkomfort, bei der Ausstattung mit Schnittstellen (besonders für Bussysteme) und der elektrischen Leistung zu finden. Es gibt Geräte mit ein oder zwei Fahrreglern, mit kleinem oder größerem Display (und entsprechend mehr dargestellten Informationen).

Alle größere Zentralen sind Tischgeräte, an die jedoch Handregler angeschlossen werden können, sodass man sich auch bei größeren Anlagen zum jeweiligen Ort des Geschehens bewegen oder den Lauf eines Zugs über die Anlage begleiten kann. Dies bieten auch die einfacheren, als Handgeräte ausgeführten Zentralen. In beiden Fällen gibt es auch kabellose Geräte, meist mit Funk, manchmal auch mit Infrarot.

Der FREMO (Freundeskreis Europäischer Modellbahner) fährt ebenfalls digital und setzt bei seinen Treffen auf eine Minimalversion eines Handreglers mit (maximal!) sieben Tasten und ohne Display. Denn dort kommt es wirklich nur auf das Fahren an.

Besonders komfortabel sind die Zentralen mit einem großen Touchscreen-Monitor. Darauf lassen sich auch Gleisbilder darstellen, über die sich direkt Weichen und Signale schalten lassen. In einem gewissen Umfang ist sogar eine Automatisierung von Abläufen möglich, zum Beispiel eine Pendelstrecke oder Weichenstraßen, die sich durch einfaches Tippen auf Anfangs- und Endpunkt stellen lassen. Statt mit Digitaladressen oder Klartext-Namen kann man bei diesen Geräten auch ein Foto der jeweiligen Lok verwenden – aus einer Bibliothek oder selbst aufgenommen. Der große Monitor verliert jedoch an Bedeutung, wenn man ohnehin schon an eine Steuerung per PC denkt.

Außerdem gibt es seit einiger Zeit eine ganz neue Möglichkeit zur digitalen Anlagensteuerung: mit ent-

Bei dem Fukhandregler Mobile Control 2 von ESU – im Bild die Piko-Version SmartController – kommt als Betriebssystem die Smartphone-Software Android zum Einsatz. Von Vorteil ist der große Drehregler, der sich auch blind bedienen lässt.

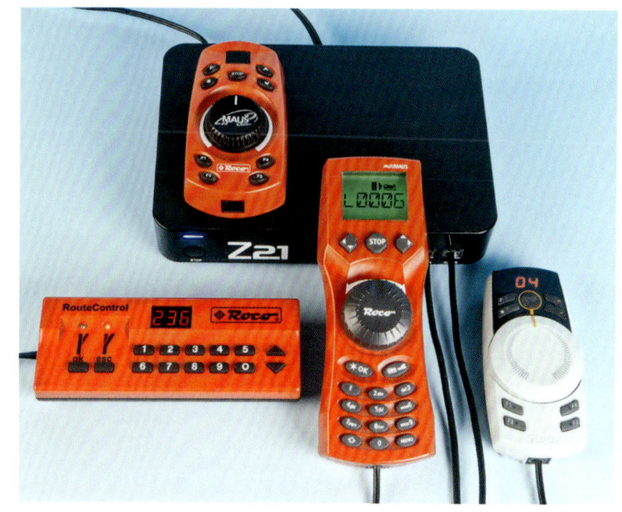

Beispielhaft wird hier anhand der Z21 gezeigt, dass sich bei den meisten Digitalzentralen auch ältere Handregler (oder hier das RouteControl) oder kleinere Zentralen als reine Eingabegeräte anschließen lassen.

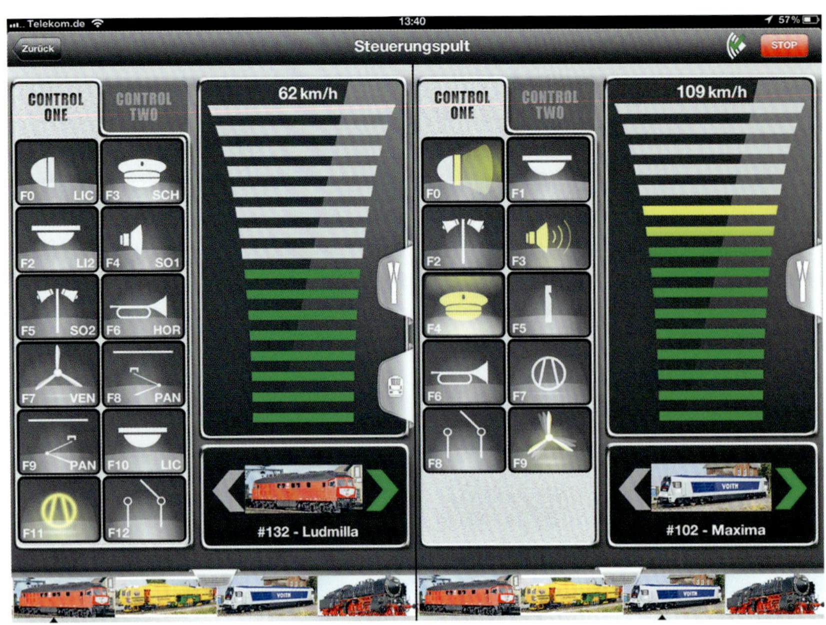

Planung einer kleinen Rechteck-Anlage mit Wintrack 12. Die links dargestellten Gleiselemente – hier das C-Gleis von Märklin – werden auf der Anlagenfläche platziert bzw. aneinandergefügt. Mit ein wenig Übung lassen sich auch komplexe Gleisfiguren darstellen. Natürlich können auch Flexgleise verwendet werden, mit individuell gebogenen Radien.

sprechenden Apps für iPhones/ Smartphones bzw. iPad/Tablet-PC. Die ersten Apps dafür gab es passend zu Steuerungssoftware. Inzwischen kann man sich die Monitoranzeige von Märklins Central Station auf das mobile Gerät übertragen und sämtliche Funktionen nutzen. Noch konsequenter macht es Roco bei der Zentrale Z21, die explizit dafür ausgelegt wurde. Zum Lieferumfang gehört daher auch ein WLAN-Router. Zusätzlich lassen sich aber auch herkömmliche Handregler anschließen, etwa die Lokmaus 2 oder die MultiMaus. Zugegebenermaßen macht es tatsächlich Spaß, seine Modellbahnanlage auf diese Weise zu steuern. Keine Digitalzentrale hat auch nur annähernd ein so hochwertiges Display.

Betrieb wie in echt

Die Modellbahn-Digitaltechnik geht jedoch noch ein ganzes Stück weiter (und ein Ende der Entwicklung ist nicht abzusehen). So bietet Roco für die Z21 virtuelle Führerstände an. Dabei handelt es sich um fotorealistische Darstellungen des jeweiligen Vorbilds (siehe Screenshots unten). Gefahren wird dann mit den Bedienelementen, die auch in der Realität zu betätigen sind. Natürlich reagieren auch die verschiedenen Anzeigen entsprechend.

Auch Märklin offeriert solche Führerstände, setzt jedoch auf ein anderes Konzept: Wiedergegeben wird ein typischer Führerstand der jeweiligen Traktionsart (Ellok, Diesel- oder Dampflok, siehe Screenshots rechts). Je nachdem, welcher Modus ausgewählt wurde, kann man „normal" mit seiner Modelllok fahren oder ein mehr oder weniger vorbildgerechtes Verhalten nachspielen. Besonders spannend ist dies bei der Dampflok. Man muss nicht nur die Vorräte beobachten und beizeiten ergänzen, der Kesseldruck muss stimmen, und erst mit passendem Zusammenspiel von Steuerung, Regler und Zylinderdruck kann richtig gefahren werden.

Das ist zweifellos ein ganz neues Fahrvergnügen und steigert den Spielwert, allerdings ist man damit so sehr beschäftigt, dass der Blick mehr auf den Monitor als auf die Anlage gerichtet ist.

Zwei fotorealistisch wiedergegebene Führerstände von Roco – links handelt es sich um eine Dampflok der Baureihe 52, rechts um den ICE 3 (Baureihe 407). Die Modellloks werden mit den Bedienelementen des Vorbilds gefahren. Es handelt sich um Screenshots von einem iPad.

Die virtuellen Führerstände von Märklin sind stilisiert. Dieser Screenshot zeigt das Bedienpult einer Diesellok. Alle Hebel sind animiert, die Anzeigen reagieren entsprechend (die Tacho-Skala kann der Realität angepasst werden).

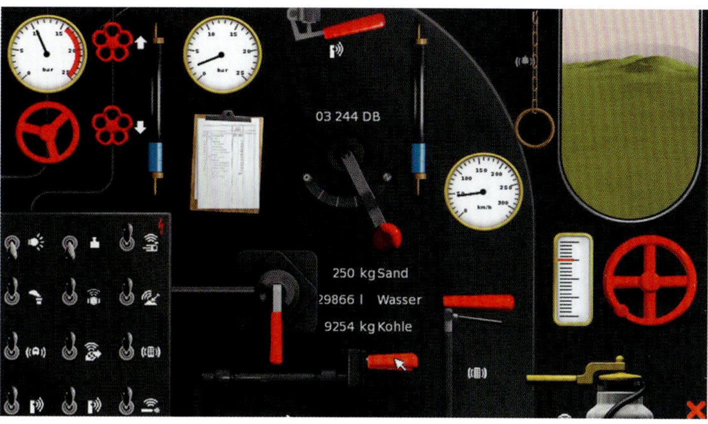

So sieht es auf dem Monitor aus, wenn eine Dampflok von Märklin mit mfx+-Decoder gefahren wird. Nicht nur die Vorräte müssen beobachtet werden, auch Kesseldruck und Reglerstellungen sind zu beachten.

Anlagen steuern mit dem PC

Viele weitere Möglichkeiten eröffnet man sich mit einem der Programme zur Anlagensteuerung, die heute einen riesigen Funktionsumfang bieten. Und dabei geht es keineswegs nur darum, Abläufe zu automatisieren. Auch das ist ein Bereich, mit dem man sich bei Bedarf intensiver beschäftigen muss. Bekannte Programme sind z. B. Railware, Train-Controller oder Win-Digipet.

Die Stromversorgung

Ein Booster, der die Anlage mit Strom versorgt, ist bei nahezu allen Digitalzentralen bereits integriert. Seine Leistung reicht aber oft nur für zwei, drei Triebfahrzeuge aus. Noch enger wird es bei beleuchteten Personenwagen. Deshalb muss eine digitale Modellbahn, auf der gleichzeitig mehrere Fahrzeuge im Einsatz sind, von zusätzlichen Boostern mit Digitalstrom versorgt werden, über voneinander getrennte Stromkreise. Aber auch Weichen, Signale etc. benötigen Strom. Manche Schaltdecoder werden über den Fahrstrom versorgt. Dies macht den Anschluss einfach, kostet aber „teuren" Digitalstrom. Besser ist es, sie entweder an einen separaten Booster anzuschließen oder Ausführungen mit externer Versorgung des Schaltstroms zu wählen. Auch dies sollte bei der Auswahl des Systems bzw. der kompatiblen Komponenten berücksichtigt werden.

Zugegeben, es gibt viel zu bedenken, wenn man den „digitalen Kinderschuhen" entwachsen ist und eine größere Anlage – ob fertig oder im Entstehen begriffen – digitalisiert werden soll. Hier wurden viele, aber längst nicht alle Kriterien aufgeführt.

Billig, preiswert, günstig ...

Eine umfassende Digitalsteuerung ist nicht billig. Um kalkulieren zu können, genügt es jedoch nicht, lediglich Preis und auf dem Papier stehende Leistung der Zentralen zu vergleichen. Der Bedienkomfort wird damit nicht erfasst, und auch die weiteren Systemkomponenten spielen eine wichtige Rolle. Beispiel: Was kostet die Digitalisierung pro Weiche, oder: erfüllt der Decoder meine Erwartungen? Magnetartikel lassen sich billig schalten. Aber eine Rückmeldung, komplexe, vorbildgetreu auf- und abglimmende Signalbilder oder die Möglichkeit, auch motorische Antriebe anzusteuern (um hier nur einige Beispiele zu nennen) sind auch nicht zu verachten.

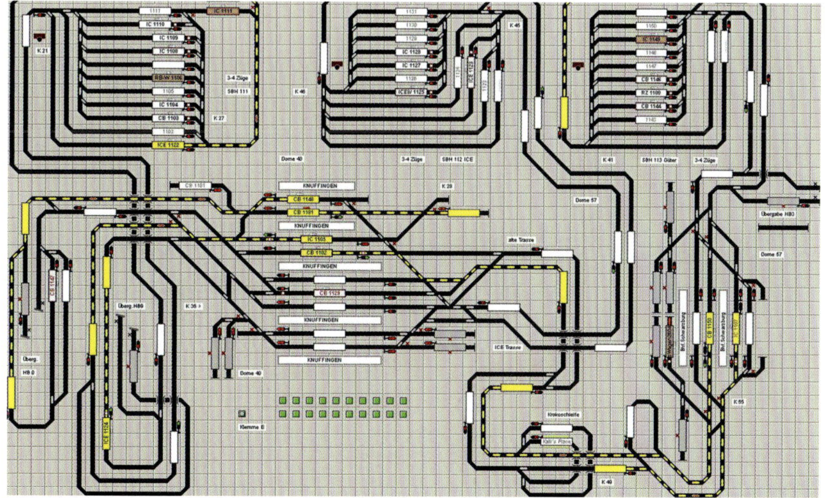

Der Computer macht es möglich: Anlagensteuerung fast wie beim Vorbild, mit Gleisbesetztmeldung und Anzeige der Aufenthaltsorte aller Züge. Der Screenshot stammt aus dem Miniatur Wunderland, es handelt sich um eine modifizierte Version des Programms Railware.

Digital-Glossar

Wer sich zum ersten Mal mit der digitalen Anlagensteuerung beschäftigt, stößt dabei auf vielleicht noch unbekannte Fachausdrücke und Abkürzungen. Die häufigsten Begriffe werden in diesem Glossar kurz erläutert.

ABC: Von der Firma Lenz entwickelte Technik für fahrtrichtungsabhängiges Bremsen (Automatic-BrakingControl).

Adresse: Ist eine Nummer, unter der ein Decoder Daten empfängt und auswertet. Kann wie eine Telefonnummer gesehen werden. Mit Ausnahme von Selectrix wird durch das Gleisprotokoll zwischen Schalt- und Lokadressen unterschieden. Die Bezeichnung einer Lokadresse kann daher gleichzeitig auch für Weichen benutzt werden.

Adressdynamik: Eine von Rautenhaus entwickelte Selectrix-Erweiterung zur Nutzung von 9 999 Digitaladressen.

Anfahrverzögerung: Legt die Zeit fest, bis die nächsthöhere Fahrstufe erreicht ist.

Belegtmelder: Siehe unter GBM.

Bit: Kleinste logische Einheit in der Digitaltechnik. Kann entweder den Zustand 1 oder 0 besitzen. Entspricht auch Spannung „an" oder „aus". Spielt oft bei der Programmierung von Lokdecodern eine Rolle.

Booster: Ein Verstärker, der einen Teil der Gleise mit Digitalstrom versorgt. Erhält von der Digitalzentrale die zu sendenden Digitalinformationen. Booster verfügen über eine Erkennung von Kurzschlüssen oder Überlast und schalten dann ab.

Bremsverzögerung: Sie legt die Zeit fest, bis die nächste niedrigere Fahrstufe erreicht ist.

Bus/Bussystem: Ein Bussystem stellt eine elektrische Verbindung zwischen Digitalbausteinen her. Kann aus mehr als zwei Kabeladern bestehen. Dazu ist ein meist serielles Übertragungsverfahren festgelegt, um Informationen zwischen den verschiedenen Bausteinen auszutauschen.

Byte: Ein Byte besteht aus 8 Bit. Mikrocontroller und Computer verarbeiten in der Regel Informationseinheiten von 8, 16 oder 32 Bit. Ein Byte kann die Dezimalzahlen von 0 bis 255 repräsentieren.

CV – Configuration Variable: DCC-Decoder speichern alle Einstellungen dauerhaft in Konfigurationsvariablen (CV). Eine CV besteht aus einem Byte und kann Werte zwischen 0 und 255 haben.

DCC: Steht für Digital Command Control. Wurde von der Firma Lenz entwickelt und von der NMRA standardisiert.

Decoder: Ein Elektronikbaustein, der eingehende Daten dekodiert und sie in vorgesehene Befehle umsetzt.

Digitalzentrale: Herzstück des Digitalsystems. Sendet und empfängt Befehle über die Bussysteme und erzeugt die Gleisprotokolle. Verwaltet zentrale Einstellungen. Meist ist ein Booster integriert.

Doppeltraktion: Das gemeinsame Fahren von zwei Lokomotiven. Doppeltraktionen können in vielen Zentralen eingestellt werden. Bei Verwendung einer zweiten Adresse im Lokdecoder (Consist-Adresse CV19) aber auch dort.

Draft: Entwurf für einen zukünftigen Standard, der veröffentlicht wird, um offen einen detaillierten technischen Einblick zu gewähren.

EPROM/EEPROM: Löschbare und neu beschreibbare Speicherbausteine, die beim Abschalten des Geräts die Daten nicht verlieren.

Ethernet: Alternativer Name der heute allgemein verwendeten Netzwerk-Schnittstelle. Wird z. B. von der ECoS-Digitalzentrale zum Einspielen von Updates und zur Kommunikation mit PCs verwendet.

FMZ: Fleischmann-Mehrzug-Steuerung, wird seit der Umstellung auf DCC nicht mehr angeboten. Die Multiprotokollzentrale TwinCenter unterstützt das FMZ-Format jedoch noch.

Function Mapping: Ermöglicht die Festlegung einzelner Funktionsausgänge eines Lok- oder Funktionsdecoders auf eine bestimmte Funktionsnummer oder -taste.

Funktionsdecoder: Ein Funktionsdecoder entspricht einem Lokdecoder, nur kann er keinen Motor ansteuern. Meist werden Funktionsdecoder zum Schalten von Wagenbeleuchtungen oder Steuerwagen eingesetzt. Sie können aber auch den vorhandenen Lokdecoder um weitere Funktionsausgänge ergänzen. Dafür benötigt man meist Function Mapping.

Fahrstufen: Gibt die Anzahl von einzelnen Schritten an, bis die Höchstgeschwindigkeit erreicht werden kann. Diese festen Fahrstufen sind vom Handregler wählbar.

GBM: Abkürzung für Gleisbesetztmelder. Meldet den Belegungszustand von Gleisabschnitten an die Digitalzentrale. Meist werden dafür Stromfühler verwendet, die Verbraucher wie Lokdecoder oder beleuchtete Wagen erkennen. Sie werden meist mit acht oder 16 Eingängen angeboten. Die Bausteine sind mit einem Buskabel miteinander verbunden.

Geschwindigkeitskennlinie: Legt im Lokdecoder die Motorspannung für die einzelnen Fahrstufen fest. Sind mehr Fahrstufen vorhanden als Kennwerte vorgegeben, dann wird meist linear interpoliert. In der Regel ist die vorgegebene Kennlinie ausreichend, sie kann jedoch durch eine eigene ersetzt werden.

Gleisformat/Gleisprotokoll: Die Art und Weise, mit der Informationen auf den Gleisen übertragen werden. Siehe auch: DCC, Motorola, Selectrix, mfx.

I2C: Ein von Philips entwickelter Zweidraht-Bus zur internen Kommunikation von integrierten Schaltungen. Veraltet, wurde von Märklin und von Uhlenbrock bei der Intellibox zum Anschluss von Fahr- und Stellpulten genutzt.

IB: Gebräuchliche Abkürzung für die Intellibox von Uhlenbrock.

Interface: Allgemein eine elektrische und logische Kopplung von technischen Komponenten. Bezeichnet in der Modellbahn- Digitaltechnik meist den Anschluss an einen PC. Ein Interface ist entweder in der Digitalzentrale eingebaut oder liegt als externes Zusatzgerät vor.

Interne Fahrstufen: Lokdecoder verwenden intern meist mehr Fahrstufen, als extern vom Handregler erreicht werden können. In der Regel sind dies 63, 127 oder 255. Diese Eigenschaft wird genutzt, damit bei einer eingestellten Anfahr- oder Bremsverzögerung ein sanfter Geschwindigkeitsübergang erreicht werden kann.

Lastregelung: Ohne Lastregelung hängt die tatsächlich gefahrene Geschwindigkeit von Steigung, Gefälle, Anhängelast, Kurvenverlauf der Gleise oder der Netzspannung ab. Lokdecoder ohne Lastregelung legen in Abhängigkeit von der Fahrstufe eine feste Teilspannung an den Motor. Im Gegensatz dazu versucht die Lastregelung, den Motor auf einer konstanten Drehzahl zu halten.

Lichtsignaldecoder: Ein Baustein zur Ansteuerung von Lichtsignalen. Oftmals an das darzustellende Signalsystem angepasst.

LocoNet: Das von der Firma Digitrax entwickelte Bussystem, das auch von der Intellibox unterstützt wird.

Lokdecoder: Ein Lokdecoder empfängt über das Gleis die digitalen Signale von der Zentrale. Neben der in festen Stufen einstellbaren Geschwindigkeit sind dies auch Fahrtrichtung, Licht und weitere Funktionen. Die benötigte Energie wird ebenfalls dem Gleis entnommen. Um die Elektronik an Motor, Getriebe und Vorbilddaten anzupassen, stehen vielfältige, CV genannte Einstellmöglichkeiten zur Verfügung.

Mehrfachtraktion: Das gemeinsame Fahren mehrerer Lokomotiven. Mehrfachtraktionen können in der Digitalzentrale eingestellt werden. Bei Verwendung einer zweiten Adresse im Lokdecoder (Consist Adresse CV19) aber auch dort (wie: Doppeltraktion).

MM: Gebräuchliche Abkürzung für das Märklin-Motorola-Format.

MOROP: Verband der Modelleisenbahner und Eisenbahnfreunde Europas. Hauptziel ist die Erarbeitung der NEM durch die Technische Kommission des MOROP.

Motorola: Motorola ist ein eigenes Gleisprotokoll der Firma Märklin und bezeichnet den Hersteller der ursprünglich für Ultraschallfernbedienungen entwickelten integrierten Schaltungen.

Multiprotokolldecoder: Ein Lokdecoder, der verschiedene Gleisprotokolle dekodieren kann. Meist DCC/Motorola, DCC/Selectrix oder DCC/mfx. Multiprotokolldecoder bieten eine höhere Flexibilität beim Austausch mit befreundeten Modellbahnern.

Multiprotokollzentrale: Kann mehrere Gleisprotokolle gleichzeitig erzeugen. Wird meist zur Migration von Motorola auf andere Standards verwendet. Bei Anwendern von DCC- oder Selectrix-Systemen sind Multiprotokollzentralen selten nötig.

mfx: mfx ist ein eigenes Gleisprotokoll der Firma Märklin.

NEM: Normen Europäischer Modellbahnen. Durch die NEM sind verschiedene Schnittstellen für Lokdecoder sowie die Digitalprotokolle von DCC und Selectrix genormt worden.

NMRA: National Model Railroad Association, Vereinigung amerikanischer Modellbahner.

PoM: Steht für „Programming on Main". Ermöglicht die Programmierung von CV im laufenden Betrieb auf der Anlage.

Programmieren: Der Begriff wird in der Modellbahntechnik überwiegend bei der Konfiguration von Parametern in den Digitalbausteinen benutzt. Gemeint ist das Schreiben von Werten wie Adresse oder Höchstgeschwindigkeit in Lok- oder Weichendecoder.

Protokoll: Definiert den Ablauf zur Übertragung von technischen Informationen. Wird meist im Sinne des Gleisprotokolls verwendet, aber auch für die in der Regel herstellerspezifische Übertragung zwischen einem PC und der Digitalzentrale.

PX-Bus: Versorgt alle Booster in einem Selectrix-Digitalsystem mit den Digitalsignalen.

RailCom: Von Lenz entwickeltes Verfahren zur Übertragung von Informationen von der Lok zur Digitalzentrale. Dient auch zur Positionsbestimmung. RailCom wurde als Draft von der NMRA veröffentlicht.

Rangiergang: Ermöglicht durch eine verringerte Geschwindigkeit ein feineres Rangieren von Lokomotiven. Der Rangiergang wird in der Regel über eine Funktionstaste aktiviert.

Registerprogrammierung: Wurde früher bei DCC-Decodern verwendet und durch die CV-Programmierung abgelöst. Die Registerprogrammierung wird immer noch von den meisten Digitalzentralen unterstützt.

Reset: Zurücksetzen der Einstellungen eines Geräts, z. B. eines Decoders oder einer Zentrale in den Ursprungszustand.

RocoNet: Ein nur von der Firma Roco verwendetes Bussystem.

Rückmelder: Bezeichnet einen Baustein, der den Zustand von Kontakten verschiedener Art über ein Bussystem an die Digitalzentrale sendet. Kann bei Märklin-Gleisen auch als GBM verwendet werden.

S88: Ein zunächst von der Firma Märklin verwendetes Bussystem zur Verbindung von Rückmeldebausteinen mit der Digitalzentrale.

Schaltdecoder: Ein Weichendecoder, der über eingebaute Relais verfügt und damit pro Baustein meist vier potenzialfreie Verbraucher schalten kann. Wird oft für Beleuchtungsaufgaben oder zum Abschalten der Digitalspannung in Abstellgleisen verwendet.

Schnittstelle: siehe Interface

Servo: Ein im Modellbau genutzter, zuverlässiger und leiser Antrieb. Wird für die Modellbahn zunehmend für Weichen, Formsignale und viele andere Funktionsmodelle eingesetzt.

Selectrix: Bezeichnet das von der Firma Trix eingeführte Digitalsystem. Steht auch für das Gleisprotokoll.

SUSI: Steht für Serial User Standard Interface. SUSI ist eine universelle Schnittstelle zum Anschluss verschiedener Zusatzbausteine an Digitaldecoder.

SX-Bus: Wird von allen Selectrix-Digitalzentralen zur Kommunikation aller Komponenten untereinander eingesetzt.

Update: Neuere Version einer Software für Zentralen, Lokdecoder oder PC-Programme. Beinhaltet Fehlerkorrekturen und neue Funktionen. Wird entweder als EPROM (integrierte Schaltung) oder als PC-Datei bereitgestellt. Zum Laden ist ein Updateprogramm erforderlich. Alle wichtigen Komponenten sollten immer auf dem neuesten Stand sein.

Weichendecoder: Dekodiert Stellbefehle und steuert die Antriebe. Weichendecoder gibt es für normale Spulenantriebe, für Motor-, Servo- und andere Antriebe. Meist werden pro Baustein vier Antriebe unterstützt.

X-Bus: Siehe XpressNet.

XpressNet: Von Lenz entwickeltes Bussystem zur Kommunikation von Handreglern und Interface mit der Digitalzentrale. Wurde früher auch als X-Bus bezeichnet.

Fertiggelände – eine Alternative?

Keine Zeit? Zwei linke Hände? Trotzdem muss eine Modellbahn her? Man kann sie sich von einem Profi bauen lassen, doch das wird teuer. Oder man entscheidet sich für ein Fertiggelände, das allerdings noch bestückt werden muss. Und wenn man es möchte, kann man noch viele Optimierungen vornehmen.

Bei denen, die sich selbst gerne als „ernsthafte“ Modellbahner bezeichnen, stößt dieses Thema auf wenig Gegenliebe. Trotzdem hat es seine Berechtigung. Denn der Traum von der eigenen Anlage lässt sich mit einem Fertiggelände am schnellsten erfüllen. Es ist mit wenigen Handgriffen aufgestellt, die Trassen in der vorgefertigten Landschaft sind rasch mit Gleisen bestückt. Schon nach wenigen Stunden kann der erste Zug seine Probefahrt antreten. Der Streckenverlauf ist vorgegeben, ein Gleisplan samt Stückliste wird mitgeliefert. Ob Trassen oder Straßen, Berge, Tunnel oder die Standplätze für die Gebäude, was sonst mit recht großem Aufwand selbst gebaut werden muss, ist hier schon vorhanden. Die verschiedenen Flächen und die Felsen sind eingefärbt, teilweise ist die Landschaft auch schon begrast. Einfacher geht es kaum mehr, schneller ist nur noch die Anschaffung einer fertigen, betriebsbereiten Anlage.

Allerdings muss man hinsichtlich der Vorbildtreue kompromissbereit sein. Mit ihren eigentlich viel zu kleinen Bergen und oft vielen Tunneln sind Fertiggelände in erster Linie für die Spielbahner gedacht. Für den gestandenen Modellbahner, der

Das Fertiggelände „Mühltal“ der Fa. Noch, ausgestattet mit Märklins C-Gleis. Zu jedem Fertiggelände gibt es einen Gestaltungsvorschlag mit Stückliste. Das bedeutet jedoch nicht, dass man sich exakt daran halten muss. Beispielsweise gibt es bei den Gebäudemodellen zahlreiche Alternativen, mit denen sich die Anlage individueller gestalten lässt. Auch bei der Vegetation und der Detailgestaltung gibt es noch großen Spielraum für eine Aufwertung.

Der Bahnhof „Königsmoor" nach der Ausgestaltung. Das Potenzial, ein Fertiggelände optisch aufzuwerten, ist groß. Hier sind es in erster Linie die vielen Details und die Figuren (Preiser), die diese Szenerie stimmig wirken lassen. Der Schienenbus VT98 wartet auf seine Fahrgäste (Modell: Roco).

seine Züge in einem realistisch gestalteten Umfeld fahren lassen will, sind sie daher keine Alternative. Doch den bei diesem Stichwort stets skeptischen „Profis" sei gesagt: Ein Fertiggelände ist immer noch besser als gar keine Modellbahn. Außerdem bleibt es meist nicht dabei. Oft ist es der Einstieg ins Hobby, dem früher oder später der Bau einer „richtigen", individuell geplanten und gestalteten Anlage folgt.

Wer neu mit dem Hobby beginnt oder glaubt, zwei „linke Hände" zu haben, findet bei der Firma Noch eine große Auswahl an Geländeplastiken unterschiedlicher Größe. Viele lassen sich durch Anbauteile noch erweitern. Man kann sich für ein Modell mit Hochgebirgsmotiv und vielen Tunneln entscheiden oder eine weniger spektakuläre (und damit vorbildnähere) Landschaft bevorzugen.

Fertiggelände entstehen im Tiefzieh-Verfahren aus einem starken, harten Kunststoff. Ein Rahmen aus Holz dient der Stabilisierung.

Aufbau nach Vorgaben

Neben einer Anleitung zum Aufbau und dem Gleisplan gibt es zu jedem Fertiggelände eine Liste mit Gebäudemodellen. Wenn man sich daran hält, entspricht das Ergebnis exakt der Abbildung im Katalog. Der unbedarfte Einsteiger ist damit „auf der sicheren Seite". Doch die immer wieder gerühmte Vielfalt, die eine Modellbahn zu bieten hat, bleibt dabei auf der Strecke. Deshalb wollen wir in diesem Kapitel zeigen, dass man sich bei Aufbau und Ausstattung nicht unbedingt sklavisch an die Vorgaben des Herstellers halten muss. Denn auch ein Fertiggelände bietet noch Spielraum für eine individuelle Gestaltung. Mit vergleichsweise geringem Aufwand lässt sich der Gesamteindruck einer solchen Anlage sogar noch deutlich verbessern. Unsere Vorschläge, die sich auch einzeln umsetzen lassen, reichen von einer eigenen Auswahl

In diesem Zustand werden Fertiggelände geliefert. Links die eher flachere Anlage „Mühltal" (100 x 200 cm, für H0 und TT), rechts die Gebirgsanlage „Bergün" (125 x 600 mm, nur für Kato-Unitrack-Gleise).

Informationen zu allen momentan verfügbaren Geländen findet man im Internet unter www.noch.de.

an Gebäudemodellen bis zur Detailgestaltung.

Auf Eingriffe in die Struktur der Geländeplastik wurde verzichtet. Fast alle vorgestellten Methoden und Materialien eignen sich auch für andere Fertiggelände und für den konventionellen Anlagenbau.

Ein stabiler Unterbau

Die Stabilität eines Fertiggeländes reicht normalerweise aus. Falls die Anlage häufiger transportiert werden soll oder Veränderungen daran vorgenommen werden, insbesondere an der Struktur des Geländes, sollte jedoch ein etwas stabilerer Unterbau angefertigt werden. Unsere Anlage ruht daher auf einem zweiten, 8 cm hohen Rahmen mit drei Querstreben aus 22 mm starken Tischlerplatten. Im Gegensatz zu den meisten Holzleisten sind diese in Streifen geschnittenen Platten nahezu verzugsfrei.

Besonders bei größeren Flächen ist der Kunststoff nachgiebig. Da dort aufgetragene Spachtelmasse leicht brechen würde, haben wir diese Bereiche noch zusätzlich mit Leisten abgestützt. Außerdem wurde die Gleisauflage für den verdeckten Teil der Strecke durch ein passend zugeschnittenes Brett aus 10 mm starkem Sperrholz ersetzt. Mit diesen einfachen Maßnahmen, die genauso auch beim konventionellen Anlagenbau häufig angewendet werden, lässt sich schon eine beachtliche Stabilität erzielen.

Gleise und Probebetrieb

Auf der so präparierten Anlage können nun die Gleise für einen Probebetrieb ausgelegt werden. Nachdem sie zusammengesteckt und ein Trafo bzw. eine Digitalzentrale angeschlossen wurden, können die ersten Probefahrten durchgeführt werden.

Nach erfolgreichem Abschluss des Testbetriebs kann mit dem festen Verlegen der Gleise begonnen werden. Zuvor werden sie jedoch noch einmal präzise ausgerichtet, damit ihre genaue Lage mit einem Bleistift auf die Trassen übertragen werden kann. Denn es gibt beim Verlegen der Gleiselemente stets einen kleinen Spielraum. Schon geringe Abweichungen von der korrekten Lage können jedoch an anderen Stellen zu Problemen führen, z. B. bei der Ausrichtung der Gleise mittig in den Tunnelportalen. Unsere „Hilfslinien" dienen dazu, solche Ungenauigkei-

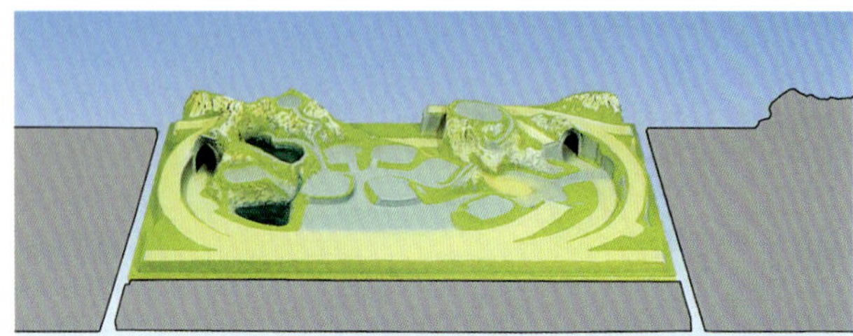

Das Fertiggelände „Schönmühlen", die grauen Flächen symbolisieren die Anbauteile, mit denen sich das Gelände erweitern lässt.

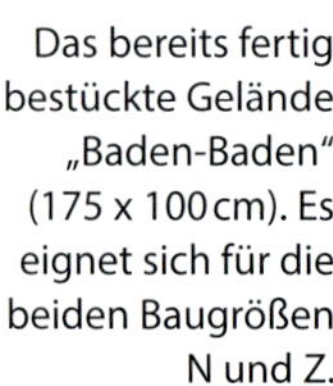

Das bereits fertig bestückte Gelände „Baden-Baden" (175 x 100 cm). Es eignet sich für die beiden Baugrößen N und Z.

ten zu vermeiden. Doch Vorsicht, je nach Gleissystem und Art der Verlegung kann es dabei noch kleine Unterschiede geben.

Das Schotterbett

Bei Bettungsgleis wie Märklins C-Gleis, Pikos A-Gleis oder Roco-Line mit Bettung orientiert man sich an der Kante der Bettung, ebenso ist es beim Profi-Gleis von Fleischmann (in H0 und N). Bei anderen Gleisen folgt man den Außenkanten der Schwellen, sofern die Gleise direkt auf dem Fertiggelände verlegt werden. Besser ist es, die Gleise mit einem dem Vorbild entsprechenden Schotterbett zu versehen. Im Bahnhof und in anderen Betriebsbereichen fällt es flach aus, sodass kein Unterbau erforderlich ist. Anders ist es generell bei Streckengleisen, bei denen möglichst ein vorbildgerechter Bettungsquerschnitt mit realistisch wirkendem Schotter nachgebildet werden sollte – mehr dazu im Kapitel „Normen, Maße, Regeln".

Am einfachsten ist es mit vorgefertigten, bereits eingeschotterten Gleisbettungen, die es passend zu einigen Gleissystemen gibt. Professioneller und vorbildgetreuer, aber deutlich aufwendiger ist es, wenn man die Gleise selbst von Hand einschottert. Dafür müssen die Gleise auf einem geeigneten Bettungskörper verlegt werden. Weitverbreitet sind sog. Korkbettungen, die seitlich angeschrägt sind. Das Anzeichnen des Gleisverlaufs erfolgt in diesen Fällen stets entlang der Bettungs-Außenkante.

Für unser Beispiel wurde das Roco-Line-Gleis mit Bettung verwendet, das nach einer langen Pause inzwischen wieder komplett lieferbar ist. Im Gegensatz zu allen anderen Bettungsgleisen weist es einen vorbildgerechten Querschnitt auf. Dadurch kommt es zu Überschneidungen im Bereich von Weichen, die (mit Bastelmesser oder Schere) nachgearbeitet werden müssen.

Beim festen Verlegen der Gleise muss auch an den gleichzeitigen Einbau der Weichenantriebe gedacht werden. Beim C-Gleis lassen sie sich von unten in die Bettungen einsetzen und sind daher nicht sichtbar. Die meisten anderen Standard-Antriebe werden seitlich angesteckt. Besser sieht es natürlich aus, wenn diese Technik unsichtbar unterflur

Wenn Veränderungen an einem Fertiggelände vorgenommen werden sollen, ist es hilfreich, es mit einem stabileren Unterbau zu versehen. Hier wurden die im Tunnel verlaufenden Trassen durch Sperrholz ersetzt, darunter ist ein Rahmen aus in Streifen geschnittenen Tischlerplatten. Zusätzliche Holzleisten unterstützen größere Flächen, die sich leicht durchbiegen können.

Bei Fertiggeländen liegen die Straßen und die Auflagen für die Gleise auf einem Niveau. Damit Straßenfahrzeuge ungehindert die Gleise überqueren können, lassen sich die Straßen im Bereich der Bahnübergänge leicht anheben – je nach Höhe des Gleises mit oder ohne Bettung. Hier wurden passende Keile aus Balsaholz zugeschnitten und mit Füllspachtel überzogen. Nach dem Trocknen wird behutsam geschliffen. Bis eine glatte Straßenoberfläche entstanden ist, sind meist mehrere Arbeitsgänge nötig.

Seitlich und zwischen Schienenprofilen wurden passend zugeschnittene Teile einer Polystyrol-Bauplatte eingesetzt. Vorsicht: Sie dürfen die Schienenfahrzeuge nicht behindern, für die Spurkränze muss noch genug Platz bleiben.

Der Unterschied ist deutlich zu erkennen. Links das in das Gelände integrierte Tunnelportal, rechts ein davorgesetztes Portal – ein einfaches Modell aus Polystyrol.

montiert wird. Dies erfordert Bohrungen in der Trasse – entsprechend der Anleitung des jeweiligen Antriebs. Dabei kommen zunehmend Servos zum Einsatz, die leise sind und für einen langsamen Stellvorgang sorgen.

Bettungen werden generell aufgeklebt. Bei den vorgefertigten brauchen die Gleise nur eingedrückt zu werden, sie sitzen dann straff in den exakt passenden Aussparungen für das Schwellenband. Das klappt allerdings nur, wenn die Bettungen sehr präzise verlegt wurden. In allen anderen Fällen müssen die Gleise geklebt oder geschraubt werden. Nageln ist nicht ideal, weil der Kunststoff des Fertiggeländes federt. Folgt ein Einschottern von Hand, reichen einige wenige Klebepunkte aus. Der Leim, mit dem der Schotter fixiert wird, sorgt für einen stabilen Halt der Gleisjoche. Vorsicht bei Weichen: Deren Beweglichkeit darf nicht durch den Klebstoff eingeschränkt werden.

Nach dem Trocknen des Klebstoffs sollten unbedingt ausgiebige Probefahrten durchgeführt und alle Funktionen überprüft werden. Nun erwarten uns einige schmutzigere Arbeiten, bei denen die Gleise zumindest teilweise mit Zeitungspapier abgedeckt werden sollten. Daher muss der Betrieb auf der Anlage erst einmal ruhen.

Neue Tunnelportale

Ein optischer Schwachpunkt aller Fertiggelände sind die Tunnelportale. Die stets recht groß ausfallenden Öffnungen sind ein fester Bestandteil der tiefgezogenen Geländeplastik und erinnern allenfalls entfernt an tatsächlich existierende Vorbilder. Daher sollte man sich, sofern eine bessere Optik gewünscht

Das Portal wurde mit einem Stück Tunnelröhre versehen. Sobald beides fixiert ist, ist der Übergang zum Fertiggelände zu modellieren. Am einfachsten geht dies mit Gipsgewebe und einem anschließenden Auftrag aus Spachtelmasse.

Auch das Portal in der Anlagenmitte wird erneuert. Direkt davor gibt es einen Bahnübergang. Hier kann man an einer Seite gut erkennen, wie die Straße auf das Niveau des Gleises gebracht wird.

Das Tunnelportal und der Bahnübergang nach dem Einbetten in das Umfeld. Nach dem Trocknen der Spachtelmasse erhält dieser Bereich einen braunen Grundanstrich, die Straße wurde mit grauer Farbe hingegen komplett neu eingefärbt.

ist, mit ihnen noch vor der weiteren Ausgestaltung beschäftigen.

Vorbildgerechtere Portale mit kleineren Öffnungen und fein gravierten Mauerstrukturen werden in großer Auswahl angeboten. Sie sind aus Polystyrol, PU-Schaum oder einem feinporigen Hartschaum mit Handelsnamen wie Styroplast oder Heki-Dur gefertigt. Solche Portale lassen sich leicht verarbeiten und können mit geringem Aufwand vor die Tunnelöffnungen des Fertiggeländes gesetzt werden. Dabei sollte man die für die optische Wirkung wichtigen Tunnelröhren nicht vergessen.

Bei Auswahl und Einbau muss darauf geachtet werden, dass die Züge ungehindert durch den Tunnel fahren können. Die äußeren Portale in unserem Beispiel befinden sich beide über gebogen verlaufenden Streckenabschnitten. Da lange Wagen auf engen Radien ausschwenken (siehe dazu auch das Kapitel „Normen, Maße, Regeln"), braucht man hier etwas mehr Spielraum. Versuche mit den längsten Wagen, die auf der Anlage eingesetzt werden sollen, sind daher unbedingt erforderlich. Dabei sollten die Portale waagerecht und rechtwinklig zur Gleisachse ausgerichtet werden. Ggf. muss bei der Höhe der Tunnelöffnungen noch der Fahrdraht einer Oberleitung berücksichtigt werden. Für unser Beispiel wurden Polystyrol-Modelle und die Dekorplatten „Tunnel" für die Tunnelröhren aus dem Sortiment von Faller ausgewählt.

Einpassen in die Landschaft

Nachdem die Portale und Tunnelröhren an die Gegebenheiten der Anlage angepasst sind, können sie fest eingebaut werden. Wo erforderlich, sollten sie noch mit kleinen Holzleisten und -klötzchen abgestützt werden. Etwaige Lücken lassen sich gut mit kleinen Styroporstücken verschließen. Genügt dies nicht, kann der Bereich zusätzlich mit Gipsgewebe überzogen werden (Umfeld und Gleise dabei unbedingt abdecken!).

Dann wird der Übergang vom Portal zum Gelände mit handelsüblicher Spachtelmasse (z. B. Füllspachtel oder Geländebau-Mörtel) modelliert. Nach dem Trocknen kann die sehr helle Oberfläche passend zum Umfeld eingefärbt werden. Bei begrünten bzw. begrasten Flächen passt ein dunkles Braun am besten, da es das Erdreich unter der Vegetation wiedergibt. Leicht verdünnte Acryl- oder Dispersionsfarben sind preiswert und dafür hervorragend geeignet.

Oft befinden sich die Portale in Bereichen, die ganz oder teilweise mit Gras überzogen sind. Um den Bewuchs ergänzen zu können, gibt es von der Fa. Noch im Farbton zum Fertiggelände passende Grasfasern, die sich mit der ebenfalls angebotenen Streuflasche gut aufbringen lassen. Zum Fixieren eignet sich Weißleim, den man mit ca. 10 % Wasser verdünnen sollte. Er wird mit einem Pinsel nicht allzu dick auf die zu behandelnden Bereiche aufgetragen. Auf den noch feuchten Leim wird das Gras gestreut. Wenn die Streuflasche aus Kunststoff vorher etwas gerieben wird, laden sich die Fasern statisch auf. Dadurch stehen sie aufrecht im Leim und geben den Eindruck von echtem Gras gut wieder. Nach dem Trocknen wird das überschüssige Material mit dem Staubsauger entfernt.

Bahnübergänge

Direkt vor dem eingleisigen Tunnelportal in der Anlagenmitte gibt es einen Bahnübergang. Damit die Straßenfahrzeuge über das deutlich

Mit Streugras, das farblich zu dem des Fertiggeländes passt, wird der gespachtelte Bereich rund um die Tunnelportale an das Umfeld angeglichen. Bei so kleinen Flächen kann man sich mit einer Streudose aus Kunststoff behelfen. Wird es mehr, ist ein elektrostatisches Begrasungsgerät zu empfehlen.

höhere Gleis kommen, musste die schmale, zum Bahnhof führende Straße auf dieses Niveau gebracht werden. Der Übergang besteht daher aus zwei Rampen, die aus weichem Balsaholz zugeschnitten wurden. Ein Hartschaum wie Styrodur würde sich dafür ebenfalls gut eignen. Die Straße kann bis bündig an die Schienenprofile geführt werden. Um die Betriebssicherheit zu gewährleisten, darf sie jedoch nicht höher liegen; besser ist es, wenn sie noch geringfügig unter diesem Niveau bleibt.

Die Oberfläche der auf die Anlage geklebten und dann dünn mit Spachtelmasse überzogenen Rampen wurde nach dem Trocknen behutsam mit feinem Schleifpapier geglättet. Dabei sollte das Umfeld vor dem unvermeidlichen Staub geschützt werden. Anschließend wurde die gesamte Straße neu eingefärbt.

Eine Stützmauer unterhalb eines Plateaus wird neu verkleidet. Um die flexible Mauer aus Styroplast aufkleben zu können, wurde zuvor ein Unterbau aus 4 mm starkem, gut zu biegendem Sperrholz angebracht. Der Übergang zur Fläche darüber wurde mit Spachtelmasse geschlossen.

Die Ansichten über den „richtigen“ Farbton von Straßenoberflächen gehen weit auseinander. Bei dieser Anlage wurde die mittelgraue Straßenfarbe von Faller verwendet. Es eignen sich aber auch selbst gemischte Grautöne aus wasserlöslichen Acryl- oder Dispersionsfarben. Deren ebenfalls matte Oberflächen lassen noch viel Spielraum für eine Nachbehandlung, mit der sich sehr realistisch wirkende Ergebnisse erzielen lassen.

Die Füllung zwischen den Schienenprofilen ist aus einer Kopfsteinpflaster-Bauplatte von Brawa entstanden. Sie wurde auch bei den zwei weiteren Übergängen auf dieser Anlage verwendet. Auch dort mussten kleine Rampen angefertigt werden. Etwas aufwendiger sind die Arbeiten am Kopfsteinpflaster, das in beiden Fällen an den gebogenen Verlauf der Gleise im Bereich von Weichen angepasst werden musste. Dem groben Zuschnitt mit einem Bastelmesser folgt reine Handarbeit mit einer nicht zu groben Feile und Schleifpapier. Mit etwas Geduld und Geschick gelingt es, die Bauplatten genau an die Schienenprofile anzupassen. Bei den Füllungen dazwischen muss ein ausreichender Spalt für die Spurkränze gelassen werden. Das nötige Maß lässt sich durch Versuche mit Wagen ermitteln. Die Füllungen können dann mit einem Kunststoffkleber auf die Schwellen geklebt werden, je nach Materialstärke ggf. mit kleinen Distanzstücken.

Stützmauern und Randwege

Mit Stützmauern verhält es sich bei Fertiggeländen ähnlich wie mit den Tunnelportalen: Sie fallen optisch sehr schlicht aus. Sich mit ihnen zu beschäftigen, ist daher eine recht lohnende Aufgabe. In den meisten Fällen reicht es aus, eine auf Maß gebrachte Mauerplatte mit passender Struktur davorzusetzen. Dafür geeignete Bauplatten gibt es in einer kaum zu überschauenden Auswahl. Sie unterscheiden sich in Gesteinsstruktur und Farbgebung, im Material und bei den Abmessungen. Große Platten haben den Vorteil, dass man ohne oder mit wenigen Nähten auskommt. Bei geschwungenen Mauern kann auch die Biegsamkeit des Materials eine Rolle spielen. Daher wurde für unser Vorhaben eine große Platte aus dünnem, flexiblem Styroplast ausgewählt, die es mit verschiedenen Farben und Strukturen gibt.Um das nachgiebige Material sicher auf der Anlage fixieren zu können, haben wir zuerst einen Unterbau aus 4 mm starkem Sperrholz angefertigt. Es lässt sich recht gut biegen und wurde vor der vorhandenen Mauer auf die Geländeplastik geschraubt. Der Übergang zur Fläche darüber wurde mit Spachtelmasse geschlossen. Danach kann die Mauer mit einem scharfen Bastelmesser zugeschnitten und mit lösungsmittelfreiem, flächig aufgetragenem Klebstoff fixiert werden.

Es sieht zwar besser aus, ist aber nicht unbedingt erforderlich, an der Stoßstelle zwischen den beiden Teilen die einzelnen Steine so auszuschneiden, dass sich die Mauerstruktur mit ihrem Versatz korrekt fortsetzt. Viel wichtiger sind die bei fast jeder Mauer zu findenden Abschlusssteine entlang der oberen Kante, die auch im Modell nicht fehlen sollten. Dafür eignen sich beim hier verwendeten Mauerwerk die dazu passenden Platten mit Simssteinen. Bevor man sie aufklebt, müssen die Kanten der herausgeschnittenen Streifen noch passend zur Mauer eingefärbt werden. Entlang der unteren Kante hat sich später noch etwas Vegetation (Unkraut) angesiedelt, sodass auch von dieser Schnittkante nichts mehr zu sehen ist.

Beim Vorbild verlaufen parallel zu den Gleisen stets schmale Randwege, auf denen das Betriebspersonal ungefährdet an den Gleisen entlanggehen kann. Auch bei einem Fertiggelände lassen sie sich in weiten Bereichen mit geringem Aufwand aus feinem Sand nachbilden. Im Maßstab 1:87 sind sie knapp einen Zentimeter breit und grenzen an das Schotterbett. Mit derselben Methode wurden die Gleiszwischenräume bei parallel verlaufenden Gleisen sowie im Bereich der Weichen stimmiger gestaltet.

Wie schon beim Gras verwenden wir zum Fixieren erneut leicht verdünnten Weißleim. Er wird mit einem Flachpinsel möglichst gleichmäßig aufgetragen. Dann wird der Sand aufgestreut. Damit der Leim nicht schon vorher angetrocknet ist, sollte jeweils in kleineren Abschnitten gearbeitet werden. Vorsicht bei Weichen, Entkupplern etc.: Es darf kein Sand in die beweglichen Teile der Mechanik gelangen. Ggf. sollte man sie mit Kreppband abkleben. Nach dem vollständigen Austrocknen kann das überschüssige Material mit einem Pinsel zur weiteren Verwendung oder auch mit dem Staubsauger zur Entsorgung entfernt werden.

Zum Pflanzen der Bäume werden mit einer Kleinbohrmaschine Löcher im Durchmesser des Stammes in die Geländeplastik gebohrt.

Diese Methode eignet sich auch für größere Flächen, zum Beispiel für Brachland oder Waldboden. Bei planierten Arealen sollte die Oberfläche möglichst ebenmäßig ausfallen. Daher muss dort der Leim besonders gleichmäßig aufgetragen werden.

Wenig Platz für Bäume

Auf diesen kleinen Anlagen, meist mit Personenbahnhof, Güterbahnhof und einer kleinen Ortschaft, ist nicht viel Platz zur Nachbildung höher wachsender Vegetation – so schön ein Wald im Modell auch wirken kann. Bei diesem Beispiel müssen wir uns weitgehend auf die beiden Erhebungen oberhalb der

Nach und nach wächst das kleine Wäldchen. Die Bäume lassen sich gut mit einem Kontaktkleber (z. B. Pattex) fixieren und sollten senkrecht ausgerichtet werden. Man könnten den Wald etwas nach unten vergrößern, mehr Platz haben wir jedoch nicht.

Die Werkaufnahme zeigt ein Fertiggelände mit der von der Fa. Noch empfohlenen Ausstattung an Gebäuden, entsprechend der beiliegenden Stückliste. Die Detailgestaltung erfolgt hingegen immer individuell.

äußeren Tunnelportale beschränken. Da diese „Berge" kaum höher sind als die Portale, sollten hier in jedem Falle Bäume aufgestellt werden. Denn sie lassen die Landschaft deutlich höher wirken. Obwohl es weitaus schönere Modellgewächse gibt, haben wir uns für die preiswerten Stecktannen entschieden. Einzeln sollten sie nicht aufgestellt werden. Erst in größerer Anzahl, dicht an dicht gepflanzt, lässt sich mit ihnen eine akzeptable Wirkung erzielen. Außerdem gibt es ein riesiges Angebot an höherwertigen Modellbäumen in unterschiedlichen Preisklassen.

Um die Bäume zu pflanzen, müssen Löcher mit dem Durchmesser des Stammes in die Geländeplastik gebohrt werden. Hilfreich ist dabei eine Kleinbohrmaschine. Bei anderen, nicht so festen Oberflächen genügt es meist, ein Loch mit einem scharfen Schraubendreher einzustechen. Bei der Platzierung der Bäume sollte man die Zwischenergebnisse immer wieder von der vorderen Anlagenkante aus begutachten. Bei so einem Modellwäldchen nimmt die Höhe des Bewuchses nach vorne hin ab – ansonsten gilt allerdings die umgekehrte Regel: Große Bäume gehören in den Anlagen-Vordergrund. Dafür sollten dann auch höherwertige Gewächse genommen werden.

Wenn die Wirkung stimmt, werden die Stämme am unteren Ende mit Kontaktkleber (z. B. Pattex) benetzt und in die Bohrungen eingesteckt. Endgültig ausgerichtet werden die Bäume jedoch erst nach dem ersten Antrocknen des Klebstoffes. Auch bei allen anderen Bäumen sollte man auf sichtbare Standfüße verzichten und sie „richtig" in den Untergrund einpflanzen (oder ggf. die unschönen „Füße" mit niederer Vegetation gut kaschieren).

Bevor wir uns mit den Gebäuden beschäftigen, die auf dieser Anlage ihren Platz finden, soll kurz auf die von Anfang an gezeigte Hintergrundkulisse hingewiesen werden. Weil sie, wie die Fotos belegen, auch bei einem Fertiggelände viel zur (Tiefen-)Wirkung beitragen kann, sollte man – wenn irgend möglich – nicht darauf verzichten. Hier handelt es sich um eine Kulisse aus dem Sortiment der Fa. Faller, die beliebig verlängert werden kann.

TIPP

In diesem Kapitel geht es um die gestalterischen Möglichkeiten, die ein Fertiggelände bietet. Solche Geländeplastiken sind in erster Linie für Einsteiger gedacht, die mit den Methoden und Materialien des Anlagenbaus noch nicht vertraut sind. Alle beschriebenen Bauschritte haben daher einen niedrigen Schwierigkeitsgrad. Bis auf wenige Ausnahmen, die einen unmittelbaren Bezug zu Fertiggeländen haben, lassen sich die Bauvorschläge auch auf den individuellen Anlagenbau übertragen. Die in anderen Kapiteln vorgestellten Bauweisen sind zum Teil ähnlich, haben aber überwiegend einen etwas höheren Schwierigkeitsgrad, oft kommen auch höherwertige (und damit teurere) Materialien zum Einsatz.

Die Tölzer Alternative

Erst jetzt, nachdem die Gleise verlegt und die ersten gestalterischen Arbeiten erledigt sind, wollen wir uns mit der Auswahl der Gebäude beschäftigen. Die mit einem Fertiggelände gelieferte Stückliste sollte man nur als Vorschlag betrachten, von dem abgewichen werden kann, vielleicht sogar sollte. Denn es wäre schade, sich nicht mit dem hervorragenden Angebot an Modellen zu beschäftigen und sie zur individuellen Gestaltung zu nutzen.

Um zu zeigen, wie sehr sich die Auswahl an Gebäuden auf den Gesamteindruck auswirken kann, wurden probeweise Modelle aus der Se-

Um zu zeigen, wie unterschiedlich die Gestaltung eines Fertiggeländes ausfallen kann, wurde diese Häuserzeile mit typischen Gebäuden aus dem Voralpenland testweise aufgestellt. Sie bildet einen schönen Abschluss am hinteren Anlagenrand.

Die Kirche und weitere zwei Wohn-/Geschäftshäuser finden ihren Platz auf der kleinen Standfläche.

rie der „Tölzer Häuser“ von Kibri aufgestellt, deren Dimensionen gut zur Anlage passen. Auf der oberen Ebene bilden sie einen harmonischen Abschluss und deuten glaubhaft die (nicht nachgebildete) Kleinstadt an. Zwischen der Zeile und den Gleisanlagen müsste eine Straße verlaufen, mit einem Zaun oder einer nicht zu hohen Mauer als Abgrenzung zum Betriebsbereich.

Auf dem zweiten kleinen Plateau wurden eine Kirche und zwei weitere Wohn-/Geschäftshäuser aus dem Alpenvorland aufgestellt. Natürlich fehlt auch hier die weitere Ausgestaltung, da es sich nur um eine Stellprobe handelt.

Die Gebäude auf der Anlage

Auch die tatsächlich verwendeten Gebäudemodelle weichen deutlich von der Stückliste für dieses Fertiggelände ab. Als Empfangsgebäude für den Personenbahnhof im Vordergrund wurde „Königsmoor“ ausgewählt. Die Standfläche auf halber Höhe zwischen dem Bahnhof und der Ortschaft wurde für ein Ausflugslokal mit Biergarten genutzt. Zur Darstellung des Ortes wurden die platzsparenden, auch einzeln erhältlichen Gebäude von Vollmers Bahnhofstraße verwendet. Auf der hinteren, linken Anlagenecke rahmen sie einen Platz ein, auf dem die Kirche steht. Ein weiterer, kleiner Platz ist auf der anderen Seite der vom Güterbahnhof kommenden Straße entstanden. Hier schließt sich an die Bebauung mit Wohn- und Geschäftshäusern eine Art Gewerbegebiet an – mit einer kleinen, älteren Autowerkstatt und einem Lagerhaus mit Siloturm und einem Gleisanschluss – statt des hier vorgesehenen zweiten Bahnhofs. Damit konnte am hinteren Rand alles untergebracht werden, was für so eine Anlage typisch ist und von vielen Einsteigern für unverzichtbar gehalten wird.

Tatsächlich wurde auf der kleinen Standfläche dieser Gasthof mit Biergarten platziert. Hier fehlt noch das „Drumherum“ – siehe Seite 128.

Dieses Arrangement zeigt die tatsächlich ausgewählten Gebäudemodelle und ihre Anordnung am hinteren Anlagenrand. Die Vollmer-Modelle aus der Serie „Bahnhofstraße“ sind sehr kompakt und eignen sich daher besonders für die hier sehr engen Platzverhältnisse.

Bei den in aller Regel knappen Platzverhältnissen gelingt dies jedoch nur, wenn schon bei der Auswahl der Gebäude auf eine kompakte Bauweise mit kleinen Standflächen geachtet wird. Vorsicht: Die in den Katalogen angegebenen Maße beziehen sich oft auf die Grundplatten, z. B. einschließlich eines mit angespritzten Fußwegs. Dieses erschwert die Planung. Hinzu kommt, dass es sich dabei um Teile handelt, die zwar beim Bau des Modells hilfreich sind, aber auf der Anlage oft gar nicht benötigt werden. Denn ein einheitlicher, durchgehender Fußweg vor einer Häuserzeile sieht nun einmal besser aus. Die Reparaturwerkstatt musste sogar ganz ohne Grundplatte errichtet werden, weil der Platz sonst nicht ausgereicht hätte.

Die ausgewählten Gebäudemodelle sollten auch in ihren Dimensionen zueinander sowie zu den Größenverhältnissen auf der Anlage passen. So schön und grundsätzlich auch empfehlenswert genau maßstäbliche Häuser sind, neben anderen, verkleinerten Gebäuden oder zierlichen Bäumen wirken sie dominant und stören den Gesamteindruck. Kleinere Bauten im Hintergrund können die Tiefenwirkung einer Anlage sogar vergrößern. Dies gilt sogar für unser Fertiggelände: Das Empfangsgebäude und das Ausflugslokal im vorderen Teil sind recht große Modelle. Für die Bebauung am hinteren Rand wurden hingegen ausschließlich zierliche Gebäude ausgewählt. Doch auch unsere Auswahl ist nur ein Vorschlag, zu dem sich in den Katalogen der „Häuslebauer“ noch viele Alternativen finden lassen.

TIPP

Jedes Jahr erscheinen zahlreiche neue Gebäudemodelle, vorgestellt auf der Nürnberger Spielwarenmesse, die in den folgenden Monaten nach und nach in den Handel kommen. Gleichzeitig werden andere, ältere Modelle aus dem Programm genommen. Davon sind inzwischen einige der in diesem Buch vorkommenden Gebäude betroffen. Bis auf wenige Ausnahmen findet man diese Bausätze aber noch mindestens für drei, vier Jahre bei Fachhändlern. Außerdem taucht fast jedes Modell nach einigen Jahren als Neuauflage wieder auf, oft unter anderem Namen, manchmal in etwas anders zusammengestellter Farbkombination. Die Chancen, das Wunschmodell doch noch zu bekommen, stehen meist also sehr gut.

Das Umfeld der Gebäude

Nachdem sämtliche Bausätze gebaut sind, können die Gebäude auf der Anlage aufgestellt und genau ausgerichtet werden. Erst jetzt kann man endgültig beurteilen, ob sich die Planung auch umsetzen lässt und das Ergebnis den Erwartungen entspricht. Wichtigster Maßstab dafür ist der normale Standort des Be-

Um das Ensemble lebendiger wirken zu lassen, wurde die Standfläche der Gebäude mit einer 10 mm starken Styroporplatte gegenüber dem Gleis und der Straße angehoben. Eine schmale Stützmauer (rechtes Bild) überbrückt den Höhenunterschied. Ein einfacher Trick, der viel bewirkt und sich für viele Anlagenbereiche eignet.

Die Fortsetzung der kleinstädtischen Bebauung an der anderen Straßenseite, ebenfalls von einer Stützmauer eingefasst.

trachters, also vom vorderen Anlagenrand aus. Man sollte sich nicht scheuen, in dieser Phase noch Änderungen vorzunehmen. Denn zu jedem späteren Zeitpunkt sind sie mit viel mehr Aufwand verbunden – zumindest dann, wenn das unmittelbare Umfeld der Gebäude passend zu den Grundrissen gestaltet wurde. Denn die Modelle selbst müssen bei stationären Anlagen nicht unbedingt fixiert werden.

Falls man es doch tut, sollte dabei – sofern gewünscht – die Innenbeleuchtung nicht vergessen werden. Dafür gibt es z. B. einfache Beleuchtungssockel, aber auch aufwendigere Lösungen, mit denen sogar einzelne Zimmer unabhängig voneinander beleuchtet werden können. Mit dem Anschluss der durch Bohrungen auf die Unterseite geführten Kabel kann man sich auch noch später beschäftigen.

Zuerst haben wir das Empfangsgebäude aufgestellt. Der recht kurze Hausbahnsteig wurde mit einer dazu passenden Verlängerung versehen. Da die Platzverhältnisse zwischen den Gleisen, die hier mit dem normalen Gleismittenabstand verlegt wurden, es nicht zulassen, musste auf einen zweiten Bahnsteig verzichtet werden. Wenigstens gibt es Übergänge aus Holzbohlen.

Etwas aufwendiger ist die Gestaltung der Ortschaft: Damit die Wohn- und Geschäftshäuser besser zur Gel-

Auch das Gebäude der landwirtschaftlichen Genossenschaft mit angebautem Siloturm gehört zu den zierlicheren Gebäudemodellen. Eigentlich war an dieser Stelle ein zweiter Bahnhof vorgesehen.

Das komplette Ensemble, nun schon mit Figuren und vielen weiteren Details.

Es gibt mehrere Methoden, Gebäude, andere Modelle oder Oberflächen auf der Anlage zu verschmutzen bzw. zu verwittern. Hier kommt ein Smog-Puder zum Einsatz, ähnliche Ergebnisse lassen sich mit Trocken- bzw. Pigmentfarben erzielen. Der Auftrag erfolgt mit einem breiten Pinsel.

Um die eintönigen Grasflächen optisch aufzulockern, wird sehr feines Streugut in zwei, drei Farben eingearbeitet.

tung kommen, wurden ihre Standflächen einschließlich der Gehsteige und Plätze mit 10 mm starkem Styropor angehoben. Die recht hoch liegenden Bettungsgleise haben dabei auch eine Rolle gespielt. Wichtiger ist jedoch, dass der gesamte Bereich dadurch viel lebendiger wirkt. Denn die vom Güterbahnhof zum Anlagenrand führende Straße bleibt auf ihrem niedrigeren Niveau. Zu ihr und zu den Gleisen hin wurde das Styropor mit niedrigen Stützmauern verkleidet, die aus Styroplast-Mauerplatten zugeschnitten sind. Damit die Fußgänger den Höhenunterschied überwinden können, wurden an beiden Seiten hinter dem Bahnübergang mit Spachtelmasse kleine Rampen angelegt.

Die Oberflächen des Styropors sind mit Gehsteigplatten (z. B. Bauplatten von Auhagen, Kibri oder Vollmer) belegt worden. Obwohl es etwas mehr Mühe machte, sollte beim Zuschnitt der Platten mit dem Bastelmesser auf einen korrekten und vor allem sauber gearbeiteten Anschluss der Steinstruktur geachtet werden. Auf den Stützmauern verlaufen die auch hier fast unerlässlichen Abdecksteine. Nach vorne, zum Betriebsbereich der Bahn hin, wurden schlichte Geländer aufgestellt („Eisengeländer" von Faller). Das rechte „Plateau" endet unmittelbar vor der Autowerkstatt. Auch das Lagerhaus mit der Laderampe am Gleis wurde auf dem normalen Anlagenniveau aufgestellt.

Solche kleinen Höhenunterschiede, auf die man beim Vorbild allerorten stößt, sind beim Bau einer Modellbahn ein wichtiges gestalterisches Mittel, mit dem sich nicht nur solche Areale optisch beleben lassen, die ansonsten nicht viel zu bieten haben. Sie können auch viel zur Tiefenwirkung beitragen.

Verschiedene Farbgebungen

Beim Bau einer Anlage hat man fast ständig mit Farben zu tun, zumindest sollte es so sein. Es gibt kaum einen Bereich, bei dem der Modellbahner nicht zur Farbe greift. Das Spektrum reicht von den Gleisen (die hier ausnahmsweise nicht eingefärbt wurden) über die Gebäude bis zur Landschafts- und Detailgestaltung. Wer sich ein wenig damit beschäftigt, wird feststellen, dass sich auch die Wirkung eines Fertiggeländes mit dem gezielten Einsatz von Farben noch deutlich steigern lässt.

Der Bereich rund um den Gasthof nach der Überarbeitung der Straße, der Grasflächen und der inzwischen auch erfolgten Detailgestaltung, z. B. mit Straßenlampen und einigen Verkehrsschildern.

Mit der Ausschmückung kann man viel Zeit verbringen. Im Biergarten sitzen Gäste und werden vom Personal bedient. Die Figuren wurden so aufgestellt, dass sie einen Bezug zueinander haben.

Auch auf den Straßen der Kleinstadt findet Publikumsverkehr statt. Zur Tiefenwirkung trägt der Blick zwischen den beiden Häusern hindurch auf die etwas zurückgesetzte Kirche bei.

Gut ist hier zu erkennen, wie die Straße gegenüber den Häuserzeilen etwas abfällt.

Den Anfang machen die soeben aufgestellten Gebäude, bei denen wir uns allerdings auf ein Minimum beschränkt haben: Sämtliche Dächer sowie die mit Gehsteigpflaster belegten Flächen wurden mit einer stark verdünnten, graubraunen Mischung aus Plakatfarbe dezent verschmutzt. Damit die Farbe auf den glatten Oberflächen nicht abperlt, wurde ein Spritzer Spülmittel zugesetzt. So verschwindet der Kunststoffglanz, und die feinen Gravuren treten plastisch hevor. Eine simple Methode, die ihre Wirkung jedoch nicht verfehlt.

Nach dem Bau der drei Bahnübergänge haben alle Straßen und Plätze einen neuen, mittelgrauen Grundanstrich erhalten; der Parkplatz vor dem Ausflugslokal wurde „betoniert“ (Straßenfarbe Beton von Faller). Nun weisen sie makellose Oberflächen auf, die nur entfernt an das stets mehr oder minder verschmutzte Vorbild erinnern. Um sie realistischer wirken zu lassen, haben wir mit einem festen Pinsel ein Modellbau-Gesteinspuder in die matten Oberflächen eingerieben. Da es nicht ganz so intensiv färbt, lässt es sich etwas leichter verarbeiten als die beliebten Trockenfarben (Farbpigmente), mit denen sich jedoch der gleiche Effekt erzielen lässt. Der einzige Nachteil dieser Methode, mit der sich auch Modelle aus Kunststoff sehr gut behandeln lassen, sind die empfindlichen Oberflächen. Alternativ kann man aber auch hier zu stark verdünnter Plakat- oder wasserlöslicher Acrylfarbe in „Schmutzfarbe“ greifen. Das Ergebnis ist weniger empfindlich.

Lebendige Vegetation

Bei der Gestaltung der Vegetation geht es ebenfalls um Farben und um aufeinander abgestimmte Tönungen. Der Spielraum, den uns das Fertiggelände dafür jetzt noch lässt, ist allerdings nicht allzu groß. Die Areale oberhalb der beiden großen Tunnelportale sind bereits bewaldet. Für größere Büsche und weitere Bäume bleibt nicht viel Platz. Sie würden allzu leicht andere, wichtigere Motive verdecken oder die momentan doch recht harmonischen Proportionen stören. Daher beschränken wir uns in diesem Kapitel auf die Nachbearbeitung der begrasten Flächen und Böschungen.

Die verschiedenen Grasflächen, mit denen jedes Fertiggelände geliefert wird, sind sehr regelmäßig aufgebracht und haben einen einheitli-

Der kleine Platz ist ein Treffpunkt für Jung und Alt. Die gusseisernen Laternen passen gut zum Stil der städtischen Bebauung (Modelle: Brawa).

Zwischen Stadthäusern und Landhandel befindet sich die kleine Autowerkstatt.

Der Bereich rechts vom Bahnhof im Überblick. Der Wald aus sehr einfachen Tannen bildet den Abschluss, für noch mehr Tiefe sorgt der Siloturm des Lagerhauses dahinter.

chen Farbton. Ein wenig erinnern sie an gepflegten englischen Rasen, auf den man in der Nähe von Bahnanlagen oder am Straßenrand normalerweise nicht stößt. Hier wird allenfalls gemäht, doch niemand macht sich die Mühe, Unkraut vollständig zu beseitigen.

Die verschiedensten Pflanzen breiten sich aus, ihre ständig sprießenden Blätter bzw. Halme haben die unterschiedlichsten Grüntöne. Oft sind es nur dezente Nuancen, die aber schon genügen, um eine Wiese oder eine bewachsene Böschung lebendig wirken zu lassen. Gemeinsam ist ihnen, dass sie sich mit dem Lauf der Jahreszeiten verändern. Im Frühling sieht man ein frisches, knackiges Grün, das schon im Sommer anfängt auszubleichen.

Im Herbst kommen warme Töne hinzu, viele Blätter werden gelb, später braun oder rotbraun. Daher hat die Frage, in welcher Jahreszeit eine Modellbahn „spielen" soll, durchaus ihre Berechtigung. Zur Gestaltung der Vegetation gibt es nicht nur unterschiedlichste Materialien, sie sind häufig auch in mehreren Farbtönen erhältlich. Damit das Endergebnis harmonisch wirkt, sollten sie möglichst gut jahreszeitlich aufeinander abgestimmt sein.

Vielfältige Materialien

Die Vielfalt der angebotenen Materialien ist schwer zu überschauen. Es gibt feine und grobe Flocken, Blätterimitationen, Bodendecker, lange oder kurze Fasern usw., die sich (fast) alle gut miteinander kombinieren lassen. Für unser Vorhaben, bei dem nur die niedere Vegetation dargestellt werden soll, ist ein sehr feines Streugut am besten geeignet (z. B. Flockage von Noch, Turf von Woodland Scenics).

Wir haben es uns angewöhnt, den Inhalt der Beutel in entsprechend beschriftete Gläser oder Dosen umzufüllen. Sie sind besser zu handhaben und fallen nicht so leicht um. Das feine Material wurde von Hand auf die begrasten Flächen aufgestreut und anschließend mit dem Finger behutsam eingerieben. Dadurch entsteht eine schattierte Fläche, die zumindest aus einer gewissen Distanz recht realistisch wirkt. Das Streugut haftet gut auf dem Gras, kann aber auch noch zusätzlich fixiert werden. Auf höhere Gewächse, größere Büsche und weitere

Der vom Güterbahnhof abzweigende Gleisanschluss sorgt für noch mehr Rangierbetrieb auf der oberen Ebene.

Diese Übersicht macht deutlich, dass es durchaus möglich ist, ein Fertiggelände optisch deutlich aufzuwerten. Ob so etwas in Betracht kommt, muss jeder Modellbahner selbst entscheiden. Mit einer eigenen Anlage lässt sich ein deutlich höheres Niveau erzielen, der Arbeitsaufwand und die Anforderungen an das handwerkliche Geschick sind jedoch ungleich höher.

Bäume wurde diesmal aus den genannten Gründen verzichtet.

Solche kleinen Szenen tragen viel zur Attraktivität und zum Realismus einer Modellbahnanlage bei.

Die Detailgestaltung

Alle gröberen Arbeiten sind jetzt erledigt. Der Inbetriebnahme steht nichts mehr im Wege. Die weitere Gestaltung hat nun keine Eile mehr, sie kann sich aber zu einem der umfangreichsten Kapitel des Anlagenbaus entwickeln: der Detailgestaltung – über sie könnte man ein eigenes Buch schreiben. Denn sie ist wichtig, mit ihr bekommt die Anlage ihren „letzten Schliff". Und weil es eine riesige Auswahl an wirklich schönen Materialien und Modellen gibt, macht es auch Spaß, sich immer einmal wieder damit zu beschäftigen.

Auf der unteren Ebene steht der Personenverkehr auf der Strecke und im Bahnhof im Vordergrund.

Der Blick von der linken Seite über den größten Teil des Fertiggeländes. Einen besonders hohen Stellenwert hat hier der Güterverkehr auf der oberen Ebene. Dafür stehen mehrere Ladegleise und ein Gleisanschluss zur Verfügung.

Wie bereits am Anfang des Kapitels erwähnt wurde, gibt es das hier verwendete Roco-Line-Gleis nur noch ohne die Gleisbettungen, die hier die Gleisverlegung erheblich einfacher gemacht haben.

Manches dient der Zierde und fällt unter den Oberbegriff „Ausschmückung". Anderes darf bei einer Modellbahn nicht fehlen, weil jeder Betrachter es sofort vermissen würde. Dazu zählen zum Beispiel die Signale, die man allerdings nicht unbedingt der Detailgestaltung zuordnen muss. Schon aufgrund der viel kürzeren Distanzen im Modell lassen sich die beim Vorbild geltenden Vorschriften kaum übertragen. Das Minimum bei dieser Anlage sind die Ausfahrsignale im Bahnhof. Obwohl eigentlich viel zu nahe, können zwischen dem Bahnhof und den Tunnelportalen auch noch Einfahrsignale aufgestellt werden. In unserem Falle sind es Lichtsignale von der Firma Busch. Die Gleise im Güterbahnhof lassen sich einzeln oder gemeinsam mit Gleissperrsignalen absichern. Weitere Informationen dazu gibt es im Kapitel „Signale".

Im Gegensatz zu den Gleisen findet auf den Straßen kein Modellverkehr statt. Das darf uns aber nicht davon abhalten, wie beim Vorbild Verkehrsschilder aufzustellen. Wie für alle anderen Details gilt auch hier, dass sie zur Epoche passen sollten. Und eine weitere Regel, die manchmal sogar beim Vorbild vernachlässigt wird, sollte der Modellbahner ebenfalls beherzigen: Die Beschilderung sollte korrekt und für das Auto fahrende Modellvolk auch schlüssig sein. Zu den Verkehrsschildern gehören auch die Andreaskreuze und die je drei Baken, die an jedem Bahnübergang zwingend aufgestellt werden müssen.

Lampen und Leuchten

Auch wenn auf der Anlage gar kein Nachtbetrieb stattfinden soll, dürfen die Lampen und Leuchten nicht fehlen. Schließlich sind sie auch tagsüber nicht zu übersehen. Einige hohe Gittermastleuchten wurden im Güterbahnhof aufgestellt. Auf den Fußgängerwegen und Plätzen der Ortschaft stehen ältere Gaslaternen. Für die Straßen wurden die beim Vorbild weitverbreiteten Peitschenleuchten verwendet. Die typischen Leuchtstofflampen sorgen für die Beleuchtung des Bahnsteigs. Dabei kann es sich um funktionsfähige Lampen handeln, z. B. von Brawa oder Viessmann, oder um unbeleuchtete Attrappen, die natürlich viel preiswerter sind.

Sofern man sich für richtige Lampen entscheidet, sollten sie auch angeschlossen werden. Dies kann zusammen mit der Innenbeleuchtung der Gebäude geschehen. Auf der Unterseite werden die Kabel zu einem oder mehreren Stromkreisen zusammengefasst, zum Beispiel auf preiswerten Lötleisten. Von dort führt dann eine deutlich reduzierte Zahl an Leitungen über einen Schalter zum Trafo.

Schon bei kleinen Anlagen kommen meist so viele dieser Stromverbraucher zusammen, dass dafür ein separater Trafo angeschafft werden sollte. Er kann ebenfalls unter der Anlage oder auf einem separaten Stellpult untergebracht werden. Es soll hier nur kurz darauf hingewiesen werden, dass sich auch die Anlagenbeleuchtung digital schalten lässt. Dies lohnt sich aber kaum bei sehr kleinen Anlagen.

Um Bereiche voneinander abzugrenzen oder um die nötige Sicherheit zu gewährleisten, sind auch im

Kleinen verschiedene Zäune und Geländer erforderlich. Welche Ausführungen aus dem großen Angebot ausgewählt werden, hängt auch vom Verwendungszweck ab. Ziergitter oder Jägerzäune gehören in den privaten Bereich, für Betriebsanlagen eignen sich eher schlichte, solide Konstruktionen. Beim Güterbahnhof wurde oberhalb der Böschung sogar eine Leitplanke aufgestellt. Hier ist auch der richtige Platz für eine Wellblechbude, für Büro- und mehrere Müllcontainer. Auf keinen Fall darf das Ladegut vergessen werden, das vom Portalkran umgeschlagen wird.

Das Modellvolk

Aus der langen Liste an weiteren Details, die sich zur Ausschmückung eignen, wollen wir an dieser Stelle nur noch das unverzichtbare Modellvolk erwähnen. Am Bahnhof warten Fahrgäste auf ihren Zug, es gibt Bahnpersonal; in der Ortschaft und am Straßenrand stößt man auf Fußgänger, auf Firmen- und Betriebsgeländen gehen Arbeiter ihrer Tätigkeit nach.

Entscheidend für die Wirkung sind die Auswahl und die richtige, „lebensnahe“ Platzierung der Figuren. Manche stehen in Gruppen, sind in ein Gespräch vertieft, andere schauen in Schaufenster oder auf den Fahrplan. Und die Arbeiter sind (hoffentlich) gut beschäftigt. Solche kleinen Szenen und Episoden wirken realistisch und erfreuen das Auge des Betrachters. Auch deshalb sollte man sich dafür etwas mehr Zeit nehmen.

Das Thema Detailgestaltung ist nahezu unerschöpflich. Es hat aber den Vorteil, dass man sich auch nach Inbetriebnahme der Anlage immer wieder damit beschäftigen kann. Mal entdeckt man eine nette „Kleinigkeit“, die sich noch unterzubringen lohnt. Oder man stößt auf eine Anlagenecke, die noch ein wenig Feinschliff verdient hat. Auch dies trägt dazu bei, dass es kaum einen Modellbahner gibt, der seine Anlage als fertig bezeichnet.

Einstieg mit Fertiggelände?

Zum Schluss kehren wir noch einmal zu der Frage zurück, mit der dieser Abschnitt unseres Buches begonnen hat: Fertiggelände – eine Alternative? Eine allgemein gültige Antwort gibt es darauf nicht. Folglich muss jeder Modellbahner für sich selbst entscheiden, ob es für ihn eine Alternative zum „richtigen“, konventionellen Anlagenbau ist.

Anhand etlicher Beispiele haben wir gezeigt, welche gestalterischen Möglichkeiten so eine Geländeplastik immerhin noch zu bieten hat. Wir haben uns dabei auf Arbeiten beschränkt, die sich in überschaubarer Zeit und mit vertretbarem Aufwand durchführen lassen. Sie können ganz oder auch nur teilweise umgesetzt werden. Wem das nicht genügt, der kann auch noch viel weiter gehen.

Andererseits sollte man sich bewusst sein, dass sich das Niveau einer sorgfältig geplanten und gebauten individuellen Anlage mit der Geländeplastik nicht erreichen lässt.

Der fernbediente Roco-Kran erhöht den Spielwert deutlich, denn Ladegut kann tatsächlich be- und entladen werden. Auch bei Märklin findet man ein funktionsfähiges Kranmodell.

Farben für den Modellbau

Eine Welt ohne Farben können wir uns nur schwer vorstellen. Das gilt natürlich auch für ihre ausschnittsweise Verkleinerung. Ob Fahrzeuge, Gebäude, Gleise oder Modelllandschaft – für wohl jeden Modellbauer gehören Farben zu seinen wichtigsten gestalterischen Mitteln.

Ein breites Spektrum an Farbgebungen zeigt dieses Spur-1-Motiv: Beton bei den Brückenköpfen, die Brücke selbst und die Schienenprofile, alles anschließend gealtert. Der Wagen zeigt Spuren des Betriebs und der Ladung. Die Lok wurde neu lackiert, beschriftet und ebenfalls gealtert.

Die Auswahl an Farbarten ist riesig und für den Laien kaum zu überschauen. Heute gibt es für jeden erdenklichen Zweck eine geeignete Farbe, viele von ihnen eignen sich auch für den Modellbau – je nach Anforderung und einzufärbendem Material. Das Spektrum reicht von der Landschaftsgestaltung über Straßen, Schienenwege und Gebäude bis zu den möglichst originalgetreuen Fahrzeugmodellen. Eine weitere Eigenheit der Modellbahner macht es noch komplizierter: Um möglichst realistisch zu wirken, wird die gesamte Szenerie, einschließlich der Modellfahrzeuge, oft auch „gealtert", also mit Spuren der Verwitterung und des Betriebs versehen. Trotzdem kommt man auch mit einigen wenigen Farbarten aus – doch welche sollen es sein?

Müssen Lösungsmittel sein?

Mit oder ohne Lösungsmittel – dies ist heute ein gängiges Kriterium, Farbarten einzuordnen oder auch auszuwählen. Diese Kategorisierung ist jedoch missverständlich. Denn jede streich- oder spritzfähige Farbe enthält neben Bindemitteln und dem Farbstoff auch Lösungsmittel. Dieses ist mal mehr, mal weniger harmlos. Einige organische Verbindungen, wie z. B. Nitroverdünnung, sind aufgrund ihrer Schädlichkeit in die Kritik geraten. Sie werden bzw. wurden bereits zunehmend durch harmlosere Stoffe ersetzt. Sogar im Automobilbau mit seinen hohen Ansprüchen ist die Umstellung auf wasserlösliche Lacke gelungen. Das heißt aber nicht, dass diese generell keine organischen Verbindungen mehr enthalten. Eine eingehende Beschäftigung mit diesem interes-

Preiswert, ergiebig und vielseitig einsetzbar sind die Abtön- bzw. Dispersionsfarben, die es in Baumärkten in einer großen Standard-Farbpalette gibt. Sie lassen sich beliebig mischen und mit Wasser verdünnen.

Der gegipste, noch schneeweiße Berg bekommt einen Grundanstrich mit mittelbrauner Dispersionsfarbe. Zur optischen Unterscheidung haben die Trassen einen dunkelbraunen, die Flächen für die Bebauung erst einmal einen grauen Anstrich erhalten.

santen Thema würde allerdings unseren Rahmen sprengen.

In manchen Bereichen kann es sinnvoll sein, lösungsmittelhaltige Farben zu verwenden oder mit entsprechenden Verdünnern zu arbeiten. Relativ harmlos sind beispielsweise Isopropanol und Feuerzeug- bzw. Reinigungsbezin, die sich bei mehreren Farbarten gut verwenden lassen.

Gerade bei diesem komplexen Thema wird es immer persönliche Vorlieben geben, gute und weniger gute Erfahrungen. Wichtig ist, dass man aufgeschlossen für Neues ist und es ausprobiert. Auch mit wenigen Farbarten kommt man zum Ziel – und diese sollte man nicht nur im Bereich des Modellbaus suchen; besonders im Bereich des Künstlerbedarfs gibt es viele Sorten mit hervorragenden Qualitäten und einem guten Preis-Leistungs-Verhältnis.

Für alle aufgeführten Farben gilt, dass beim Modellbahnbau fast ausschließlich matte, beim Fahrzeugbau ggf. auch seidenmatte Farben verwendet werden. Nur für sehr wenige Anwendungen werden glänzende Farben benötigt – hier kann man auch gut mit etwas glänzendem Klarlack „nachhelfen“. Insbesondere bei Modellen, die häufiger berührt werden (z. B. Schienenfahrzeuge), ist ein schützender Überzug mit mattem Klarlack zu empfehlen. Sofern erhältlich, sollte dafür dieselbe Farbsorte gewählt werden.

Einfach preiswert: Dispersionsfarbe

Besonders im Landschaftsbau bewähren sich daher die in jedem Baumarkt erhältlichen Abtön- bzw. Dispersionsfarben auf Kunstharzbasis. Sie sind, unter Berücksichtigung der Menge, sehr preiswert, lassen sich hervorragend untereinander mischen und nahezu beliebig mit Wasser verdünnen. Nur wenig verdünnt eignen sie sich bestens für flächige Grundfarbgebungen. Es gibt sogar Modellbahner, die ausschließlich (!) mit diesen Farben arbeiten und exzellente Ergebnisse erzielen.

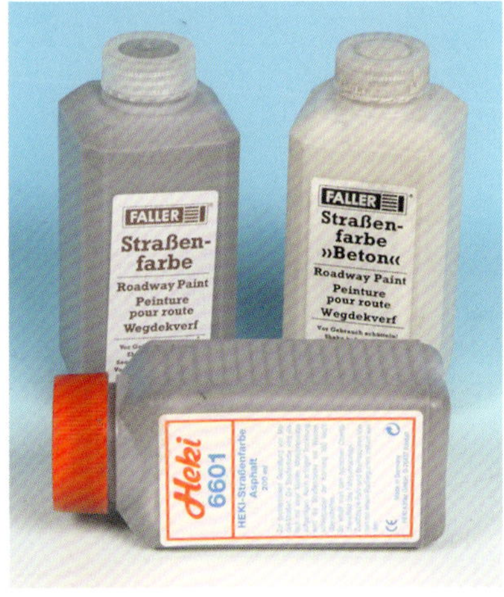

Links: Asphalt oder Beton – die passenden Farben liefern auch Modellbahn-Zubehörhersteller. Sie gehören zu den Dispersionsfarben und lassen sich genauso einfach verarbeiten.

Ganz links: Mit einem guten Pinsel lassen sich perfekte Linien ziehen und Flächen streifenfrei lackieren. Hier werden die verschiedenen Bereiche des Areals mit Straßenfarben optisch voneinander getrennt.

Als „Palette“ für die sehr pastösen Künstler-Ölfarben reicht z. B. eine einfache Polystyrolplatte. Schon mit wenigen Farben …

… lassen sich unterschiedlichste Farbtöne an- und ineinander mischen. Ein lohnenswerter Versuch. Die Trockenzeiten sind allerdings recht lang. Außerdem sollte man sich zuvor mit den Eigenschaften dieser Farben vertraut machen.

Echte Klassiker sind die vielen Lesern sicherlich schon aus Kindergarten und Schule bekannten Plaka-Farben von Pelikan, die auch im Modellbau ihre Berechtigung haben.

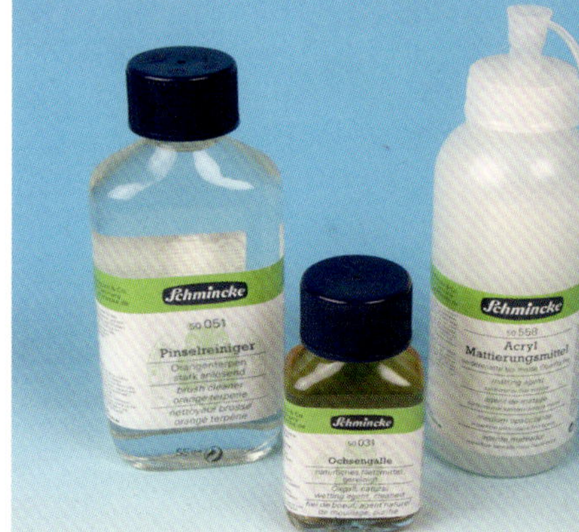

Im Fachhandel für Künstlerbedarf findet man nicht nur ein breites Angebot an Farben und Pinseln, es gibt dort auch ein breites Angebot an Hilfsmitteln, die sich auch im Modellbau hervorragend einsetzen lassen.

Künstler-Acrylfarben aus der Tube sind sehr intensiv pigmentiert und haben exzellente Eigenschaften. Da können einige der speziellen „Hobby“-Farben nicht mithalten – auch nicht beim Preis-Leistungs-Verhältnis.

Es gibt sie in den hier gezeigten Tuben mit eher pastöser Konsistenz oder etwas flüssiger in Flaschen unterschiedlicher Größen.

Eine Eigenschaft teilen sie mit allen wasserverdünnbaren Farben: Bei starker Verdünnung, z. B. für Alterungen, halten die wässrigen Mischungen nicht auf glatten Oberflächen (z. B. Kunststoffbausätze, alle Metalle, Fahrzeugmodelle). Dieser Effekt lässt sich jedoch mit einem kleinen Spritzer Spülmittel verringern, da damit die Oberflächenspannung deutlich reduziert wird.

Diese Farbart findet man auch in den Sortimenten verschiedener Modellbahn-Zubehöranbieter. Farbtöne und Eigenschaften sind dann auf die besonderen Anforderungen der Miniaturbahn abgestimmt, beispielsweise bei den Straßenfarben von Heki, Noch oder Faller. Diese haben ein nochmals matteres Oberflächenfinish, um die raue Struktur von Straßenoberflächen wiederzugeben. Sie lassen sich aber auch gut anderweitig einsetzen.

Alte Bekannte

Ein aus Schule und Kindergarten wohl den meisten Lesern bekannter Klassiker sind die sog. Plakatfarben. Diese dickflüssige, fast pastöse Farbe ist farbintensiver als Dispersionsfarbe. Trotz ihrer völlig anderen Basis (Casein, ein Naturprodukt) verhalten sie sich in der Praxis sehr ähnlich. Damit sind sie eine umweltfreundliche, leicht zu handhabende Alternative, die sehr matt auftrocknet, sich vielseitig einsetzen lässt und – mit den schon genannten Einschränkungen – auch gut wasserverdünnbar ist. Nur am Rande: Selbst mit den Wasserfarben aus dem Tuschkasten lässt sich im Modellbau etwas anfangen.

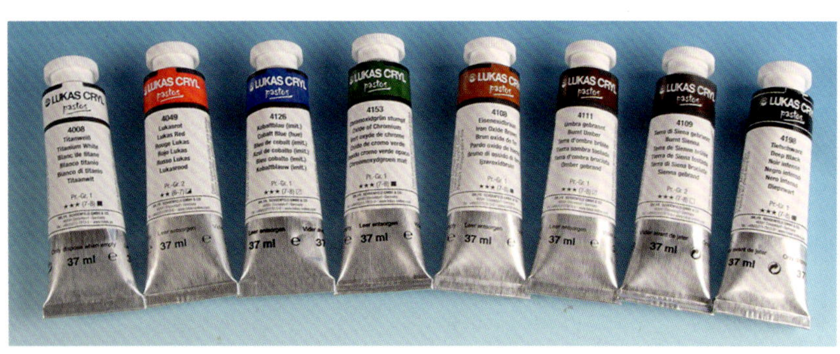

Das Arbeiten mit Acrylfarben aus Tuben ähnelt zunächst der mit Ölfarben. Sie trocknen jedoch sehr viel schneller matt auf und lassen sich mit Wasser verdünnen.

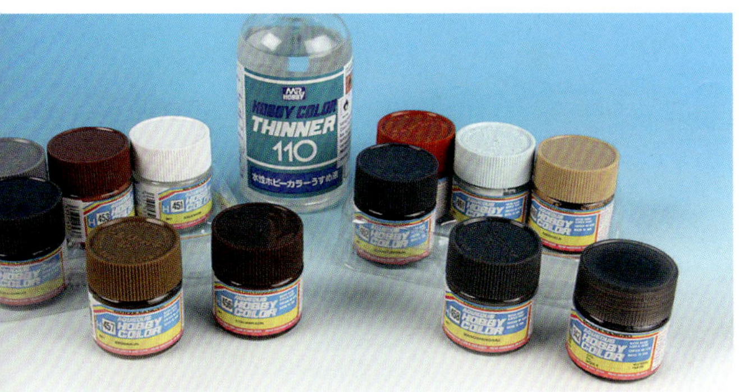

Links oben: Hervorragende Eigenschaften haben die mit Wasser oder speziellem Verdünner verarbeitbaren Hobby Color-/Gunze-Sangyo-Farben. Hier im Bild zwei speziell auf die Modellbahn abgestimmte Farbsets.

Etwas ungewöhnlich sind sie, Revells „Acrylwürfel“. Obwohl wasserverdünnbar, haften sie perfekt auf Kunststoff und sind daher sehr empfehlenswert.

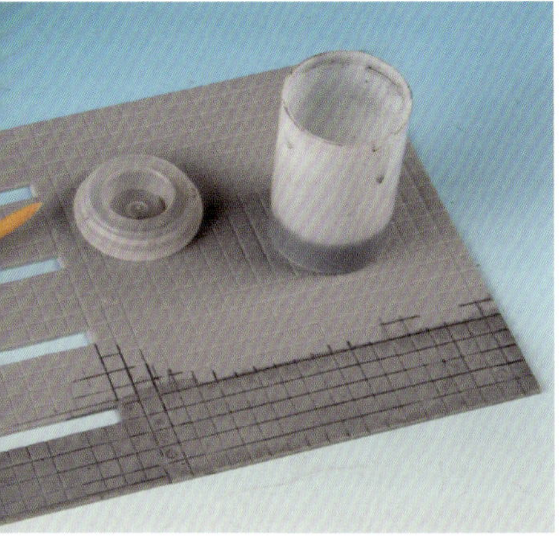

Sehr typisch: Altern einer strukturierten PS-Bauplatte (hier von Kibri). Die stark verdünnte Acrylfarbe läuft in die Fugen und trocknet dort dunkler auf als auf den vergleichsweise glatten Flächen, die daher viel weniger „verschmutzt“ werden. Dies gelingt nur mit stark verdünnten Farben, die gut auf den glatten Oberflächen verlaufen.

Viel zu selten wird erwähnt, dass sich auch „ganz alte Bekannte“ wie Künstler-Ölfarben aus der Tube für manche Einsatzgebiete gut eignen. Sie sind hoch pigmentiert, lassen sich gut mit Terpentin verdünnen (auch wasserverdünnbare Ölfarben sind mittlerweile erhältlich) und können hervorragend auf einer Palette oder sogar auf dem Objekt miteinander gemischt werden. Auf diese Weise lassen sich sehr interessante und realistische Effekte erzielen, z. B. auf Mauerwerk. Dazu sollte man sich zunächst aber etwas näher mit den spezifischen Eigenschaften dieser Farben beschäftigen.

Künstler-Acrylfarben

Weit verbreitet sind inzwischen die wasserverdünnbaren Acrylfarben. Dabei sollte unterschieden werden zwischen den speziellen Modellbaufarben und den sog. Künstlerfarben. Diese gibt es im entsprechenden Fachhandel in großer Auswahl – in sehr vielen Farben, von mehreren Herstellern und zu unterschiedlichen Preisen. Selbst die teuersten Sorten sind, umgerechnet auf die enthaltene Menge, wesentlich günstiger als die speziellen Modellbaufarben. Der Grad der Pigmentierung (Deckkraft, Farbintensität und Verdünnbarkeit) fällt je nach Qualität etwas unterschiedlich aus. Es gibt sie pastös in Tuben oder etwas flüssiger in kleinen oder größeren Flaschen. Preiswerte Sorten eines Qualitätsanbieters (Schmincke, Lascaux, Lukas ...) reichen für uns völlig aus.

Diese Farben lassen sich mit Wasser verdünnen, mit den schon erwähnten Einschränkungen auf glatten, nicht saugfähigen Untergründen. Als Alternative zum Spülmittel gibt es im Künstlerbedarf Netzmittel, die dieses Problem ebenfalls deutlich lindern – und sich auch für andere Farbsorten eignen.

Modellbau-Acrylfarben

Der Trend weg von bedenklichen Lösungsmitteln macht auch vor den Anbietern von Farben für Modell-

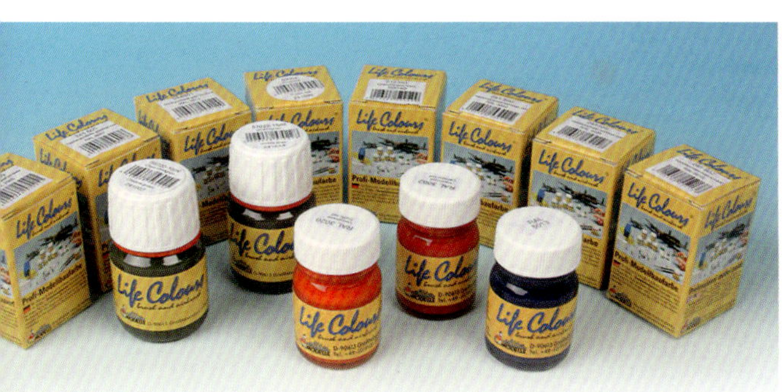

Eine umfangreiche Farbpalette, einschließlich der gebräuchlichen RAL-Farben, eine hohe Pigmentierung und ein mattes Finish kennzeichnen die Elita-Life-Colours.

Wenn sich der Modellbahn-Hersteller an die RAL-Vorgaben gehalten hat, sind mit den entsprechenden Farben von Elita oder Weinert auch Ausbesserungen an Modellfahrzeugen möglich.

Seit Jahrzehnten bekannt und im Modellbau bewährt sind die sog. Emailfarben von Revell, Humbrol oder Model Master/Testors. Sie enthalten Lösungsmittel und sind auch nur mit solchen verdünnbar. Für sehr dünne, schnell trocknende Aufträge mit dem Pinsel ist auch Feuerzeugbenzin gut geeignet.

Mit im Bild: Eine Auswahl gut geeigneter Pinsel. Wie bei jedem Werkzeug zählt hier die Qualität. Die kleinen Rund- und Flachpinsel stammen aus dem Künstlerbedarf. Es handelt sich um eine relativ preiswerte Sorte mit Synthetikhaaren.

bauer nicht halt. Diese neuen Produkte machen den bislang üblichen Emailfarben zunehmend Konkurrenz. Sie sind im gesamten Kunststoffmodellbau (auch Flugzeuge, Schiffe, Militärmodelle) inzwischen weit verbreitet, eignen sich aber auch für viele andere Einsatzgebiete.

Obwohl es sich ebenfalls um Acrylfarben handelt, weisen sie andere Eigenschaften als die Sorten aus dem Künstlerbedarf auf. Sie lassen sich sehr dünn auftragen und trocknen selbst dann ziemlich schnell, solange sie mit nur wenig (!) Wasser verdünnt wurden. Dabei ist die Haftung auf glatten Oberflächen hervorragend. Möglich ist dies nur durch die Verwendung leicht flüchtiger Lösungsmittel, die aber unbedenklich sind. Mit steigendem Verdünnungsgrad nimmt diese Eigenschaft jedoch kontinuierlich ab. Sie lässt sich aber erhalten, indem man statt Wasser die zu diesen Farben erhältlichen alkoholischen Verdünner verwendet. Dies ist besonders wichtig bei der Arbeit mit der Airbrush, aber auch bei Alterungen hilfreich. Eine nicht ganz so gut auf die jeweilige Farbe abgestimmte Alternative ist Isopropanol.

Der bekannteste und im Handel weit verbreitete Anbieter ist Revell mit seinen Aqua-Color-Farben in den würfelförmigen Behältnissen. Die Farbpalette, einschließlich der Farbnummern, ist inzwischen dieselbe wie bei den Emailfarben. Weitere Anbieter, ausnahmslos mit deutlich größeren Farbpaletten, sind beispielsweise Tamiya, Hobby Color/Mr. Hobby oder Vallejo. Letzterer ist mit seinem riesigen Sortiment nicht nur bei Modellbahnern inzwischen sehr weit verbreitet.

Emailfarben – die „Klassiker"

Schon seit Jahrzehnten gibt es die speziell auf den Modellbau abgestimmten sog. Emailfarben von verschiedenen Firmen. Am bekanntesten sind die kleinen Blechdöschen, z. B. von Revell, Molak oder Humbrol. Model Master/Italeri verwendet Gläschen mit Schraubverschlüssen – mit dem Vorteil, auch nach häufigerem Gebrauch noch sicher zu schließen.

Diese Farbsorte gehört zu den lösungsmittelhaltigen. Unverdünnt muss man darauf achten, dass der Farbauftrag nicht zu dick ausfällt. Davon abgesehen eignen sich diese Farben für nahezu alle Bereiche des Modellbaus; aufgrund der kleinen Gebinde mit jeweils nur wenigen Millilitern aber eher nicht für großflächige Lackierungen. Die Deckkraft ist sehr gut, die Haftung auf den allermeisten Flächen ebenfalls. Nötigenfalls kann man zuvor eine Grun-

Eine mit Farben behandelte und gealterte Fassade eines Stadthauses. Dass die in unterschiedlichen Tönen eingefärbten Ziegel viel zu groß sind, stört kaum mehr. Hier wurde ausschließlich mit Emailfarben gearbeitet.

Mit gut deckenden matten Farben können Modelle auch komplett neue Farbgebungen erhalten, wie diese beiden, ursprünglich grauen und beigen Fassaden von Kibri zeigen. Wenn man daran Freude hat, sind die gestalterischen Möglichkeiten unerschöpflich.

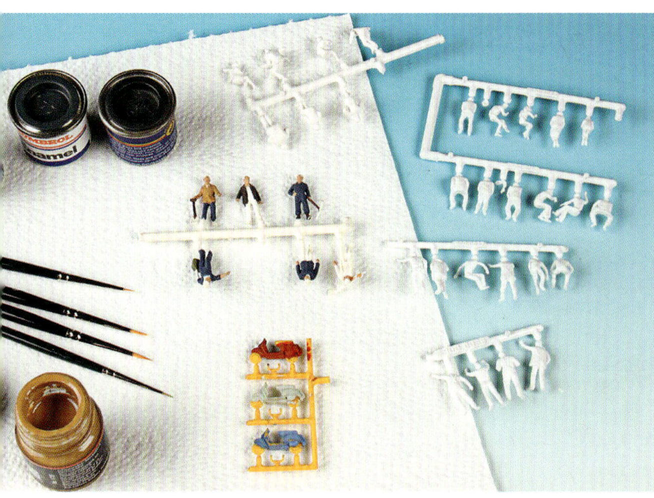

Das Anmalen von Figuren im Maßstab 1:87 oder gar noch kleiner ist nicht jedermanns Sache. Bei einem größeren Bedarf an Figuren lässt sich damit aber sehr viel Geld sparen. Hinzu kommt eine gewisse Individualität. Die hier gezeigten, erst angefangenen Figuren erfordern noch viel Arbeit.

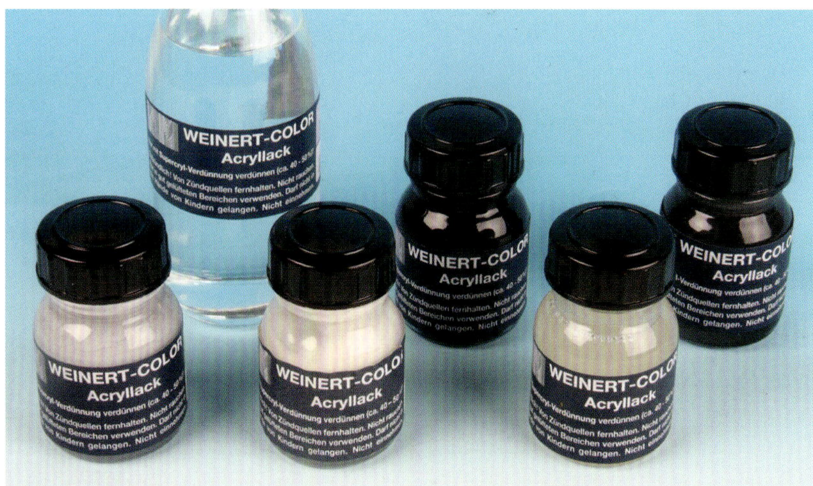

Mit den Farben von Weinert, die auch in zahlreichen RAL-Tönen erhältlich sind, lässt sich mit der Airbrush ein perfektes Finish erzielen. Ein typisches Einsatzgebiet ist der Bau feinst detaillierter Fahrzeugmodelle, die ein perfektes Finish erhalten sollen.

dierung aufbringen – was aber auch für viele anderen Farbarten gilt.

Zu jeder dieser Farben werden optimal abgestimmte Verdünnungen angeboten, auch für Airbrush-Anwendungen. Terpentin(-ersatz) und Nitroverdünnung sind prinzipiell geeignet, greifen jedoch manche im Modellbau übliche Kunststoffe an – und sind nicht nur deshalb keine gute Alternative. Wir verwenden sie nur zum Reinigen von Pinseln etc. Bestens geeignet ist hingegen das stark flüchtige Feuerzeug-/Reinigungsbenzin, mit dem viele Modellbauer arbeiten, beispielsweise bei mit dem Pinsel aufgebrachten Alterungsspuren. Alkohole wie Isopropanol sind hingegen ungeeignet.

Ein Sonderfall mit unproblematischem Lösungsmittel ist das Farbsortiment von Elita. Diese stark pigmentierten Farben erlauben einen sehr dünnen Auftrag und haben sich vielfach bewährt. Ein weiterer Vorteil, besonders für den Modellbahner, ist das umfangreiche Angebot an originalen RAL-Tönen, in denen (nicht nur) die Vorbild-Bahnfahrzeuge lackiert sind. Diese eignen sich auch für Fahrzeugbauer oder für Ausbesserungen an Industriemodellen – sofern der Hersteller die Originalfarbtöne verwendet hat.

Für hervorragende Ergebnisse stehen auch die Acryllacke von Weinert, die es ebenfalls in den RAL-Farben gibt, sofern diese bei der Bahn Verwendung gefunden haben. Sie kommen vorwiegend beim Bau hochwertiger (Fahrzeug-)Modelle aus Metall zum Einsatz, nach vorheriger Grundierung, eignen sich aber auch für viele andere Einsatzgebiete. Wie bei Elita ist auch hier zu empfehlen, die genau auf die Eigenschaften abgestimmten Weinert-Verdünnungen zu verwenden.

Altern und verschmutzen

Modellbahner stellen ihre kleine Welt gerne etwas verwittert und „verschmutzt“ dar, also mit Spuren des Betriebs und der Umwelteinflüsse. Dafür gibt es verschiedene Methoden, auf die in diesem Rahmen nicht ausführlich eingegangen werden kann. Beispielsweise gelingt dies mit stark verdünnten Farben, mit denen sich auch Strukturen, Fugen etc. gut betonen lassen. Alle bislang aufgeführten Farben eignen sich für diese und einige weitere Vorgehensweisen. Es gibt aber Farben, die primär diesem Zweck dienen.

Kremer-Pigmente in für den Modellbau abgestimmten Farben. Dieses Set wird von der Firma Asoa angeboten.

Ob Haftgrund, Mattlack oder Terracotta-Effekt, in manchen Bereichen haben auch die Farben aus handelsüblichen Spraydosen im Modellbau ihre Berechtigung. Sie sind jedoch kein Ersatz für eine Airbrush-Anlage, mit der deutlich feinere Arbeiten möglich sind.

Eine selbst zusammengestellte Palette an Pastellkreiden in einigen im Modellbau besonders gebräuchlichen Farben.

Der Aufbau dieses Kühlwagens wurde bereits mit verdünnter Farbe gealtert. Auf diese Weise wurden auch die Fugen betont. Nun folgt das Fahrwerk mit wie Rost wirkender Pastellkreide. Der Abrieb wurde mit dem Pinsel aufgetragen, aber noch nicht gleichmäßig verteilt und fester aufgerieben. Die Intensität der Farbbehandlung lässt sich auf diese Weise gut steuern.

Bestens geeignet und weit verbreitet sind Puder- bzw. Pigmentfarben. Dabei handelt es sich um trockene Farbstoffe ohne Dispersion, Bindemittel etc. Das sehr feine Puder lässt sich am besten mit einem weichen Pinsel auftragen und ggf. mit einem etwas härteren in die Oberfläche „einbürsten". Wie viel davon haften bleibt, hängt von der Struktur ab. Matte oder raue Untergründe nehmen diesen Farbauftrag sehr gut an, nicht jedoch sehr glatte Oberflächen. Wie für alle Arten der Farbgebung gilt auch hier: ausprobieren!

Eng verwandt damit sind Pastellkreiden, bei denen die Pigmente mit einem Bindemittel gemischt und in die typische Form von Kreidestiften gepresst werden. Neben dem direkten Auftrag mit diesen Stiften ist es auch möglich, etwas von der Farbe abzuschaben und diese sodann mit einem Pinsel aufzutragen. Der Vorteil dieser Variante: Durch das Bindemittel ist die Haftung besser als bei reinen Pigmentfarben.

Farbpigmente, auch in Form von Pastellkreide, sind nach dem Auftrag nicht grifffest. Sie sollten daher mit einem matten Klarlack fixiert werden. Doch Vorsicht: Es sollte nur ein „Hauch" an Lack aufgetragen werden, andernfalls verläuft der Pigmentauftrag. Dafür ist eine Airbrush am besten geeignet.

Und noch mehr Farben ...

Vieles ist damit schon abgedeckt. Manchmal erfordert jedoch die große Vielfalt an Materialien im Modellbau spezielle (Farb-)Lösungen. Ein gutes Beispiel dafür ist die zunehmende Verbreitung von Modellen aus gelasertem Karton oder Holz. Beides lässt sich gut mit den schon erwähnten Farben behandeln. Nur zu feucht sollte es dabei nicht zugehen. Gerade hier gilt: ausprobieren, möglichst mit nicht benötigten Reststücken. Denn schlimmstenfalls sind die Bauteile danach krumm und nicht mehr verwendbar. Außerdem besteht die Gefahr, dass feine Gravuren durch den Auftrag in ihrer Wirkung beeinträchtigt werden.

Unbehandeltes Holz lässt sich gut beizen. Auch diese Produkte gibt es mittlerweile frei von Lösungsmitteln. Nur am Rande soll hier erwähnt werden, dass sich mit Beize ähnliche Alterungen vornehmen lassen wie mit anderen wässrigen Farben.

Das Angebot an im Modellbau verwendbaren (aber nicht unbedingt dafür gedachten) Farbarten ist sogar noch größer. Für großflächige Arbeiten eignen sich z. B. auch handelsübliche Sprühfarben einschließlich Grundierungen, die seidenmatt auftrocknen. Ausreichend dünne Farbaufträge erfordern allerdings etwas Übung. Sogar manche Effektlacke können nützliche Dienste erweisen, z. B. die Terrakotta-Steinstruktur. Je nach Modellbahn-Maßstab sollte man aber darauf achten, dass der Effekt dazu passt und nicht zu grob wirkt.

Keine Farbe im eigentlichen Sinne: Echtrost aus der „Dose". Mit der Grundierung und dem Oxidationsmittel lässt sich echter Rost erzeugen – sehr effektvoll und farbintensiv, allerdings recht dick im Auftrag. Erhältlich ist dieses Set im Künstlerbedarf-Fachgeschäft.

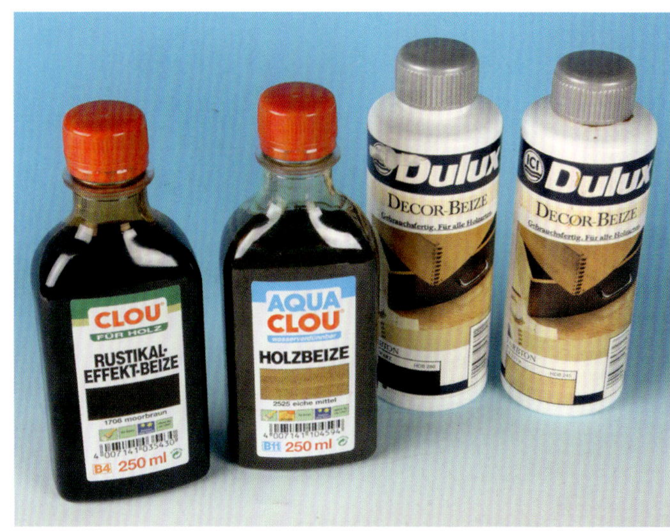

Für Holz kann man Beizen nehmen. Das gilt auch für den Modellbau. Diese heutzutage harmlosen (d. h. lösungsmittelfreien, nicht deckenden Farben lassen sich aber auch noch ander-weitig gut einsetzen.

Keine Farbe im herkömmlichen Sinne ist der Zweikomponenten-Echtrost, bei dem feinste Eisenspäne aufgetragen und dann mit einem zweiten Auftrag zum schnellen Oxidieren angeregt werden. Damit lassen sich sehr realistische, aber auch intensive Effekte erzielen – man sollte es damit nicht übertreiben. Solche Sets sind im Künstlerbedarf-Fachgeschäft erhältlich.

Pinsel und Airbrush

Dort kann man sich auch gleich nach anderen, für den Modellbau geeigneten Werkzeugen und Hilfsmitteln, nach weiteren Farbarten und vor allem nach guten Pinseln umsehen. Bei ihnen zahlt sich – wie bei Werkzeug generell – eine gute Qualität aus. Bei renommierten Herstellern von Künstlerpinseln kann man bedenkenlos zu den preiswerteren Ausführungen greifen, z. B. solchen mit Synthetikhaaren. Welche Pinselgrößen benötigt werden, hängt natürlich von den anstehenden Arbeiten ab.

Ebenso ist es mit der Frage, ob eine Airbrush-Ausrüstung benötigt wird. Sie ist zweifellos nützlich und ermöglicht Farbgebungen, die mit Pinseln kaum zu realisieren sind – ein schönes Extra, das aber nicht zur unbedingt erforderlichen Grundausstattung zählt.

Ordnung im Farbdschungel

Beim Blick auf die vielen Farbsorten, die hier aufgeführt wurden, verliert man schnell den Überblick: Wo fängt man an, was ist wirklich wichtig? Beim Einstieg in den Anlagenbau werden Dispersionsfarben benötigt – Weiß und Schwarz zum Mischen von Grautönen sowie ein oder zwei Brauntöne. Das reicht erst einmal aus. Geht es an feineren Modellbau, kommt am ehesten eine auch wasserverdünnbare Modellbau-Acrylfarbe in Betracht. Dabei sollte man sich erst einmal auf eine Sorte bzw. einen bestimmten Hersteller beschränken. Auch hier haben die gedeckteren Farben Priorität, also verschiedene Grau- und Brauntöne. Mit diesen Farben und diesen beiden Farbarten kommt man bei der Modellbahn schon sehr weit. Je nachdem, in welche Richtung sich die individuellen modellbauerischen Schwerpunkte entwickeln, entsteht weiterer Bedarf – dies ergibt sich aber quasi von selbst.

Und wer sich mit dem Mischen von Farben vertraut macht, kommt für die meisten Einsatzgebiete mit lediglich zehn oder zwölf Farbtönen aus. Diese in Gläschen aufzubewahren lohnt sich aber nur, wenn die Mischungen häufiger und in größeren Mengen benötigt werden. Andernfalls wächst die vorrätige Farbpalette mit den Aufgaben und bei neuen Bastelprojekten.

Zum Abschluss dieses Kapitels empfehlen wir, auch einmal andere, noch unbekanntere Farbarten auszuprobieren und damit zu experimentieren. Nur so lassen sich weitere gestalterische Perspektiven entdecken.

Eine Airbrush-Anlage ist nützlich und eröffnet zusätzliche gestalterische Möglichkeiten. Sie gehört aber nicht zur unbedingt erforderlichen Grundausstattung eines Miniaturbahners.

Hier erhalten die Bauteile eines Bausatzes noch am Spritzling eine komplette anthrazitfarbene Grundfarbgebung.

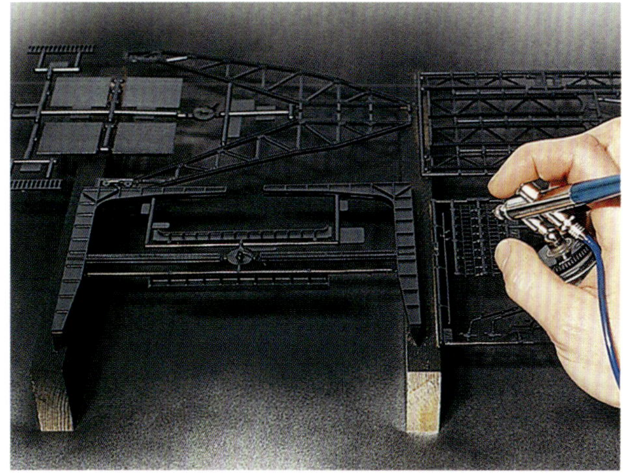

Gebäude & Co.

Neben den Gleisanlagen und der Landschaft prägen besonders die Gebäudemodelle das Erscheinungsbild einer Miniaturbahn. Die Auswahl ist riesig, neue Fertigungsverfahren haben das Angebot in den letzten Jahren noch einmal deutlich wachsen lassen. Sogar individuelle Sonderanfertigungen sind heute zu überschaubaren Kosten machbar.

Ein ausgedehnter Industriekomplex wie die Zeche Zollern wäre im klassischen Kunststoff-Modellbau nicht zu realisieren gewesen. Möglich gemacht hat dies erst die Lasertechnik, die (nicht nur) im Gebäudemodellbau immer mehr an Bedeutung gewinnt. Die hier gezeigten Modelle – im Vordergrund die bekannte Lohnhalle – wurden im Auftrag der Fa. Roco entwickelt.

In der zweiten Hälfte der Fünfzigerjahre eroberte nach und nach die Kunststoff-Spritzgusstechnik (nicht nur) fast alle Sparten des Modellbaus. Erstmals war damit eine Serienfertigung von Bauteilen möglich, die sich vom Bastler zu Gebäudemodellen, aber auch zu Flugzeugen, Schiffen etc. einfach zusammenfügen ließen. Als Material für Bausätze kam und kommt ganz überwiegend Polystyrol zum Einsatz, das preiswert ist, sich gut formen, beliebig einfärben und leicht miteinander verkleben lässt.

Ein riesiges Angebot

Auch heute, nach mehr als einem halben Jahrhundert, entstehen die meisten Bausätze für die Modellbahn mit diesem Verfahren. Manchmal ist pauschal von „Faller-Häuschen" die Rede, Faller ist aber nur einer von mehreren Herstellern, die alle über umfangreiche Sortimente für die gängigen Baugrößen verfügen. Dazu gehören Auhagen, Kibri, Piko und Vollmer. Auch Busch hat einige Kunststoff-Modelle im Programm. Ein Blick in die umfangreichen Kataloge zeigt, dass der Begriff Gebäudemodellbau etwas weiter gefasst werden muss. Denn auch zahlreiches Zubehör wie z. B. Zäune oder Tunnelportale, aber auch technische Einrichtungen wie etwa die Behandlungsanlagen von Bahnbetriebswerken, gehören in diese Kategorie.

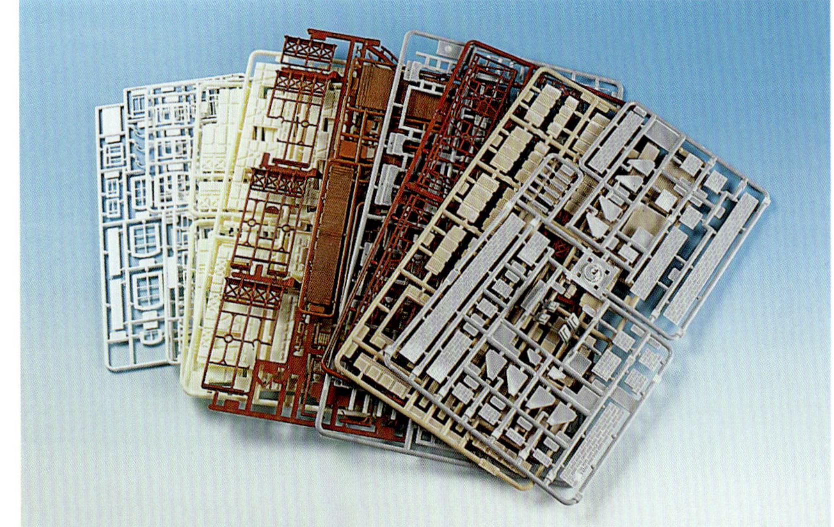

Zahlreiche Bauteile an den typischen Kunststoff-Spritzlingen, wie sie im Gebäudemodellbau seit Jahrzehnten üblich sind. Auch weniger geübte Bastler erzielen mit Bausätzen aus Polystyrol problemlos hervorragende Ergebnisse.

Die abgebildeten Teile stammen aus dem Faller-Bausatz des Empfangsgebäudes Trossingen.

Die Werkzeug-Grundausstattung für den Kunststoff-Gebäudemodellbau: Seitenschneider für Spritzlinge, Bastelmesser und/oder Skalpell sowie ein dünnflüssiger Kunststoffkleber.

Ebenfalls nützlich sind feines Schleifpapier oder eine entsprechende Feile zum Entfernen von Graten, Papierkleber für die Lichtschutzmaske, eine Pinzette für Kleinteile, Wäscheklammern und/oder Bastelklammern sowie verschiedene Gummibänder zum Fixieren von Bauteilen. Darüber hinaus kann der Einsatz von Farben das Ergebnis optimieren bzw. individueller aussehen lassen – mehr dazu im Kapitel „Farben“.

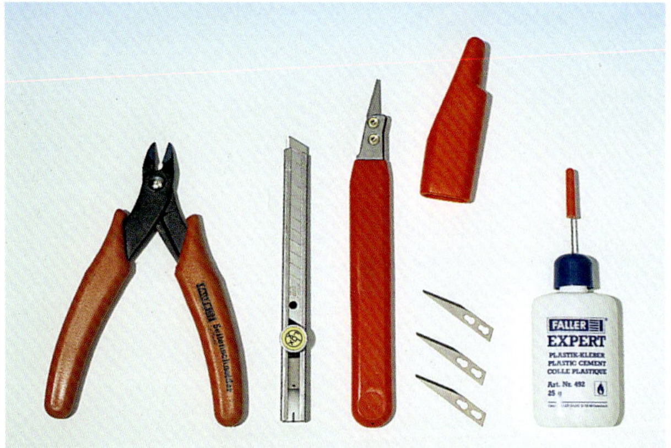

Unabhängig vom jeweiligen Hersteller ist der konstruktive Aufbau der Bausätze recht ähnlich. Fast immer beginnt man damit, die einzelnen Fassaden zu bestücken. Im einfachsten Fall sind Fenster, Türen und die Verglasung einzusetzen. Bei aufwendigeren Modellen kommen z. B. noch Fachwerke, Zierelemente, Fensterläden und -bänke hinzu.

Generell sollten immer nur die Bauteile vom Spritzling getrennt wer-

Die meisten Bausätze beginnen mit dem Bestücken der einzelnen Fassaden. Bei diesem aufwendigen Bausatz sind zahlreiche Bauteile zusammenzufügen. Für solch ein Gebäude sollte man daher schon etwas Geduld und Zeit mitbringen – und unbedingt Klebstoffflecken vermeiden. Der Schwierigkeitsgrad ist hingegen gering.

Oben: Gut ist an diesem fertig bestückten Fassadenteil die bei diesem Bausatz bereits von Faller vorgenommene, dezente Alterung zu erkennen. Sie fällt von Bauteil zu Bauteil etwas unterschiedlich aus. Mit etwas Farbe ließe sich dies noch optimieren.

Oben und unten: Die vorbereiteten Fassaden werden auf der Grundplatte, die hier auch den Bahnsteig bildet, zusammengefügt. In diesem Fall wurden der Bahnsteig dunkelgrau, der Boden der Güterhalle holzbraun eingefärbt.

Schon vor dem Zusammenfügen der Fassaden sind beim Faller-Bausatz „Trossingen“ schon etliche Details anzubringen, z. B. die Balkenkonstruktion des Daches an den Stirnwänden.

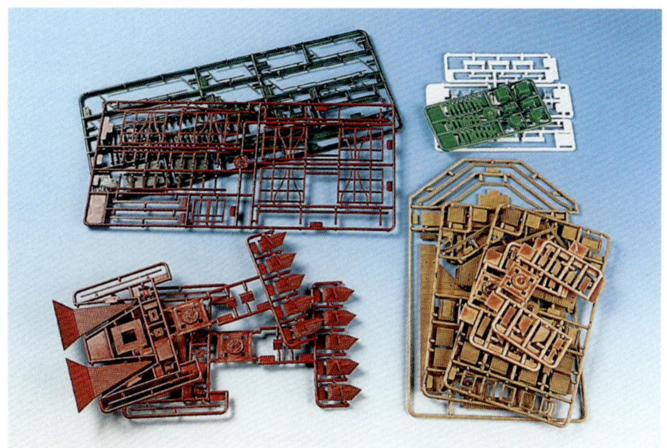

Weitere Spritzlinge aus dem Bausatz Trossingen. Es sind zahlreiche Kleinteile enthalten, z. B. für den Bau der vielen Dachgauben, die jeweils aus etlichen Teilen bestehen. Auch hier ist die werksseitige, unterschiedlich intensiv ausfallende Alterung deutlich zu erkennen.

Oben: Der Güterschuppen ist innen mit Holz verkleidet (Druck auf Karton), die Lichtschutzmaske mit den aufgedruckten Gardinen wurde inzwischen ebenfalls eingesetzt.

Unten: Die Bestückung des Daches mit den vielen Gauben und den Schornsteinen nimmt einige Zeit in Anspruch.

den, die gerade benötigt werden. Am einfachsten geht dies mit einem speziellen Seitenschneider, z. B. von Faller. Verbleibende Grate sollten nun noch vorsichtig abgeschliffen werden. Dann können die Teile, der Anleitung folgend, miteinander verklebt werden. Ist man sich nicht ganz sicher, sollte zuvor ohne Klebstoff geprüft werden, ob die Teile tatsächlich zueinanderpassen.

Andernfalls, wenn Bauteile wieder voneinander getrennt werden müssen, riskiert man unschöne Klebstoffflecken. Diese sind beim Kunststoff-Gebäudebau der häufigste Makel, den man mit der nötigen Sorgfalt und dem richtigen Klebstoff jedoch vermeiden kann. Dieser sollte nicht zu dickflüssig sein (also nicht aus der Tube kommen). Geeignete Kleber gibt es in Fläschchen mit dünnen Kanülen oder in Gläschen mit einem Pinsel zum Auftragen. Welche Variante bevorzugt wird, spielt für das Ergebnis keine Rolle. Verstopfte Kanülen lassen sich schnell mit einer kurz daran gehaltenen Flamme eines Feuerzeugs wieder öffnen.

Diese Klebstoffe lösen die Polystyrol-Bauteile leicht an und verschweißen sie miteinander. Dafür reicht eine geringe Menge des Klebers aus, er sollte keinesfalls hervorquellen. Denn dann wird das Umfeld der Klebestelle ebenfalls angelöst. Auch Klebstoffreste an den Fingern können zu kaum mehr zu beseitigenden Flecken auf den Oberflächen führen. Ungeübte sollten sich daher erst einmal an preiswerten Bausätzen versuchen und erste Erfahrungen sammeln, damit kein teures Modell Schaden nimmt.

Trossingen von Faller

Auf diesen Seiten zeigen wir die Entstehung des Faller-Bausatzes vom Empfangsgebäude Trossingen, der mit seinen 490 Bauteilen in elf Farben schon zu den komplexen Mo-

Die Straßenseite des fertigen Faller-Modells. Der Bahnhof aus dem Württembergischen erweist sich als ausgesprochen attraktiv und detailreich.

Die ebenfalls attraktive Bahnsteigseite von Trossingen. Deutlich ist hier zu erkennen, dass der Bahnsteig ebenso lang ist wie das Gebäude. Dies gilt auch für fast alle anderen Empfangsgebäude. Beim Einsatz auf der Anlage sollte er unbedingt verlängert werden. Entsprechende Bausätze sind erhältlich, mit und ohne Überdachung. Es muss nur darauf geachtet werden, dass sie zum jeweiligen Bahnhofsmodell passen.

dellen zählt. An einem Abend, innerhalb weniger Stunden lässt sich solch ein Gebäude nicht errichten. Sieben bis acht Stunden „Bastelvergnügen“ sollte man dafür mindestens veranschlagen. Hilfreich ist dabei die, wie bei Faller üblich, leicht verständliche und präzise Anleitung und das übersichtliche Schema bei der Nummerierung der Spritzlinge und Bauteile.

Dieser Bausatz verfügt über eine werksseitige Patinierung, die allerdings recht unterschiedlich ausfällt. Manche Bauteile wirken hervorragend, andere haben kaum etwas von der Farbe abbekommen. Beim hier gezeigten Bausatz hat daher noch vor Baubeginn das Dach eine dezente Alterung (siehe auch Kasten) mit einer stark verdünnten, schmutzig-braunen Mischung aus wasserlöslichen Acrylfarben erhalten. Der Boden des Güterschuppens wurde, passend zu den Laderampen des Bausatzes, holzbraun gefärbt. Der Bahnsteig und die nicht mit Naturstein verkleideten Kanten am Güterschuppen wurden dunkelgrau gestrichen und anschließend dezent mit der erwähnten Mischung aus Acrylfarben gealtert. Die Halter und Schirme der Wandlampen, die sich an einem weißen Spritzling befinden, wurden ebenfalls dunkelgrau eingefärbt. Alle weiteren Bauteile blieben unverändert.

Aufbau des Modells

Der Bau des Modells bereitet keinerlei Probleme. Zuerst werden die einzelnen Fassadenteile zusammengefügt und mit den Fenstern bestückt. Die meisten Fenstereinsätze haben kleine Zapfen, die in eine Nut an der Rückseite der Wände eingelegt werden; falsches Einsetzen ist nicht möglich. Die Passgenauigkeit ist exzellent. Es kostet zwar Zeit, die große Anzahl an Bauteilen zu finden, einzusetzen und zu verkleben,. Fehler sind aber nahezu ausgeschlossen – sofern man sich an die Bauanleitung hält.

Fertige Fassadenteile werden zu Baugruppen verbunden, die jeweils alle Stockwerke umfassen. Stifte und Bohrungen sorgen für eine exakte Lage. Dann werden die Baugruppen auf der Grundplatte aufgestellt. Dabei ist es wichtig, dass die Ecken frei von Spalten gut miteinander verklebt werden.

An den vier mit Holz verkleideten Giebelwänden sind zuvor die teils aufwendig verzierten Dachbalken-Konstruktionen anzubringen. Auch dies ist dank passgenauer Stifte und Bohrungen ein Kinderspiel. Von den kleinen Trägern gibt es am Spritzling jeweils ein zusätzliches Teil als Ersatz.

Aufwendiger ist die Ausstattung des großen Ziegeldachs, das erfreulicherweise aus nur einem Teil besteht. Damit entfällt das nicht immer problemlose Ausrichten und Verkleben mehrerer Dachteile. Die neun Gauben bestehen aus jeweils neun Teilen, hinzu kommen noch die vier Schornsteine und die aufzusetzenden Zierspitzen. Über 100 Bauteile befinden sich schließlich auf dem – zugegebenermaßen sehr gut aussehenden – Dach.

Der im Lieferumfang enthaltene Bahnsteig ist mit 35 cm so lang wie das Gebäude. Er muss also auf jeden Fall verlängert werden, wenn das Modell auf einer Anlage aufgestellt wird. Stimmig geht dies nur – von der Gleisseite aus gesehen – nach links, weil sich rechts die etwas höhere Laderampe des Güterschuppens anschließt.

Die anhand eines konkreten Beispiels beschriebene Vorgehensweise beim Gebäudemodellbau ist bei allen aus Polystyrol gefertigten Bausätzen ähnlich und daher prinzipiell übertragbar.

Modelle aus dem Laser

Seit etwa zehn Jahren bekommt der Kunststoff-Modellbau immer mehr Konkurrenz durch die Lasertechnik. Hier sind zwar die Produktionskosten höher, es entfällt aber der sehr teure Formenbau für den Spritzguss. Dadurch können auch kleine Stückzahlen wirtschaftlich produziert werden.

Inzwischen gibt es zahlreiche kleine und mittelgroße Anbieter, die ein kaum mehr zu überschauendes Sortiment an Bausätzen offerieren. Aber auch bekannte Firmen wie Faller, Busch oder Noch arbeiten mit Lasern; besonders die beiden Letztgenannten haben inzwischen umfangreiche Sortimente. Die Vielfalt beim Gebäudebau, aber auch bei technischen Einrichtungen hat dadurch

Mit einem Laser kann man schneiden und gravieren, von einfachen Linien bis zu dreidimensionalen Oberflächenstrukturen. Bei diesem Karton entstehen dabei die hellen Fugen im Ziegelmauerwerk. Das im Kasten rechts beschriebene Auslegen der Fugen mit Farben bei Kunststoffbauteilen erübrigt sich dadurch.

Altern, verwittern, patinieren

Die Welt im Kleinen, die sich der Modellbahner erschafft, soll so realistisch wie möglich wirken. Dazu gehört z. B. auch, dass Gebäudemodelle nicht „wie gerade aus der Packung gekommen" (und damit nicht der Wirklichkeit entsprechend) aussehen sollten. Daher beschäftigen sich viele Modellbahner intensiv mit der Farbgebung. Ein ganz wichtiger Bereich ist dabei das Altern, Verwittern bzw. Patinieren. Dabei werden, mal mehr, mal weniger intensiv, Spuren der Verwitterung, von Staub, Schmutz, Rost usw. aufgetragen, um auch in dieser Hinsicht dem Vorbild so nahe wie möglich zu kommen.

Die einfachste Möglichkeit des Verwitterns von Kunststoffmodellen (ungeeignet für Karton und Holz!) ist der lasierende Auftrag einer stark verdünnten, grau-braunen Farbmischung auf plan liegende Bauteile (bei wasserlöslichen Farben mit einem kleinen Spritzer Spülmittel, um die Oberflächenspannung zu reduzieren). Nach dem Trocknen bleibt eine dezente „Schmutzschicht" auf der Oberfläche haften. Fast noch wichtiger sind zwei weitere Effekte: Bauteile aus Kunststoff verlieren dadurch ihren produktionstechnisch bedingten Kunststoffglanz. Außerdem sammelt sich die Farbe in Vertiefungen und Strukturen und lässt dadurch die Modelle viel plastischer wirken. Ein einfaches Beispiel dafür ist eine Gehweg-Bauplatte. Mit dieser Methode können die Fugen einfach dunkel (oder auch hell) ausgelegt werden. Mehr dazu im Kapitel „Farben für den Modellbau" ab Seite 132.

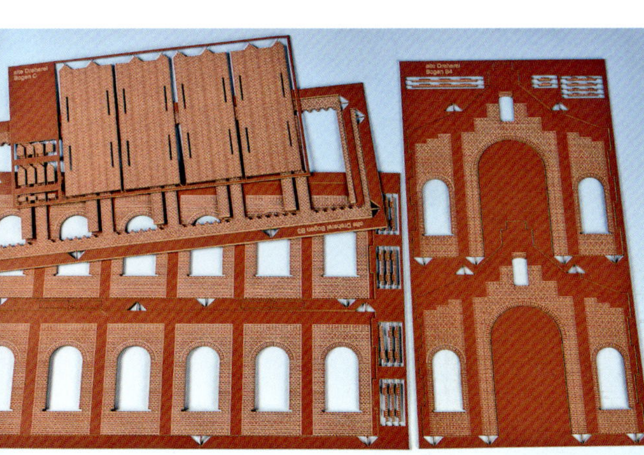

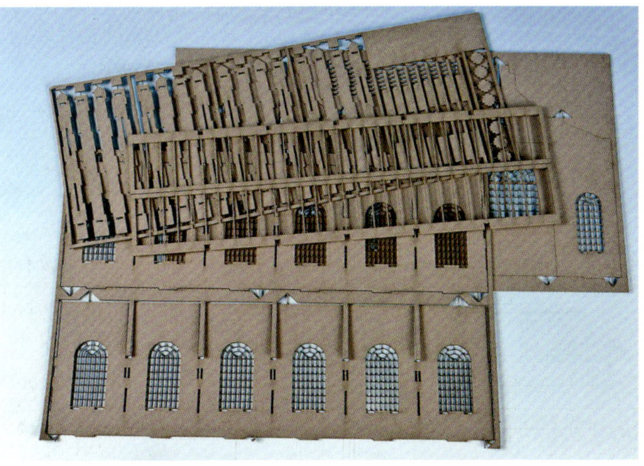

Auf den ersten, flüchtigen Blick sind die Unterschiede gar nicht so groß. Doch hier handelt es sich nicht um Kunststoff-Spritzlinge, sondern um gelaserte Bauteile aus hochwertigem Architektur-Karton. Sie gehören zum Joswood-Bausatz „Dreherei Mülheim". Der Bausatz wurde als Baukastensystem konzipiert, lässt sich also auch kürzer, länger und/oder breiter bauen.

Weitere Bauteile aus dem Dreherei-Bausatz. Dazu gehören auch eine komplette Innenverkleidung der Wände sowie die Nachbildung der hölzernen Dachkonstruktion.

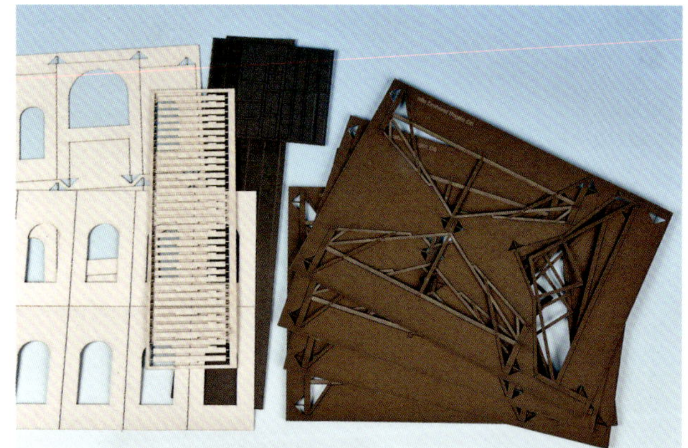

Der schrittweise Aufbau der Pfeiler an den Gebäudeecken: Die Basis besteht aus dem grauen Karton, der dann mit nur einem entsprechend zu faltenden Bauteil mit dem Ziegelmauerwerk ummantelt wird.

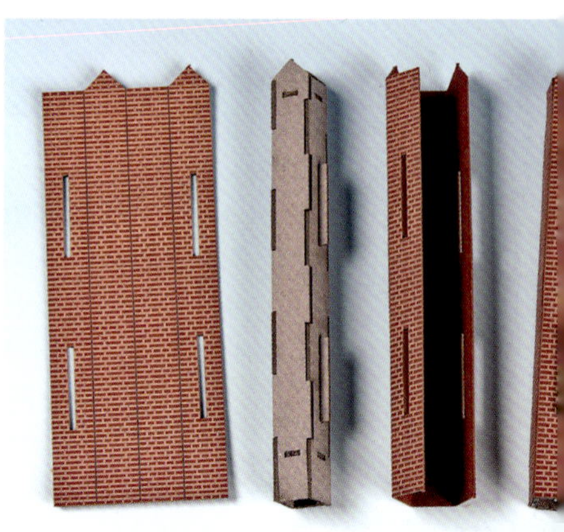

Auch hier werden zunächst die Fassadenteile zusammengefügt. Anders als bei Kunststoff-Modellen bestehen sie aus mehreren Schichten. Auf dem Foto daneben sieht man eine Stirn- und eine Seitenwand, fertig bestückt.

deutlich zugenommen. Der Modellbahner profitiert davon – und bekommt heute auch so manchen Gebäude-Exoten als Bausatz.

Nur am Rande soll hier erwähnt werden, dass es dank der Lasertechnik heute auch möglich ist, sich mit überschaubarem Aufwand individuelle Modelle anfertigen zu lassen. Dazu muss man sich jedoch etwas intensiver mit der Materie und den Werkstoffen beschäftigen.

Die Innenseite einer Stirnwand mit ihrer hellen Verkleidung.

Mit den für den Modellbau eingesetzten Lasern kann man zahlreiche Materialien schneiden und gravieren, beispielsweise Holz, Karton, aber auch viele Kunststoffe. Sie spielen allerdings nur eine geringe Rolle. Je nach Hersteller kommen verschiedene Hölzer, MDF-Platten (oft als Unterkonstruktion) sowie Karton in verschiedenen Stärken und Qualitäten zum Einsatz. Besonders bewährt hat sich hier sog. Architekturkarton. Er ist durchgefärbt, stabil und hat eine hohe Alterungsbeständigkeit. Bei ihm lassen sich auch gut dreidimensionale Strukturen gravieren, z. B. das hier gezeigte Ziegelmauerwerk, bei dem durch die Einwirkung des Lasers die Fugen hell ausfallen. Genauso können aber auch unregelmäßige Putz- oder Naturstein-Oberflächen wiedergegeben werden.

Es lassen sich auch allerfeinste Bauteile herstellen, etwa Ziergeländer, filigrane Fenstergitter, durchbrochene Gitterroste usw. Dabei werden Materialstärken erreicht, die sich mit Kunststoff-Spritzguss nicht realisieren lassen.

Lasercut-Bausatz aus Karton

Um einen Eindruck von den heutigen Möglichkeiten zu vermitteln, stellen wir zwei Bausätze aus unterschiedlichen Materialien vor. Den Anfang macht das Modell „Dreherei Mülheim" von Joswood (www.joswood.de). Dabei handelt es sich um ein typisches Industriegebäude, das sich recht universell als Werkstatt, Produktionshalle etc. einsetzen lässt. Das Modell wurde als „Baukasten" konstruiert und kann in der Länge wie in der Breite erweitert werden.

Joswood hat für das Ziegelmauerwerk einen dunklen Karton gewählt,

Die Dachbalken-Konstruktion besteht ebenfalls aus Karton, die Maserung des Holzes wurde maßstäblich wiedergegeben.

Nützliche Helfer, auch bei vielen anderen Aufgaben, sind diese Bastelklammern, mit denen sich z.B. Bauteile bis zum Aushärten des Klebstoffs fixieren lassen.

der jedoch durch die Gravur der Fugen deutlich heller wirkt. Abweichend von weitverbreiteten Lasercut-Gepflogenheiten kommt das Modell ohne eine Grundkonstruktion aus. Stattdessen werden die dreidimensional strukturierten Wände Schicht für Schicht aufgebaut. Neben dem Ziegelmauerwerk gehören dazu auch die Fenster samt Verglasung sowie die aus hellem Karton gelaserten Innenwände.

Lediglich die Pfeiler an den Gebäudeecken verfügen über eine Unterkonstruktion im üblichen Sinne. Die um sie herum aufzuklebende Ziegelstein-Verblendung besteht aus nur einem Teil, sodass keine Spalten auftreten können. Dank präziser Verzapfungen gelingt der anschließende Zusammenbau der fertigen Fassadenteile absolut akkurat.

Im nächsten Bauschritt folgen die aus drei Schichten aufgebauten Dachträger. Joswood bleibt auch hier bei seinem bewährten Karton. Die Maserung des Holzes wurde maßstäblich wiedergegeben.

Beim Einkleben der Dachträger in den Rohbau müssen diese exakt senkrecht positioniert werden. Als hilfreich erweisen sich dabei nicht zu straff sitzende Bastelklammern, mit denen sich die Bauteile bis zum Aushärten des Klebstoffs fixieren lassen. Vorsicht: Zu straffe Klammern können die feine und empfindliche Oberflächenstruktur des Mauerwerks beschädigen.

Anschließend kann man sich den wenigen verbleibenden Details und dem Dach zuwenden. Letzteres verfügt über ein die Optik des Gebäudes prägendes Oberlicht mit filigranem Rahmen und Verstrebungen. Das Verkleben mit der beiliegenden Klarsichtfolie verlangt eine gewisse Sorgfalt. Der Klebstoffauftrag sollte sehr dünn sein (ggf. mit dem Finger abstreifen), Folie und Rahmen müssen auf Anhieb absolut passgenau miteinander verbunden werden.

Aus dem Bausatz ist ein stattliches Gebäude entstanden, das sich auf der Anlage vielseitig einsetzen lässt.

Der aus drei Gebäudeteilen bestehende Bahnhof Kupferzell von Busch und das dazugehörige, allerdings offensichtlich deutlich jüngere Toilettenhäuschen – ein Lasercut-Bausatz der Nenngröße H0.

Nachdem diese nicht allzu große Herausforderung gemeistert ist, können der Rest des Daches eingedeckt und die Abdeckungen des Mauerwerks an den Stirnwänden aufgeklebt werden – das wäre es dann auch schon.

Das Ergebnis ist ein stattliches Gebäude, dessen Stabilität die von herkömmlichen Kunststoffmodellen sogar übertrifft. Der Karton weist schon matte Oberflächen auf, sodass eine Patinierung nicht unbedingt erforderlich ist. Und die durch die Gravur hellen Fugen des Ziegelmauerwerks sind deutlich zu erkennen, sodass sich auch in dieser Hinsicht eine Nachbehandlung nicht nur erübrigt, sondern sogar verbietet.

Der für die Dreherei verwendete, durchgefärbte Architekturkarton wird auch von einigen anderen Anbietern von Lasercut-Modellen bevorzugt eingesetzt.

Ein Manko vieler Lasercut-Bausätze soll nicht verschwiegen werden: Oft fehlt das Zubehör wie z. B. Regenrinnen und Fallrohre, da sich diese mit einem Laser nicht produzieren lassen. Dann muss man sich mit entsprechenden Angeboten anderer Hersteller behelfen, die oben genannten Bauteile findet man beispielsweise bei Auhagen in Form von Kunststoff-Spritzlingen. Dass es auch anders geht, zeigen die Firmen, die breiter aufgestellt sind und auch solche dreidimensionalen Details produzieren können. Dies gilt besonders für die Lasercut-Bausätze der Firmen Busch und Noch. Ein Modell, das zudem mit einem vielfältigen Materialmix auf sich aufmerksam macht, soll hier ausführlicher vorgestellt werden.

Die flache Bahnsteig-Plattform dient zugleich als Grundplatte. Daneben der Unterbau und ein Teil der Verkleidungen der Laderampe.

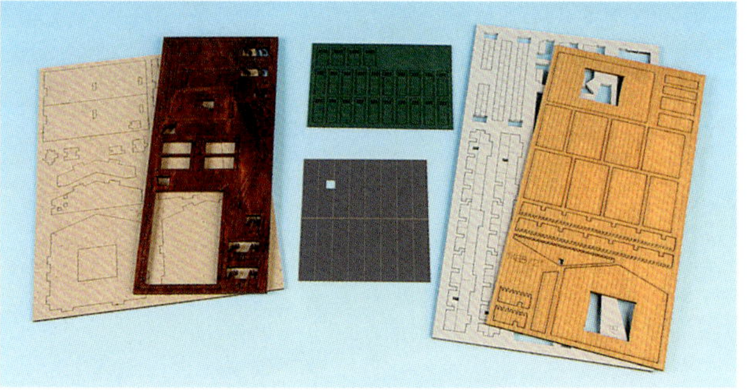

Ein Blick auf die Bauteile offenbart den Materialmix: dünne MDF-Platten für den Unterbau, starker Karton für den Sockel, dünner für die Teerpappe. Verkleidung, Fenster und Türen sind aus Echtholz.

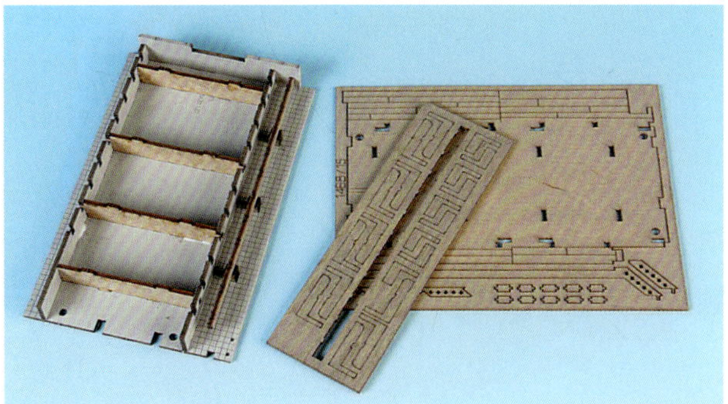

Der kleinste der drei Gebäudeteile ist schnell zusammengefügt.

Der Güterschuppen-Anbau erhält einen Sockel aus stabilem Karton, der auch die beiden Laderampen beinhaltet.

Lasercut in Mischbauweise

Der H0-Bausatz der Fa. Busch gibt das Empfangsgebäude Kupferzell wieder. Dazu passend gibt es ein kleines Toilettenhäuschen. Beide Bauwerke befinden sich heute im Hohenloher Freilandmuseum Wackershofen (nahe Schwäbisch Hall) und wurden aufwendig restauriert, weitgehend im Originalzustand. Bei Kupferzell handelt es sich um den ersten württembergischen Einheitsbahnhof für Nebenbahnen. Mindestens 28 Empfangsgebäude dieser Bauart sind einst entstanden.

Wenn beide Modelle gebaut werden sollen und man mit der Lasercut-Konstruktion und Materialien von Busch noch nicht vertraut ist, bietet es sich an, mit dem Abortgebäude zu beginnen. Der Bausatz ist überschaubar, auch weniger geübte Bastler kommen schnell ans Ziel.

Der Bahnhof Kupferzell

Wesentlich mehr Zeit wird für den Bahnhof benötigt, der konstruktive Aufbau ist jedoch weitgehend gleich. Begonnen wird mit dem vorbildgerecht flachen Bahnsteig, der für die Aufstellung des Modells jedoch nicht unbedingt nötig ist. Auch die Kopframpe, die sich an den Güterschuppen anschließt, wird vorab zusammengefügt. Die beiden Baugruppen bestehen aus Karton mit unterschiedlicher Materialstärke.

Dann folgen nacheinander die drei Gebäudeteile. Der Güterschuppen erhält einen stabilen Sockel, der auch die beiden schmalen Laderampen beinhaltet. Die an beiden Seiten unterschiedliche Treppen-Anordnung entspricht dem Vorbild.

Dann wird die Unterkonstruktion des Gebäudes aus dünnen MDF-Platten errichtet. Sie sind präzise miteinander verzapft. Dann kann schon mit der Echtholz-Verkleidung begonnen werden.

Etwas Sorgfalt erfordert das Einsetzen der kurzen Abschnitte der Dachträger. Sie müssen exakt ausgerichtet werden, da sie über kleine Schlitze verfügen, in die anschließend die Regenrinnen einzustecken sind. Hier können auch schon kleinere Höhenunterschiede störend wirken oder sogar Passprobleme bereiten. Dies ist bei den drei Gebäudeteilen weitgehend identisch.

Obwohl zahlreiche Bauteile zu verarbeiten sind, gibt es dabei keine Probleme – sofern man sich an die hervorragende, reich illustrierte Anleitung hält.

Der Unterbau des Hauptgebäudes aus dünnen MDF-Platten. Auch Zwischenwände sind vorgesehen.

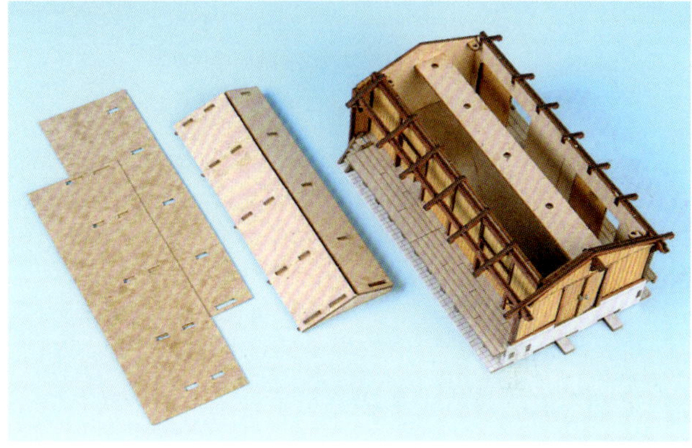

Der bis auf das Dach (Bauteile daneben) fertige Güterschuppen. Gut sind der Aufbau aus MDF-Unterkonstruktion und Echtholz-Verkleidung sowie die Dachbalken zu erkennen.

Die Bauanleitung ist bestens illustriert und lässt keine Fragen offen. Auch Empfehlungen für Klebstoffe etc. sind vorhanden.

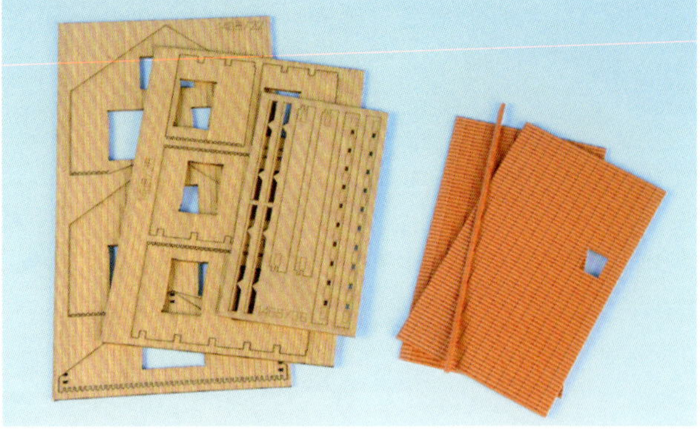

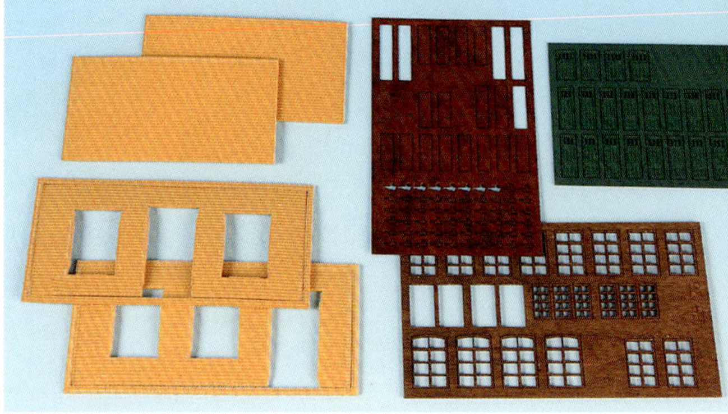

Helles, sorgfältig gelasertes Echtholz für das Obergeschoss und die Giebelwände, „klassische" Bauplatten aus Polystyrol mit Ziegelstruktur für die Eindeckung des Daches beim Hauptgebäude.

Für die Fenster, die Türen und die Fensterläden wird braun bzw. grün eingefärbtes Echtholz verwendet. Die flexiblen Verkleidungen für das Erdgeschoss weisen eine feine Schindelstruktur auf.

Klebstoffe und Farben für Lasercut-Modelle

Bislang war es einfach: Für den Zusammenbau von Gebäuden & Co. wurde (und wird) Kunststoffkleber verwendet. Zum Einfärben eignen sich alle im Modellbau gebräuchlichen Farben. Bei Lasercut-Modellen haben wir es jedoch mit anderen Werkstoffen zu tun. Auf den ersten Blick scheint es noch einfacher zu sein, denn Holz und Karton lassen sich mit vielen Klebstoffen verbinden. Doch ganz so einfach ist es nicht.

Trotz ähnlicher Materialien reichen die Empfehlungen der Hersteller von Weißleim über Uhu Hart bis zu Alles- und Sekundenklebern. Ebenso groß ist die Bandbreite der Ratschläge von Modellbauern. Die Redaktion hat gute Erfahrungen mit sehr dünn aufgetragenem Weißleim gemacht (ggf. minimal mit Wasser verdünnt). Für schwierige Verklebungen liegen aber auch Alles- und Sekundenkleber bereit.

Holz und Karton, die häufigsten Lasercut-Materialien, reagieren empfindlich auf Feuchtigkeit. Lasierende Farbaufträge mit verdünnten Farben kommen daher nicht in Betracht! Geeignet sind hingegen schnell trocknende Modellbaufarben, Trockenfarben sowie nicht zu intensive Airbrush-Aufträge. Letztere eignen sich besonders für dezente Alterungen. Auch mit Pastellkreiden, Buntstiften oder nur leicht angefeuchteten Aquarellstiften lassen sich bei Holz und Karton interessante Ergebnisse erzielen. Um diese einschätzen zu können, sollte man mit diesen eher unüblichen Farben zunächst Tests auf nicht benötigten Reststücken machen.

Nachdem auch der zweite, kleinere Anbau errichtet (aber noch nicht vollständig detailliert) wurde, kann das etwas aufwendigere Hauptgebäude folgen. Erst dabei wird der vielfältige Materialmix deutlich: Die feinen Schindeln, mit denen das Erdgeschoss verkleidet ist, werden mit einer flexiblen, entsprechend strukturierten Folie nachgebildet. Damit sie auf dem MDF-Unterbau hält, sollte der Leim ganzflächig aufgetragen werden. Außerdem ist darauf zu achten, dass sich die Folie beim Verkleben nicht verzieht, um Passungenauigkeiten bei den Aussparungen für die Fenster und Türen sowie an den Gebäudeecken zu vermeiden.

Das Obergeschoss ist hingegen, wie das Vorbild, mit hellem Echtholz verkleidet. Besondere Erwähnung verdienen die äußerst fein gelaserten

Flexibel wie Gummi – das zur Wiedergabe der Schindelverkleidung im Parterre verwendete Material ist recht ungewohnt und lässt sich nur schwer verkleben.

Das Empfangsgebäude Kupferzell befindet sich heute im Hohenloher Freilandmuseum Wackershofen und kann besichtigt werden. Im ehemaligen Güterschuppen finden Ausstellungen statt, im Hauptgebäude findet man viele Ausstellungsstücke aus der Zeit, als der Bahnhof in Betrieb genommen wurde.

Das Obergeschoss wird mit fein gelasertem Echtholz verkleidet. Die kleinen Ungenauigkeiten bei den Ausschnitten für die Fenster und Türen im Parterre werden mit dem Einsetzen der Bauteile vollständig abgedeckt.

Das Vorbild Kupferzell auf einem Foto von 1910. Die Wartehalle (ganz links) ist noch zum Bahnsteig hin offen. Der Güterschuppen wurde zu einem späteren Zeitpunkt verlängert.

Bis auf die Eindeckung des Daches und einige Details ist das Hauptgebäude fertiggestellt.

Zierelemente. Türen, Fenster, Fensterläden und die hauchdünnen Blenden über den Fenstern sowie die Dach-Unterkonstruktion sind ebenfalls aus Echtholz. Die Ziegel-Dacheindeckung ist hingegen ein „klassisches" Polystyrol-Bauteil, während die Teerpapp-Dächer der beiden anderen Gebäudeteile aus gelasertem Karton entstanden sind.

Zum Schluss sind noch einige Details anzubringen, hauptsächlich die Regenrinnen und -fallrohre. Sie werden von Busch im Kunststoff-Spritzguss gefertigt und sind dem Gebäudemodellbauer daher vertraut.

Oberflächen und Farbgebung entsprechen dem Vorbild von einst und heute (zwischenzeitlich gab es einen abweichenden Anstrich). Eine dezente Alterung ist problemlos möglich, ggf. auch eine abweichende Färbung. Auf dem gummiartigen Material werden die meisten Farben jedoch nur schlecht haften. Das sollte getestet werden. Ansonsten trägt der „bunte" Materialmix viel zur guten Wirkung des Modells bei.

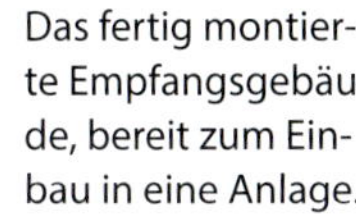

Das fertig montierte Empfangsgebäude, bereit zum Einbau in eine Anlage.

Busch zeigt mit dieser Modellkonstruktion, dass sich beide Welten – Kunststoff-Spritzguss und Lasertechnik – nicht gegenseitig ausschließen, sondern sich sinnvoll ergänzen können. Beide Verfahren haben Stärken und Schwächen. Indem man sie kombiniert, nähert man sich dem Optimum.

Das große Brückenbauwerk verdeckt den Blick auf die hintere Anlagenkante. Der im Vordergrund dargestellte Fluss geht nahtlos in das Motiv auf der Hintergrundkulisse über. Der noch viel weiter „hinten" wiedergegebene Fabrikkomplex sorgt für noch mehr Tiefe. Beidseits der Brücke bildet hohe, dichte Vegetation einen stimmig wirkenden Übergang.

Kulissen und Hintergründe

Eine Modelleisenbahn kann nur einen winzigen Ausschnitt aus einer tatsächlich existierenden oder einer frei erfundenen Landschaft wiedergeben. Die kleine Welt endet abrupt an den Anlagenkanten. Dies beeinträchtigt den Gesamteindruck. Mit Kulissenmodellen und/oder Hintergrundkulissen kann man dem jedoch entgegenwirken.

Der Betrachter hält sich meist vor der Szenerie auf, am Anlagenrand. An den Seiten und hinten endet die kleine Welt abrupt. Besonders deutlich wird dies, wenn sich hinter und ggf. auch an den Seiten wohnlich dekorierte Zimmerwände befinden, beispielsweise eine Holzvertäfelung oder – besonders gravierend – eine bunt gemusterte Tapete. Damit wird die Wirkung der Modelllandschaft stark beeinträchtigt. Sie wirkt spielzeughaft, selbst wenn sie sorgfältigst gestaltet wurde. Auch die Anlagenhöhe spielt dabei eine Rolle: Wer von oben, wie aus der Vogelperspektive, auf die Szenerie schaut, erblickt meist auch deren Ränder. Aus einer tieferen Perspektive (= größere Anlagenhöhe) ist hingegen von den Kanten oft nichts mehr zu sehen.

In einem anderen Metier steht man vor einem ähnlichen Problem, nämlich bei klassischen Theaterbühnen und den Filmkulissen, wie sie früher, vor dem virtuellen Zeitalter, üblich waren. Auch dort ist seit jeher der Platz begrenzt, oft aber eine gute Tiefenwirkung erwünscht. Mit

Während die Anlage nach Vorbildern der Schweizer Rhätischen Bahn rund um den Bahnhof noch im Bau ist, kann die Hintergrundkulisse bereits ihre volle Wirkung entfalten. Nachdem in der Ferne eine herbstliche Bewaldung zu sehen ist, sollte die Vegetation im Vordergrund ebenfalls farblich auf diese Jahreszeit abgestimmt werden.

verschiedenen Mitteln wird daher eine nicht vorhandene Tiefe vorgetäuscht – zuweilen mit beeindruckenden Ergebnissen. Als Modelleisenbahner können wir uns einiger der bei Bühnenbildnern und Kulissenbauern bewährten Methoden bedienen.

Heiter bis wolkig

Ein erster, kleiner Schritt ist ein neutralblauer Hintergrund, vor dem die Anlage entsteht. Das ist schon ein riesiger Fortschritt gegenüber einer bunten Tapete. Je nachdem, wie die Anlage an der hinteren Kante gestaltet wurde, kann dies sogar schon recht stimmig wirken. Endet das Motiv beispielsweise mit dichtem, höherem Bewuchs, entspricht der Blick auf den Himmel dahinter durchaus der Wirklichkeit. Denn dort ist hinter Baumwipfeln häufig auch nichts anderes zu sehen. Ähnlich ist es mit einer geschlossenen Häuserzeile.

Ein paar Wolken können die Tiefenwirkung noch verstärken. Wer das Talent dazu hat, kann sie selbst auf den himmelblauen Untergrund malen. Es sind aber auch einfache Modellbahn-Himmelhintergründe erhältlich – siehe Seite 150 –, die sich wie eine hochwertige Tapete auf einem wirklich glatten Untergrund anbringen lassen.

Untergrund für Hintergründe

Die beste Wirkung wird erzielt, wenn die Ecken der Kulisse mit einer Ausrundung versehen werden. Sie lässt sich einfach herstellen: Statt das Motiv auf die Wand zu kleben (die oft ohnehin zu unregelmäßig und rau ist), kann man auf einem Rahmen aus dünnen Holzleisten eine Verschalung aus den preiswerten, 3 mm starken Hartfaserplatten anbringen. Sie lassen sich gut biegen und haben eine glatte Oberfläche, auf der die Kulisse nach einer Behandlung mit Tiefgrund gut haftet. Damit sich die Verschalung nicht durchbiegt, sollten hinter die Stöße der Platten dünne Holzleisten gesetzt werden. Dabei sollte man mit möglichst wenigen Nahtstellen auskommen, da sich diese nicht 100%ig kaschieren lassen.

Die Hintergrundmotive sollten so angebracht werden, dass sie ein paar Zentimeter bis unter die Anlagenkante bzw. die dort dargestellten Objekte (Baumwipfel, Dachfirste ...) reichen. So vermeidet man, dass von einem höheren Standpunkt aus der Blick auf die meist kahle Wand darunter fällt.

Allerlei Hintergründiges

In diesem Buch sind Fotos von vielen, auch sehr unterschiedlichen Anlagen zu sehen, fast immer mit einem dazu passenden Hintergrund. Hier einige typische Beispiele mit kurzen Infos dazu:

Seite 14: Die Lippstädter Eisenbahnfreunde haben ihre Anlage mit einem Hintergrund von JoWi mit überwiegend städtischer Bebauung ausgestattet.

Seite 18 oben: Diese Kulisse ist selbst gemalt. Man kann kaum erkennen, wo der Übergang von der dreidimensonalen Bebauung zum gemalten Motiv verläuft.

Seite 20 unten/Seite 21 oben: Sehr schön sind bei dieser Ausstellungsanlage die Halbrelief-Bauwerke zu erkennen, an die sich die Kulisse anschließt.

Seiten 28/29: Die dichte Vegetation findet ihre Fortsetzung auf dem Hintergrund. Der reduzierte Kontrast erzeugt bei dieser Vereinsanlage eine zusätzliche Tiefe.

Seite 31: Der Erbauer der Hafenbahn Streselow hat selbst die verschiedenen Motive gemalt.

Seite 37 unten: Diese Schaukasten-Anlage hat nur eine geringe Tiefe. Zusammen mit der Großstadtkulisse entsteht dennoch eine sehr realistische Wirkung.

Seite 85: Diese Aufnahme ist während einer Ausstellung entstanden, die Anlage hatte dort keinen Hintergrund. Stattdessen hat der Fotograf Frank Zarges ein von ihm selbst fotografiertes, großformatiges Bild verwendet. Dies gilt auch für viele weitere Fotos in diesem Buch (und vielen anderen Modellbahn-Publikationen).

Seite 125: Für diese Anlage wurde der Faller-Hintergrund „Schwarzwald-Baar" verwendet. Abhängig vom Standort des Fotografen ist davon mal mehr, mal weniger zu sehen. Bei der Platzierung sollte man sich an der „normalen" Betrachterhöhe orientieren.

Seite 158: Der beliebig verlängerbare Himmelhintergrund stammt von MZZ, das Hochgebirgsmotiv von Faller.

Seite 168 oben: Fallers Alpenmotiv hinter einer kleinen, nach hinten hin mit dichtem Wald gestalteten Anlage.

Seite 169 Mitte: Nochmals das Motiv „Schwarzwald-Baar" von Faller.

Seiten 182 bis 185: Die drei Ausstellungsanlagen wurden mit individuell angefertigten Hintergründen von JoWi ausgestattet.

Von der Anlage ist hier noch nicht viel zu sehen. Hinter dem Rohbau wurde aber bereits ein beeindruckendes Alpenpanorama angebracht, das von JoWi nach Kundenwunsch erstellt wurde.

Himmel mit Landschaft

Für noch mehr Tiefe sorgen Hintergründe mit einer aus weiter Ferne wiedergegebenen Landschaft. Es gibt sie z. B. von Auhagen, Faller oder Vollmer mit Motiven von ruhiger, flacher Topografie über verschiedene Mittelgebirge bis zu den Alpen. Sie lassen sich meist beliebig mit weiteren Landschaftssegmenten verlängern. Vorder- und Hintergrund sollten natürlich zueinander passen.

Ein Vorteil dieser Hintergründe ist ihre perspektivische Neutralität. Die Motive sind zweidimensional und wirken aus jeder Blickrichtung stimmig. Anders ist es mit Darstellungen dreidimensionaler Objekte, die nur aus dem Blickwinkel korrekt wirken, aus dem das Foto entstanden ist (bzw. den der Maler wiedergegeben hat). Daher sollte auch bei selbst angefertigten Hintergründen auf Zweidimensionalität geachtet werden. Das bedeutet beispielsweise, dass ein Gebäude exakt von vorne dargestellt wird, ohne perspektivische Verzeichnungen und ohne dass etwas von den Seitenwänden zu sehen ist. Dieser Effekt nimmt mit steigender Entfernung ab. Ein Dorf oder eine Stadt, die weit entfernt von der Anlage erscheint, ist daher unproblematisch, wie auch die Beispiele in diesem und weiteren Kapiteln zeigen (siehe auch Kasten auf Seite 153).

Künstlerisch begabte Modellbahner können ihren Hintergrund auch selbst malen und ihn auf diese Weise optimal auf den Vordergrund abstimmen. Und schon seit Jahrzehnten gibt es von MZZ gemalte Motive von Landschaften und vielerlei einzelne Objekte, die sich ausschneiden und davor platzieren lassen. Diese entsprechen weitgehend dem jeweiligen Modellmaßstab, befinden sich also unmittelbar an der Anlagenkante, während die Landschaft sehr viel kleiner dahinter zu sehen ist. Auch mehr als diese zwei Ebenen sind möglich. Damit ist man schon sehr nahe an der Tätigkeit von Bühnenbildnern, betreibt quasi „Kulissenschieberei".

Kulissen aus dem Baukasten

Dies gilt prinzipiell auch für die fotorealistischen Hintergründe von JoWi Modellbahn-Hintergrund. Dabei handelt es sich um speziell für diesen Zweck fotografierte Landschaften und Objekte jeglicher Art. Die aufbereiteten, meist freigestellten Motive lassen sich beliebig miteinander kombinieren und dabei in einem weiten Bereich skalieren. Dadurch lassen sich diese Hintergründe auch an jeden Modellmaßstab anpassen. All dies erfolgt am Bild-

Das riesige Panorama – Fortsetzung auf der nächsten Doppelseite – zeigt eine von JoWi im Kundenauftrag angefertigte Hintergrundkulisse mit einer Gesamtlänge von über 19 Metern. Die Motive wurden exakt an die Gegebenheiten auf der Anlage angepasst, beispielsweise zu erkennen an den neutral-grünen Bereichen entlang der Unterkante, die dem Höhenniveau der Anlage folgen. Außerdem wurde in diesem Fall eine Dachschräge berücksichtigt. Die mehrfarbige untere Bemaßung folgt dem Anlagen-Grundriss (320 + 560 + 790 + 290 cm).

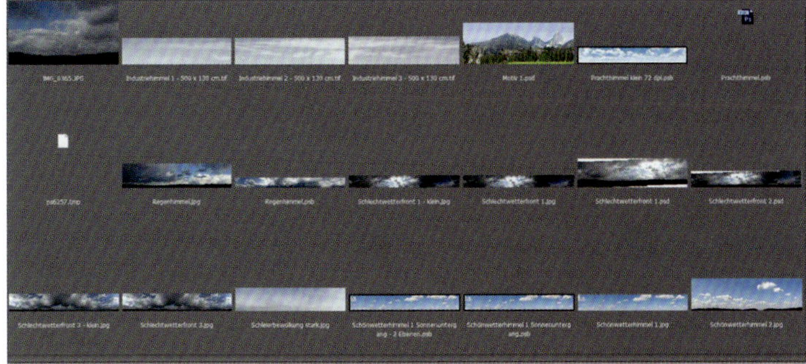

Die Screenshots zeigen eine kleine Auswahl der über 400 Motive, aus denen man sich bei JoWi seine eigene, individuelle Kulisse zusammenstellen kann.

schirm. Erst danach wird die komplette Kulisse ausgedruckt. Sie ist dank dieser Vorgehensweise exakt auf die Anlagenmotive abgestimmt und stets ein Einzelstück. Alternativ kann man aber auch bereits fertig „komponierte“ Kulissen ordern.

Eine Besonderheit sind die Ausführungen mit Tag-/Nachteffekt, bei denen im Nachtbetrieb Fenster erleuchtet, Straßenlampen eingeschaltet, Sterne und der Mond am Himmel zu sehen sind. Auch dies kann ganz individuell festgelegt werden. Die Montage muss dann auf passenden Leuchtkästen erfolgen.

Hier die Beschreibung der Vorgehensweise von Joachim Wischermann, der diese Art der Kulissengestaltung entwickelt hat (leicht gekürzt und angepasst): *Auf unserer Homepage finden Sie ca. 400 Motive, die wir nach Ihren Vorgaben zusammensetzen können, so dass ein Hintergrund entsteht, der 100%ig auf Ihre Anlage abgestimmt ist.*

Die Motive sind thematisch geordnet. Alpenmotive finden Sie z. B. unter der Buchstabengruppe „A“, städtische Motive unter „X“ usw. Bei allen Motiven passen wir die Übergänge so an, dass ein durchgehend einheitliches Gesamtmotiv entsteht. Alle Mo-

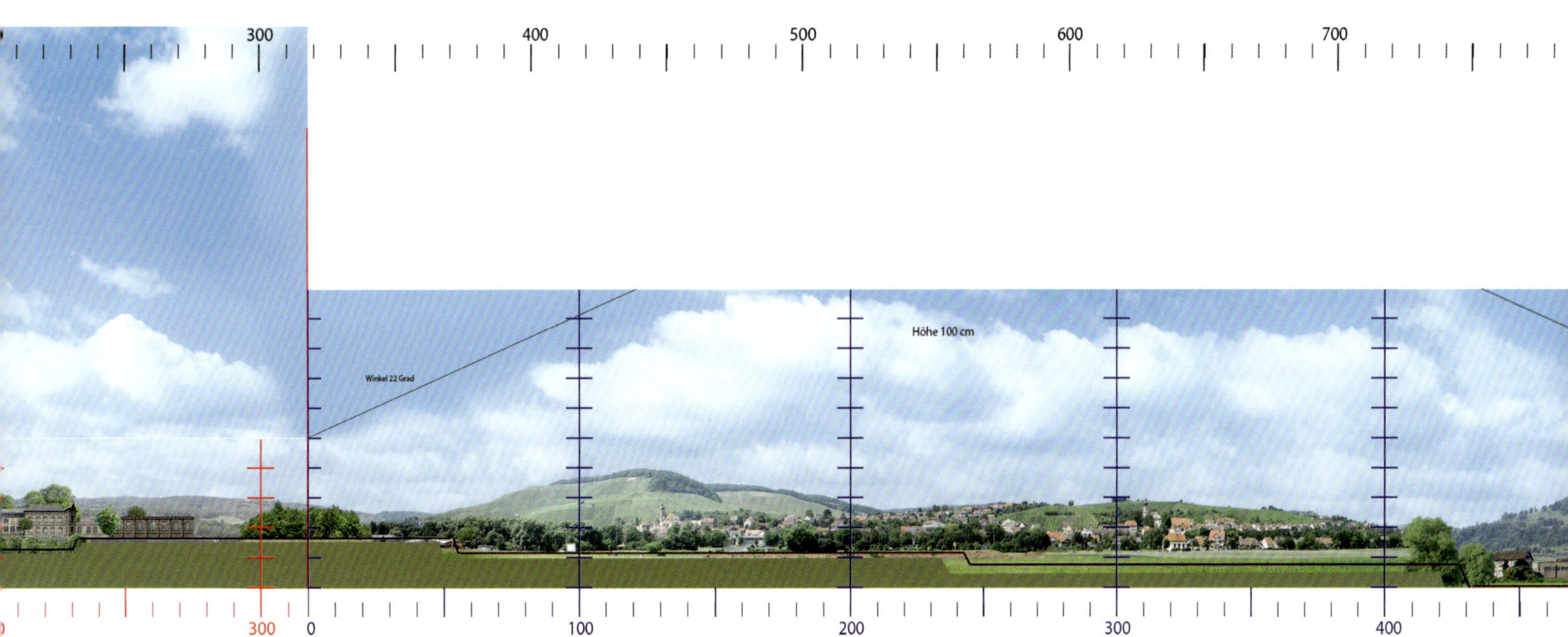

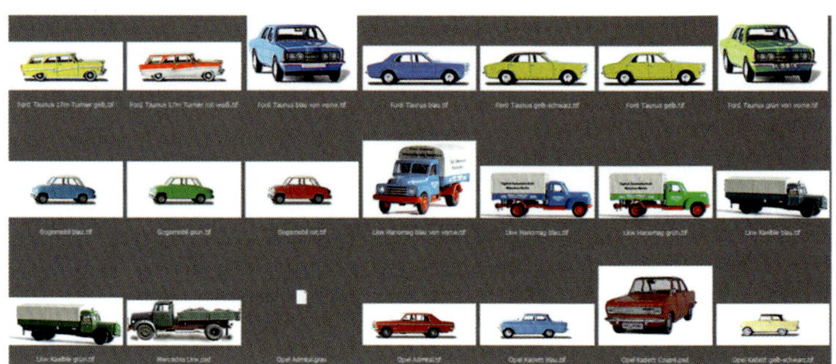

Ob Wohn- oder Geschäftshaus, Alt- oder Neubau, die gestalterischen Möglichkeiten sind fast unerschöpflich – bis hin zu Wegen und kleinen Einzelmotiven wie Pkw und Lkw.

tive können wir in den beleuchtbaren Tag-/Nachtmodus umarbeiten und entsprechend drucken.

Was wir benötigen sind zunächst die Grundmaße (Länge, Breite, U- oder L-Form etc.) Ihrer Anlage, die Sie uns z. B. in einer Skizze zusammenstellen können sowie eine kurze Beschreibung (Epoche, Landschaftscharakter: z. B. flaches Land, Mittelgebirge usw.). Wichtig ist auch zu wissen, ob es verschiedene Ebenen gibt und ob kleinere oder größere Geländeerhebungen oder -einschnitte vorhanden sind. Wenn ja, benötigen wir möglichst genaue Maßangaben, ausgehend von einer von Ihnen zu bestimmenden Nullebene. Das kann z. B. die Hauptebene Ihrer Anlage sein. Sie können, falls der Hintergrund bis zur Decke reichen soll, aber auch die Decke als Nullebene nehmen und von dort an nach unten messen. In jedem Fall sind Fotos Ihrer Anlage hilfreich, egal in welchem Bauzustand sie gerade ist.

Wir arbeiten dann einen Vorschlag für Sie aus, in den ein durchgehendes Maßraster eingeblendet ist, womit Sie exakt nachvollziehen können, wie die von uns vorgeschlagene Hintergrundgestaltung mit Ihrer Anlage korreliert. Dieser Entwurf ist für Sie wie für uns die Arbeitsgrundlage, um uns dann im direkten Dialog über etwaige Änderungswünsche auszutauschen.

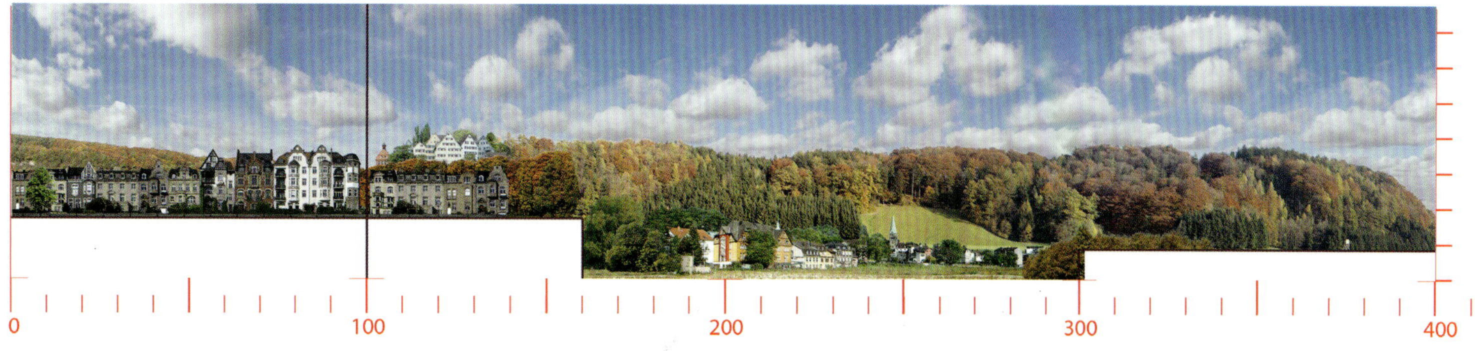

Eine interessante Besonderheit bei den JoWi-Hintergründen ist die Option auf einen Tag-/Nachtbetrieb. Das beidseitig bedruckte Motiv wird dafür auf einem Leuchtkasten angebracht. Der Screenshot zeigt beide Zustände.

Wenn wir diese „Vorarbeiten" abgeschlossen haben, kann der Hintergrund auf verschiedenen Materialien in Druck gehen:

- *Fototapete matt (Vliestapete),*
- *Fotofolie oder selbstklebende Folie matt,*
- *verschiedene Textilmaterialien,*
- *Forex-Leichtkunststoffplatten*
- *Hintergründe mit Tag-/Nachteffekt: transparente Folie (ca. 0,1 mm) oder Kunststoffplatten.*

Die Screenshots in diesem Beitrag zeigen einen kleinen Teil der zur Verfügung stehenden Motive.

Kulissenmodelle

Eine weitere Möglichkeit, die Tiefenwirkung einer Anlage zu erhöhen und gleichzeitig Platz zu sparen, ist der Bau sog. Halbrelief-Kulissenmodelle. Hauptsächlich geht es um Gebäude, die nur aus der vorderen Fassade und einem Teil der Seitenwände bestehen. Bei Häusern mit Spitzdächern ist dies meist die halbe Tiefe, damit die volle Höhe des Daches bis zum First erhalten bleibt. Bei anderen Bauten kann die Tiefe weiter verringert werden. Sie werden am hinteren Anlagenrand entlang vor dem Hintergrundmotiv aufgestellt und erhöhen durch ihre Dreidimensionalität die Tiefenwirkung. Auch dazu gibt es Beispiele in diesem Buch (siehe Kasten Seite 153).

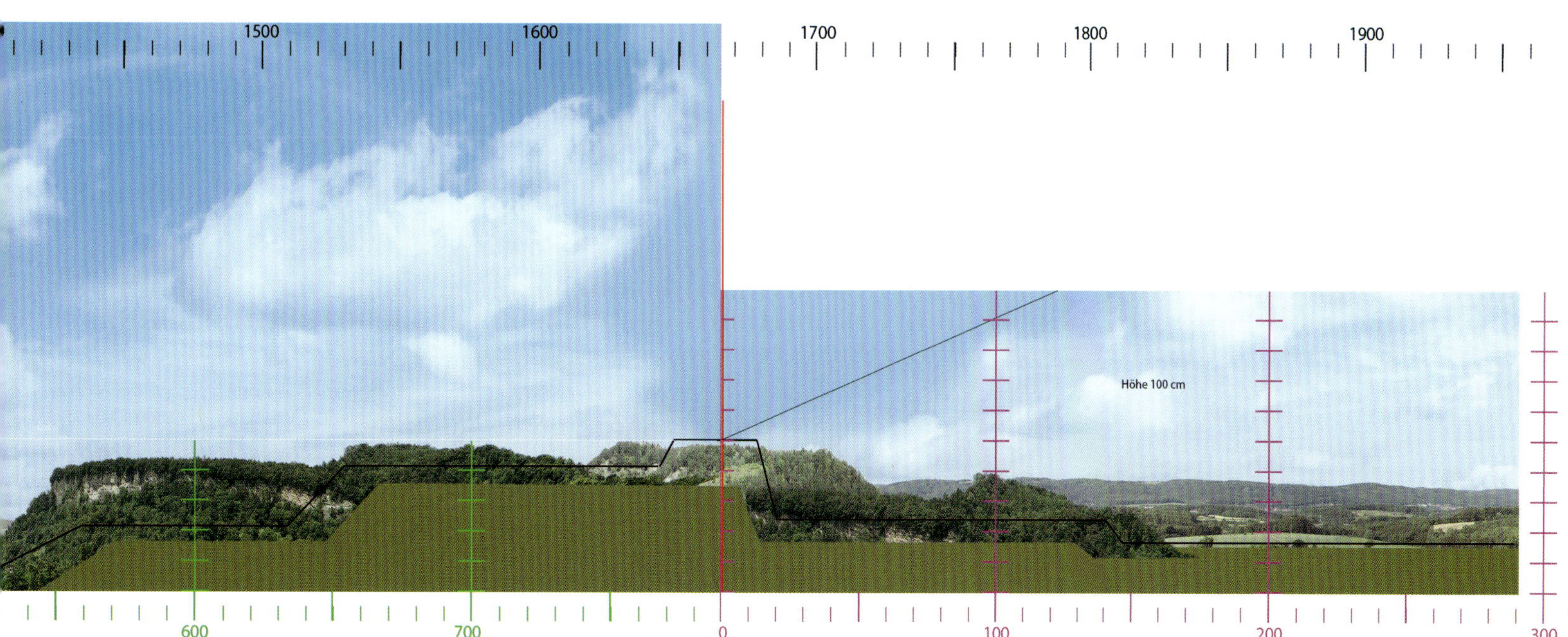

Anlagenbau

Wenn die Planung abgeschlossen ist, alle grundsätzlichen Fragen beantwortet sind, kann mit dem Bau der Anlage begonnen werden. Für sehr viele Modellbahner beginnt damit der schönste Teil des Hobbys. Er kostet viel Zeit – und die sollte man sich auch nehmen.

Wie fast immer bei der Modellbahn gibt es auch beim Anlagenbau mehrere Möglichkeiten, wie der Modellbahner sein Ziel erreichen kann. In der ersten Bauphase geht es um den Unterbau der Anlage, der fast immer aus Holz besteht, und um die für die spätere Wirkung so wichtige Hintergrundkulisse. Wie man dabei vorgeht, hängt auch davon ab, wie groß die Anlage werden soll und welche Topografie sie aufweist. Ein einfacher Modul- oder Segmentkasten ist schnell zusammengefügt, eine „richtige" Anlage erfordert schon deutlich mehr Aufwand.

Bei der Auswahl der Baumethode sollten auch die eigenen Fertigkeiten berücksichtigt werden. Manche arbeiten gerne mit dem Material Holz, andere Modellbahner bevorzugen mehr die Technik, Elektrik oder die Ausgestaltung. In dem Fall empfiehlt sich eine einfachere Vorgehensweise beim Rahmenbau, z. B. in Form eines Grundrahmens, auf den die Trassen „einfach" aufgeständert werden. Versierte Holzbearbeiter, die sich ihre Anlage bereits vorher gut dreidimensional vorstellen können, werden hingegen die Spantenbauweise bevorzugen. Beides wird in diesem Kapitel gezeigt.

Mit „Spanten" werden senkrecht stehende Holzzuschnitte bezeichnet, die dem jeweiligen Profil der Landschaft entsprechen und als Auflage für die Trassen der Gleise und Straßen, aber auf für Standplätze von Gebäuden etc. dienen. Sehr erfahrene Holzbearbeiter/Modellbahner bauen ihre Anlagen sogar ausschließlich als Gerüst aus Spanten, ohne zuvor einen Grundrahmen zu errichten.

Die Bauweise wirkt sich bereits auf den Holzeinkauf aus. Am besten ist es, wenn man beim Einkauf beim Schreiner oder im Baumarkt eine genaue Einkaufsliste mit den benötigten Maßen vorweisen kann. Bei einigen Gleisplanprogrammen kann man, nach Festlegung der Höhenprofile, auch Rahmen und Spanten generieren und auf dieser Basis eine solche Liste erstellen (zu den Holzarten siehe Kasten auf Seite 160).

Neben dem Material werden natürlich auch Werkzeuge gebraucht. Zunächst reicht eine Grundausstattung (siehe Kasten rechts). In den meisten Haushalten dürfte ein be-

Anlagen, Methoden und Gestaltung

Um verschiedene Bauweisen und Alternativen zeigen zu können, stammen die Fotos in diesem Kapitel vom Bau verschiedener Anlagen der Baugröße H0. Viele Tipps zum Anlagenbau, insbesondere im Bereich der Landschaftsgestaltung, der Aufstellung von Gebäuden und der Details findet man auch im Kapitel „Fertiggelände – eine Alternative?" (ab Seite 114). Sie werden hier nicht nochmals gezeigt bzw. beschrieben.

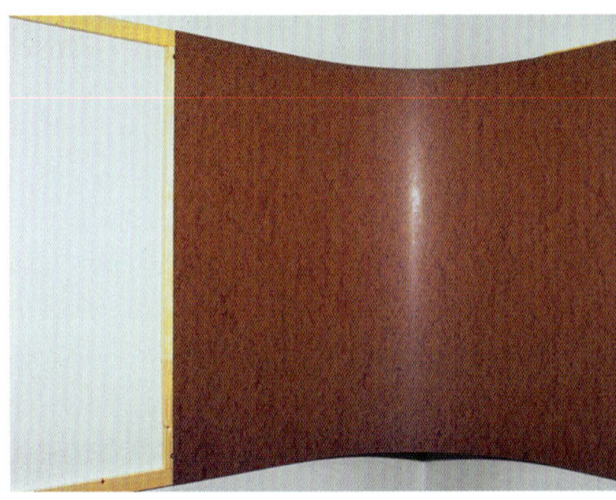

Auf schmalen Leisten wird der Unterbau für die Kulisse aus Hartfaserplatten befestigt. Die Ecken sollten ausgerundet werden.

Gut sieht man hier, wie der Himmel knickfrei um die Zimmerecke geführt wurde.

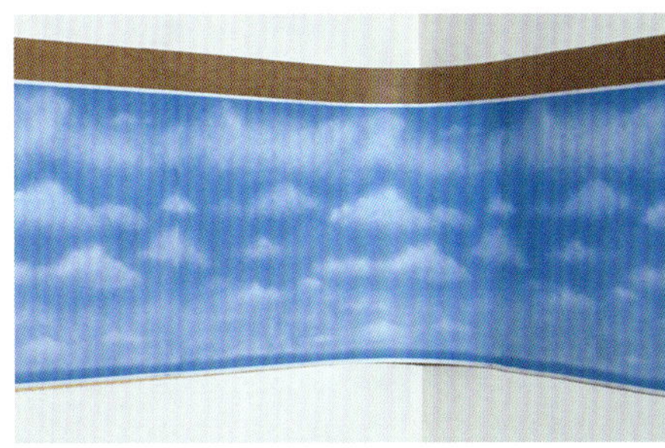

Dieser reine Himmel-Hintergrund ohne Landschaft stammt von MZZ.

Auch spektakuläre Landschaften sind erhältlich – ein Alpenmotiv von Faller.

achtlicher Teil davon bereits vorhanden sein. Eine Grundregel sollte man beim Neukauf beherzigen: Lieber weniger, dafür aber qualitativ gutes Werkzeug anschaffen. Diese anfänglich etwas höhere Investition zahlt sich meist sehr schnell aus. Verdruss bei der Arbeit und womöglich unbefriedigende Ergebnisse durch schlechtes Werkzeug können die Freude am Hobby verderben.

Der Hintergrund

Doch nun der Reihe nach: Bereits früh sollte man sich Gedanken über die Hintergrundkulisse (siehe dazu vorheriges Kapitel) machen – besonders, wenn die Anlage stationär aufgebaut wird und so groß ist, dass sie sich nicht mehr ohne Weiteres bewegen lässt. Zumindest in diesen Fällen sollte man sie schon anbringen, bevor mit dem eigentlichen Anlagenbau begonnen wird. Wenn die Räumlichkeiten es zulassen, sollte die Kulisse, beispielsweise bei einer Rechteckanlage, im Idealfall U-förmig um die Anlage herum aufgebaut werden. Die untere Kante der Hintergrundkulisse sollte bis einige Zentimeter unter den tiefsten Punkt der Anlage vor ihr reichen. So

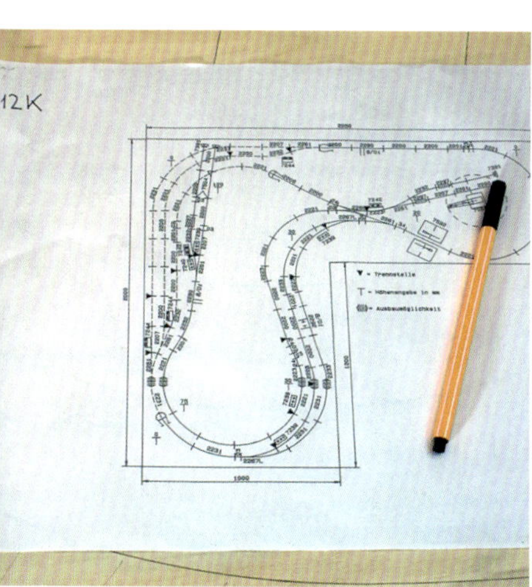

Hilfreich beim Probeaufbau: der Gleisplan mit Bezeichnung der Gleiselemente.

Nach dem Holzeinkauf wird das Material dem Verwendungszweck nach sortiert werden – in der Reihenfolge der Bauschritte: Rahmen und Standfüße, Trassen und ggf. Spanten.

So kann der Grundrahmen einer Anlage aussehen. Daran lassen sich aufgeständerte Trassen, aber auch die sog. Spanten anbringen.

Die Gleise werden auf der noch unbearbeiteten Grundplatte ausgelegt. Die roten Punkte markieren spätere Trennstellen.

Werkzeuge für Modellbahner

Grundausstattung für den Anlagenbau

Für grobe Arbeiten:

- elektrische Stichsäge
- elektrische Bohrmaschine
- HSS-Bohrer von 1 bis 10 mm
- Akku-Schrauber und Bits
- je ein Hammer 100 g und 250/300 g
- Schraubendreher f. Schlitz- und Kreuzschlitzschrauben in versch. Größen
- Flachzange
- Kombizange
- Seitenschneider (groß und klein)
- Metallsäge (klein)
- Holzraspel
- verschiedene Holzfeilen
- Stechbeitel
- div. Schraubzwingen (mittlere und kleine Größen)
- Stahlwinkel
- Maßstab
- Wasserwaage
- Heißklebepistole

Für Landschafts- und Gebäudebau:

- Bastelmesser mit Ersatzklingen
- kleine Bastelsäge
- Seitenschneider für den Modellbau
- Spachtel unterschiedl. Form und Größe
- Tacker
- Schleifklotz
- verschiedene, mittelgroße Pinsel

Für Elektrik, Elektronik und Feinarbeiten:

- Uhrmacher-Schraubendreher-Set
- kleiner Schraubstock
- Kleinbohrmaschine mit verschiedenem Zubehör
- Satz Schlüsselfeilen
- Satz Nadelfeilen
- feine Pinsel (Größen 0 bis 4)
- verschiedene Pinzetten
- Schieblehre
- Abisolierzange
- kleine Lötstation mit feinen Spitzen
- elektr. Universalmessgerät

Wichtige Verbrauchsmaterialien:

- Füllspachtel (Moltofill o.ä.)
- Weißleim (z. B. Ponal)
- Kontaktkleber (z. B. Pattex)
- Sekundenkleber (Gel und flüssig)
- Kunststoffkleber für Polystyrol
- Schleifpapier, 100er bis 400er

Nicht aufgeführt wurden Schrauben, Nägel, Farben, Kabel, Stecker etc.

Holz für den Anlagenbau

Holz ist der am besten geeignete Werkstoff für den Bau von Rahmen und Trassen. Die wichtigste Bezugsquelle sind die heute überall anzutreffenden Baumärkte. Drei der dort in verschiedenen Stärken erhältlichen Holzarten, die sich im Bereich des Anlagenbaus besonders bewährt haben, sollen hier angesprochen werden:

Sperrholz besteht aus mehreren, miteinander verleimten Furnierschichten. Es werden verschiedene Qualitäten angeboten, die sich in der Art des verwendeten Holzes sowie der Anzahl der Schichten (bei gleicher Gesamtstärke) unterscheiden. Sperrholz ist vergleichsweise leicht und lässt sich gut bearbeiten. Daher gehört es zu den im Anlagenbau bevorzugten Holzarten – obwohl sich die im Handel üblichen, preiswerten Sorten leicht verziehen können. Nach dem Einkauf sollten die Platten daher bis zur Verarbeitung flach auf dem Boden gelagert werden.

Von den preiswerteren Spanplatten muss hingegen dringend abgeraten werden. Sie sind sehr schwer und haben harte, schlecht zu bearbeitende Oberflächen. Die aus Holzspänen und Leim gepressten Platten brechen an den Kanten leicht aus und reagieren sehr empfindlich auf Feuchtigkeit.

Ideale Eigenschaften haben die teureren Tischlerplatten, die streng genommen auch in die Kategorie Sperrholz gehören. Sie bestehen aus miteinander verleimten Holzstäben und sind beidseitig mit Furnier kaschiert. Tischlerplatten sind stabil, weitgehend verzugsfrei und recht unempfindlich gegenüber Feuchtigkeit.

Für einen aus Leisten errichteten Rahmen sollte nur gerades und möglichst abgelagertes Material verwendet werden. Glatte, gehobelte Leisten schützen vor Verletzungen. Der Querschnitt hängt von der Anlagengröße und dem Abstand der Verstrebungen ab. Schmale, hohe Leisten sind stabiler und lassen sich besser miteinander verschrauben.

Wir bevorzugen für den Rahmen schon seit vielen Jahren in (nicht zu) schmale Streifen geschnittene Tischlerplatten, die sich erfahrungsgemäß deutlich weniger verziehen als die in Baumärkten erhältlichen, nicht immer ausreichend abgelagerten Leisten der dort gängigen Sorten.

Mit einem selbst gebauten Zeichenwagen wird der Trassenverlauf auf die Grundplatte übertragen.

Sofern bereits vorhanden, sollten auch Gebäudemodelle etc. bei der Probeaufstellung berücksichtigt werden. Man bekommt damit einen besseren Eindruck von der späteren Wirkung.

Der Zuschnitt der Trassen und Standplätze erfolgt mit einer Stichsäge.

Die zugeschnittene Trasse, aufgeständert auf Holzleisten (hier noch provisorisch, es sind mehr Stützen erforderlich).

schaut man auch aus einer etwas höheren Perspektive nicht auf die darunter befindliche Wand.

Der Grundrahmen

Meistens ist der Grundrahmen ein einfaches Gerüst aus gehobelten Holzleisten (oder schmalen, hochkant stehenden Zuschnitten von Tischlerplatten). Er soll für eine möglichst gute Stabilität der Anlage sorgen und dient zugleich dazu, die Trassen und Standflächen auf der erforderlichen Höhe zu fixieren. Wie man die Leisten miteinander

Auf den unteren Trassen werden die Gleise bereits fest verlegt. Die Trasse in der Mitte mit der Fläche muss noch aufgeständert werden.

Bei diesem Anlagenbeispiel entsteht der Unterbau aus Trassen, die am Rahmen befestigt werden. Das Foto zeigt die Anordnung der nun im Landschaftsprofil zuzuschneidenden Platten.

Dieselbe Anlage mit den zugeschnittenen Trassen. Auch der hintere und der seitliche Abschluss entsprechen dem Landschaftsprofil.

Ganz anders sieht der Rohbau dieser Anlage aus. Hier gibt es keinen Grundrahmen; auf der großen Fläche wird eine Stadt gestaltet.

verbindet, spielt keine so große Rolle. Am einfachsten, z. B. auch für die Berechnung von Höhenabstufungen, ist es, wenn ein regelmäßiges Raster entsteht. Wer sich das nicht zutraut, kann damit auch einen Schreiner beauftragen. Er kann dank seines Maschinenparks wesentlich schneller und präziser arbeiten als der Modellbahner daheim.

Erste Probeaufstellung

Wenn der Rahmen steht, mit stabilen Standbeinen auf der gewünschten Höhe, können die Grundplatten aufgelegt werden. In vielen Fällen decken sie den gesamten Rahmen ab, denn man bekommt nur rechteckige Zuschnitte, und fast immer reichen die daraus auszuschneidenden Trasse und Standflächen bis nahe an den Anlagenrand heran.

Darauf können nun erstmals die Gleise ausgelegt werden. Hilfreich ist dabei ein Ausdruck des Gleisplans mit der Angabe der Artikelnummern. Auch erforderliche Trennstellen, die Position von Entkupplern etc. können dort bereits angegeben sein – sofern man sie bei der Planung berücksichtigt bzw. eingezeichnet hat.

Falls dabei einzelne, sich später auf zwei Ebenen kreuzende Gleise übereinander liegen, spielt dies vorerst keine Rolle. Bestehen jedoch größere Teile der Anlage aus zwei sich überdeckenden Ebenen, werden auch zwei Grundplatten benötigt – dann beginnt man mit der unteren. Sofern es bereits fertige Gebäude gibt, sollten diese auch aufgestellt werden. So lässt sich die spätere Wirkung schon recht gut beurteilen.

Der Trassenzuschnitt

Die Gleise sollten nun sehr genau ausgerichtet werden, da es nun an den Zuschnitt der Trassen geht. Vielleicht

Keine Scheu vor Flexgleisen

Je anspruchsvoller und individueller die Gleispläne werden, desto häufiger kommen Flexgleise zum Einsatz. In erster Linie dienen sie uns dazu, Strecken in Radien zu verlegen, die es nicht als fertige Gleiselemente gibt. Auch von festen Radien abweichende Verläufe, z .B. Übergangsbögen, sind nur damit möglich. Außerdem lassen sich mit ihnen beliebig lange Gleisabschnitte realisieren. Dies ist immer dann erforderlich, wenn das Raster der jeweiligen Geometrie verlassen wird und sich Lücken nicht mehr mit Ausgleichstücken schließen lassen. Auf diese kann man ggf. auch ganz verzichten und die Ausgaben für diese (bezogen auf ihre Länge) relativ teuren Gleiselemente sparen.

Abgesehen von Märklins C-Gleis werden zu allen Gleissystemen auch Flexgleise angeboten. Bei Gleisen ohne Mittelleiter kann man problemlos auch zu Fremdfabrikaten greifen. Zu beachten ist allerdings, dass es geringe Abweichungen bei der Schienenhöhe (Schwellenhöhe zuzüglich Schienenprofil) geben kann und diese nötigenfalls ausgeglichen werden müssen.

Flexgleise sind also ausgesprochen nützlich. Daher sollte man keine Scheu davor haben, sie einzusetzen. Das saubere Verlegen in Bögen und das präzise Ablängen der Schienenprofile erfordert etwas Übung. Zu einigen Systemen gibt es entsprechende Endstücke. Außerdem werden die passenden Schienenverbinder benötigt. Diese gibt es zum Teil auch in Varianten zum Verbinden von Gleismaterial mit unterschiedlich hohen Schienenprofilen. Wichtig ist, dass der Übergang zum anschließenden Gleis präzise ohne Lücke und ohne „Knick“ im Gleisverlauf ausgeführt wird. Doch diese Hürde ist mit ein wenig bastlerischer Praxis schnell überwunden.

Bei parallel verlaufenden Gleisen ist es unerlässlich, den Gleisabstand durchgängig exakt einzuhalten. Dafür gibt es speziell für diesen Zweck entwickelte Lehren in unterschiedlichen Ausführungen.

Kurz erwähnt sei noch das prinzipiell ebenfalls mögliche Kürzen von starren Gleiselementen. Bei manchen Systemen ist dies ebenso einfach wie das Anpassen von Flexgleisen, bei anderen ist es konstruktiv bedingt etwas komplizierter. Besonders Märklins Mittelleitergleise sind in dieser Hinsicht deutlich anspruchsvoller und erfordern bastlerisches Geschick.

Hier, im Bereich eines Bahnbetriebswerks, wurden die Gleiszwischenräume mit Kork aufgefüllt, da sie später in etwa bündig mit ihrer Umgebung abschließen sollen.

Wird eine Drehscheibe eingebaut, ist ein kreisrunder Ausschnitt in der Grundplatte erforderlich – exakt ausgerichtet zum Lokschuppen.

Nach dem Verlegen der Gleise beginnt die Landschaftsgestaltung. Hier entsteht der Unterbau aus feinem Drahtgewebe.

kann man sogar einen kleinen Probebetrieb durchführen.

Anschließend sollte die Gleislage auf die Grundplatte(n) übertragen werden. Am einfachsten ist dies mit einem selbst gebastelten Zeichenwagen (siehe Foto). Dabei muss unbedingt die Breite des Schotterbetts (außer bei Bettungsgleisen) und zumindest der beidseitige Randweg berücksichtigt werden (siehe Maße ab Seite 44). Für durchgängig plane Bereiche, z. B. bei den Bahnhöfen, Ladegleisen oder Bahnbetriebswerken, werden die Gleise ebenfalls angezeichnet, aber nicht ausgeschnitten. Ebenso macht man es bei Straßen, die bei planen, zu bebauenden Arealen i. d. R. auch nicht ausgesägt werden.

Der Zuschnitt erfolgt mit einer Stichsäge. Bei engen Radien sollte ein flexibles Sägeblatt zum Einsatz kommen. Danach werden die Trassen- und Flächenzuschnitte wieder auf den Rahmen aufgelegt und auf die erforderliche Höhe gebracht – mit der gewählten Baumethode. Besonders sorgfältig sollte bei Steigungen gearbeitet werden. Wie es danach in etwa aussieht, zeigen die Bilder auf der vorangegangenen Doppelseite.

Gleise fest verlegen

Die Gleise können nun fest verlegt werden. Je nach Gleissystem und gewünschtem Ergebnis kann es dabei Unterschiede geben. Gleise lassen sich schrauben oder kleben. Gleise ohne Bettungen sollten stets auf Bettungskörpern mit vorbildgerechtem Querschnitt verlegt werden, z. B. auf sog. Korkgleisbetten. Dies gilt allerdings nur für die freie Strecke. In Bahnhöfen und anderen Betriebsbereichen liegen die Gleise weitgehend auf dem Niveau ihres Umfelds. Die Gleiszwischenräume müssen

Verlegen von Märklins K-Gleisen in Merkur-Gleisbettungen. Am Schienenstoß wird hier der Mittelleiter eingespeist.

Bettungen wie die von Merkur für das Märklin-Gleis oder von Tillig für die hauseigenen Gleise ersparen das sehr zeitaufwendige Einschottern von Hand.

also angehoben werden, insbesondere bei Bettungsgleisen (z. B. Märklins C-Gleis, Fleischmanns Profi-Gleis), z. B. mit Zuschnitten aus dün- nem Styrodur oder Korkplatten aus dem Baumarkt.

Gleise ohne Schotterbett müssen von Hand eingeschottert werden. Dies ist mühselig, führt aber bei sorg-

Kabel sollten zusammengefasst und sauber verlegt werden, hier eine simple Methode.

Tunnelportale sollten stets mit Röhren versehen werden. Das Innere des Tunnel wurde schwarz gefärbt.

So sieht der Blick in die dunkle Tunnelröhre aus. Das einfache Portal stammt von Faller.

fältiger Arbeit zu den besten Ergebnissen (siehe auch Seite 166). Eine Alternative dazu sind fertige Gleisbettungen, wie es sie von Merkur und Tillig gibt.

Die Verdrahtung

Gleichzeitig mit der Gleisverlegung muss an die Stromversorgung gedacht werden. Auch die Weichenantriebe etc. sollten jetzt montiert werden. Wie hoch der Verdrahtungsaufwand ist, hängt auch davon ab, ob die Anlage analog oder digital betrieben werden soll – und welche betrieblichen Möglichkeiten man sich wünscht. Unabhängig davon sollte aber grundsätzlich darauf geachtet werden, dass alle Kabel gekennzeichnet und ein einheitlicher Farbcode verwendet wird. Parallel laufende Leitungen sollten zusammengefasst und stets so ordentlich wie möglich verlegt werden. Andernfalls wird eine Fehlersuche deutlich erschwert. Dafür steht eine breite Palette an Installationsmaterialien zur Verfügung.

Ordentlich verlegte, eindeutig gekennzeichnete Kabel sorgen für Betriebssicherheit.

Der Landschafts-Unterbau

Mit dem nun folgenden Landschafts-Unterbau nimmt die Anlage nach und nach Gestalt an. Auch hier gibt es wieder eine ganze Reihe von bewährten Methoden. Die Auswahl ist u.a. abhängig von der Anlagengröße, aber auch von persönlichen Vorlieben – siehe Kasten auf der nächsten Seite. Fast immer wird man zwei oder mehr Methoden miteinander kombinieren, da sich auf diese Weise ein optimales Ergebnis erzielen lässt.

Eines ist zu beachten, nachdem die Gleise verlegt sind: Überall dort, wo „schmutzige" und/oder feuchte Arbeiten durchzuführen sind, sollten die Gleise gut geschützt werden. Dafür reichen schon ein paar Lagen Zeitungspapier, die mit Kreppband an den Trassen befestigt werden.

Eine schon sehr alte, aber immer noch bewährte Methode zeigen die Fotos auf dieser Doppelseite: Der hölzerne Unterbau wird zunächst mit einem feinen Drahtgewebe überzogen. Es lässt sich leicht mit einer groben Schere zuschneiden und zwischen den Auflagen auf der Unterkonstruktion gut mit der Hand for-

Eine uralte, immer immer noch bewährte Methode: Das Drahtgewebe wird mit Gipsbinden überzogen. Während dieser „schmutzigen" Arbeit sind die Gleise darunter mit Zeitungspapier abgedeckt.

Nach dem Trocknen der Gipsbinden wirkt es wie eine Schneelandschaft. Mit Spachtelmasse kann noch nachmodelliert werden.

Alle Bereiche der Anlage, die mit Landschaft gestaltet werden, erhalten einen Anstrich mit dunkelbrauner Dispersionsfarbe.

Landschafts-Unterbau

Die Gleistrassen und größere, ebene Flächen wie das Bahnhofsareal, Straßen oder Plätze entstehen fast immer aus Holz. Für die Flächen dazwischen und für den Unterbau von Landschaften gibt es eine Menge von Methoden und Materialien. Firmen wie Auhagen, Busch, Faller, Heki oder Noch bieten eine große Auswahl an Werkstoffen für die Gestaltung von Modellbahn-Landschaften. Die Bandbreite reicht vom flexiblen Geländepapier über Drahtgewebe und Gipsbinden bis zu unterschiedlich zu verarbeitenden Spachtelmassen. Ist man mit dem Thema noch nicht vertraut, sollte man etwas Zeit investieren und die Kataloge der verschiedenen Firmen anschauen. Fast alle gibt es inzwischen zum Blättern im Internet.

Manches findet man in Baumärkten, zum Beispiel Füllspachtel, der dem deutlich schwereren Gips vorzuziehen ist. Hier gibt es auch das für die Gestaltung von Bergen und Böschungen gut geeignete Styropor bzw. das feinere, stabilere und daher noch bessere Styrodur. Diese leichten Werkstoffe lassen sich gut mit dem Messer, einer Raspel oder einem speziellen Schneider („Heißer Draht") bearbeiten. Sie dürfen jedoch nur mit Klebstoffen ohne Lösungsmittel verklebt werden. Beide können mit Spachtelmassen überzogen werden, zum Beispiel zur Gestaltung von Felsstrukturen. Auch aus PU-Schaum (Bau- oder Montageschaum) können vorbildgetreue Landschaften modelliert werden.

Bei der Auswahl der Werkstoffe sollte auch die weitere Gestaltung berücksichtigt werden. Ein weicher Unterbau, z. B. aus Styropor, lässt sich zwar gut bearbeiten (abgesehen von den statisch aufgeladenen „Krümeln"). Er ist aber nicht stabil genug, um darin Bäume oder Modellleuchten standsicher zu verankern. Ggf. müssen dafür Standplätze eingearbeitet werden, z. B. aus Holz. Oder man entscheidet sich in dem jeweiligen Bereich gleich für eine andere Bauweise.

Vieles lässt sich gut miteinander kombinieren, viele Methoden können zu guten Ergebnissen führen, sodass es auch von den persönlichen Vorlieben abhängt, mit welchen Materialien bevorzugt gearbeitet wird. Auch in dieser Hinsicht sind der Kreativität im Landschaftbau kaum Grenzen gesetzt.

men. Am schnellsten lässt es sich mit einem Tacker am Holz fixieren.

Jetzt wird es recht feucht, denn das Drahtgewebe wird mit angefeuchteten (durch eine Wanne mit Wasser ziehen) Gipsbinden überzogen. Mit einem alten, breiten Pinsel lässt sich die Oberfläche gut glätten. Anschließend muss der Gips gut durchtrocknen. Danach sieht es fast so aus, als wollte man eine Schneelandschaft gestalten. Bei Bedarf kann nun zum Nachmodellieren oder zur späteren Felsgestaltung Spachtelmasse aufgetragen werden.

Erste Farbe für die Anlage

Danach kommt erstmals Farbe zum Einsatz. Alle Bereiche, die landschaftlich gestaltet werden sollen, Wald und Wiesen, aber auch der Bereich der Randwege entlang der Gleise, werden bevorzugt mit dunklem Braun eingefärbt (Erdreich in der Realität ist ja auch braun). Dafür eignen sich am besten die preiswerten Dispersionsfarben (Abtönfarben), die mit einem breiten Pinsel flächig aufgetragen werden. Wer mag, kann die Straßen bereits mit einem ersten, grauen Anstrich versehen. So allmählich macht die Landschaft schon einen ansehnlichen Eindruck – auch wenn noch nicht alle Bereiche Farbe erhalten haben.

Styropor und Styrodur

Kurz soll hier auf alternative Methoden und einige Besonderheiten eingegangen werden: Statt mit Zuschnitten aus der ursprünglichen Grundplatte für den Trassenzuschnitt lassen sich bebaute oder auch nur begrünte Areale auch hervorragend auf Styropor oder dem stabileren Styrodur aufbauen. Diese beiden Werkstoffe eignen sich auch bestens, um kleine oder mittlere Höhenun-

In Bereichen, die mit Wald oder Wiesen gestaltet werden, kann ein dünner Überzug aus feinem, dunklem Erdreich, eingestreut in Weißleim, die optische Wirkung noch verbessern.

Das leichte Styropor reicht als Standplätze für Gebäude und als Unterbau von Straßen – hier ansteigend – durchaus aus.

Bei diesem aus Styropor modellierten Bahnübergang wurden kleine Holzklötzchen als Sockel für die Blinklichtanlage eingesetzt.

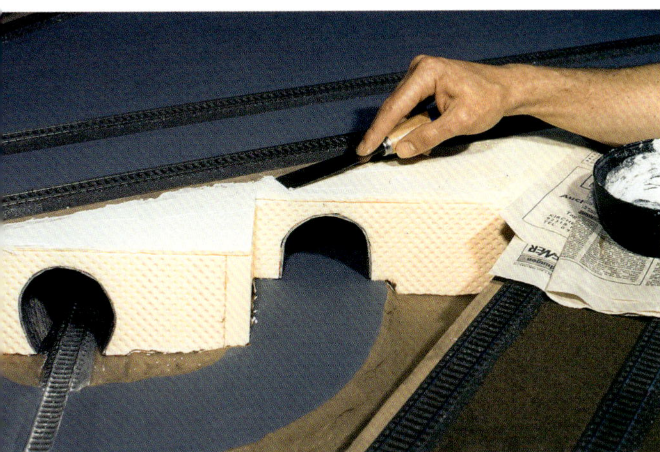

Diesmal haben die beiden nebeneinander angeordneten Tunnelportale einen Unterbau aus Styrodur erhalten. Die Stabilität ist hervorragend. Lücken werden mit Spachtelmasse geschlossen.

Die gespachtelte und plan geschliffene Straße ist grau eingefärbt, nun können die beiden Tunnelportale angebracht werden.

Felsen lassen sich gut aus Spachtelmasse modellieren. Einfacher ist es mit vorgefertigtem Gestein, zum Beispiel aus PU-Schaum.

terschiede darzustellen – stufenweise oder durch eine entsprechende Bearbeitung mit Bastelmesser, Raspeln und Feilen auch passend zu Rampen, Böschungen oder anderen Schrägen modelliert. Bis zu einem gewissen Grad (besonders Styropor bricht leicht) lassen sich auch ansteigende oder fallende Trassen für Straßen damit anlegen.

Auch kleine Rampen, wie sie zum Beispiel bei einem Bahnübergang über ein Gleis mit Bettung erforderlich sind, lassen sich damit einfach gestalten. Überall dort, wo feste Installationen erforderlich sind, sollte man jedoch für einen sicheren Stand sorgen, z. B. mit eingefügten Holzklötzchen (siehe Fotos linke Seite).

Beide Werkstoffe können direkt eingefärbt werden. Meistens ist es jedoch besser, sie zunächst mit einer Spachtelmasse zu überziehen. Denn damit werden die strukturierten Oberflächen abgedeckt und eine höhere Festigkeit der Oberflächen erreicht. Böschungen und ähnliche Areale lassen sich auch mit Gipsbinden sehr gut modellieren und zugleich versteifen.

Tunnelportale, Felsen etc.

Anders als in der Realität kommen Tunnelportale bei der Modellbahn sehr häufig vor, als Zufahrten zu verdeckten Abstellgleisen (Schattenbahnhöfen) sowie zum Kaschieren enger Radien bzw. eines ovalen Streckenverlaufs. Modelle von Tunnelportalen gibt es in großer Auswahl. Die Tunnelöffnungen sind jedoch zum Teil arg groß ausgefallen, um dem erweiterten Lichtraumprofil der Modellbahn Rechnung zu tragen (siehe Seite 44). Befindet sich das Portal über geraden Gleisen oder großen Radien, sollte man Modelle mit möglichst kleinen Öffnungen

Klebstoffe für die Modellbahn

Mit Klebstoffen ist es ähnlich wie mit den Farben: Es gibt eine riesige Auswahl für die unterschiedlichsten Zwecke. Vieles davon lässt sich irgendwo beim Anlagen- bzw. Modellbau mehr oder weniger sinnvoll einsetzen. In der Regel kommt man jedoch mit wenigen Sorten aus. Nur diese sollen kurz vorgestellt werden.

Ginge es nur um die Menge, stünde Weiß- bzw. Holzleim (z.B. Ponal) an der Spitze. Er hat auch die meisten Einsatzgebiete, die weit über den ursprünglichen Zweck hinausgehen. Beim Anlagenbau dient er natürlich dem Verbinden von Holz, aber auch Materialien wie Styropor und Styrodur lassen sich damit gut verkleben (hier mit langen Trocknungszeiten). Mit wenig (!) Wasser verdünnt und mit einem Spritzer Spülmittel gegen die Oberflächenspannung versetzt eignet sich der Leim gut zum Anlegen von Vegetationsflächen mit einem Begrasungsgerät. Auch in anderen Bereichen der Landschaftsgestaltung hat sich diese Mischung bewährt. Etwas stärker wird verdünnt, wenn mit diesem Leim ein manuell angelegtes Schotterbett aus echtem Steinschotter fixiert werden soll. Unverdünnt und in vergleichsweise winzigen Mengen lassen sich damit Lasercut-Modelle aus Karton und/oder Holz zusammenfügen.

Für Bausätze aus Kunststoff (i. d. R. Polystyrol) ist hingegen der speziell dafür gedachte Klebstoff unverzichtbar. Er sollte dünnflüssig sein und sich mit einem Pinsel oder einer dünnen Kanüle gut dosieren lassen. Man findet ihn auch bei den Anbietern der Bausätze.

Einen Alleskleber, den es heute auch lösungsmittelfrei gibt, sollte man parat haben – und wenn es nur darum geht, Lichtschutzmasken in Gebäude einzukleben. Früher oder später wird man auch Sekundenkleber benötigen – flüssig und als Gel. Da davon meist nur winzige Mengen benötigt werden, sind mehrere Kleinstgebinde (z. B. 3-Gramm-Tuben) den größeren Fläschchen vorzuziehen.

Abhängig von den anstehenden Arbeiten können sich auch Kontaktkleber (z. B. klassisches Pattex) sowie Kork- und Styroporkleber als nützlich erweisen.

Von den Herstellern von Modellbahnzubehör gibt es etliche spezielle Klebstoffe für bestimmte Zwecke. Diese können ob ihrer spezifischen Eigenschaften sehr nützlich sein, sind aber in den meisten Situationen nicht zwingend erforderlich.

Eine weitere Variante beim Anlagenbau: Die Trassen der Gleise und Straßen sind aus Holz, die Zwischenräume wurden mit Styrodur (unten, als Trägermaterial) und Styroporblöcken aufgefüllt.

Geländeabsätze aus unterschiedlich dicken Styroporplatten, die Standflächen sind aus dünnem Sperrholz.

Kleine Treppen verbinden die waagerechten Gehsteige. Zwischen den Gebäuden eine breite Treppe zur nächsthöheren Ebene.

wählen (ggf. an die Oberleitung denken!). Da die Portale einen festen Unterbau benötigen, sollten sie bereits beim Baubeginn Berücksichtigung finden. Dazu kann auch eine kleine Konstruktion aus 30 mm starken Styrodurplatten gehören (siehe Fotos). Für die optische Wirkung ganz wichtig ist die Tunnelröhre, die zehn, 15 cm lang sein sollte, damit man nicht in die „Unterwelt" der Anlage blicken kann. Dahinter reicht schwarze Farbe zum Abdunkeln.

Eine weitere Besonderheit beim Anlagenbau ist die Felsgestaltung. Mit entsprechender Begabung lassen sich mit spitzen Werkzeugen die unterschiedlichsten Felsformationen und Gesteinsstrukturen aus Gips herausarbeiten. Auch für die anschließende Farbgebung braucht man ein wenig Talent. Es gibt aber einige weniger aufwendige Alternativen, z. B. Formen zum Abgießen mit Gips oder einer Modelliermasse (und nachfolgendem Einfärben). Am einfachsten ist es mit komplett fertigen, farbigen Felsstücken, die aus vergleichsweise federleichtem PU-Schaum hergestellt werden.

Insgesamt ist das Angebot an Gestaltungsmaterialien so groß, dass man sich erst einmal mit den verschiedenen Möglichkeiten und ihren Alternativen beschäftigen sollte, bevor man sich selbst an die Landschaftsgestaltung macht.

Stadtgestaltung

Betrieblicher und oft auch optischer Mittelpunkt ist bei den meisten Modellbahnanlagen der „große Bahnhof", meist angesiedelt nahe am vorderen Anlagenrand. Einige wesentliche Merkmale, die beim Anlagenbau zu berücksichtigen sind, können der Zeichnung auf Seite 45 entnommen werden. Hier soll uns mehr das Umfeld interessieren. Die Standfläche für das Empfangsgebäude sollte nicht zu knapp bemessen werden, natürlich auch in Abhängigkeit von dessen Größe. Denn in der Realität findet man hier Parkplätze, oft einen Busbahnhof und Taxistände. Passende Straßenmarkierungen, nicht nur dafür, gibt es z. B. zum Aufreiben.

Die Schwellen, besonders aber die blanken Schienenprofile erhalten eine rostige bis schwarzbraune Farbgebung.

Stück für Stück wird das Gleis eingeschottert. Auf den Schwellen sollte kein Schotter liegen. Mit einem nicht zu harten Pinsel wird das Material gleichmäßig verteilt.

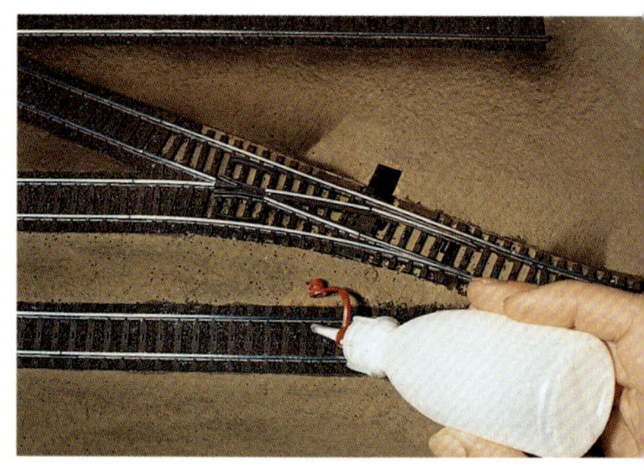

Der Schotter wird mit einem Gemisch aus Weißleim, Wasser und Spülmittel fixiert.

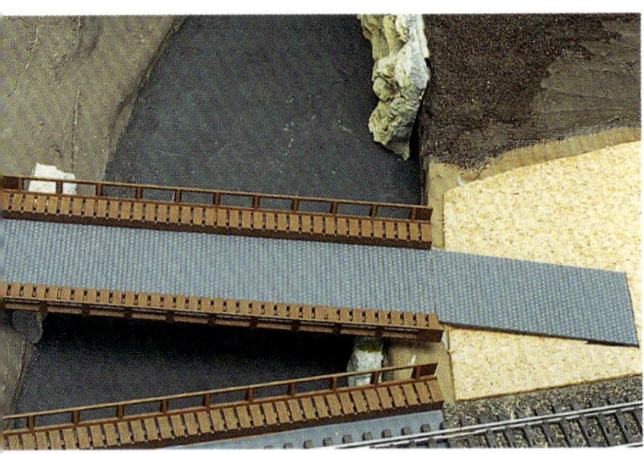

Eine Straßen und eine Bahnbrücke führen über einen kleinen Bach, der bereits seine Grundfarbe erhalten hat.

Mit Kies, Geröll, einigen Gräsern und kleinen Bündeln Schilf werden die Ufer gestaltet. Bei diesem Beispiel wurde der sich im Bereich der Mühle verbreiternde Bach anschließend mit speziellem Gießharz (z. B. von Faller) ausgegossen.

Fast noch wichtiger ist jedoch die Ortschaft, zu der der Bahnhof gehört. Wo sonst sollten die Fahrgäste herkommen? Beim Vorbild befinden sich die allermeisten Bahnhöfe mitten in der Stadt, nur sehr wenige liegen so weit außerhalb, dass keine

Bei sehr kleinen Flächen kann das Streugras mit solch einer Flasche aufgetragen werden.

dichtere Bebauung zu sehen ist. Die Gestaltung von Ortschaften hat im Modell noch einen weiteren Vorteil: Auf wenig Platz lässt sich eine gute Tiefenwirkung erzielen – viel besser als mit einzelnen Wohnhäusern und Gärten drum herum.

Optimal ist die Wirkung, wenn die Gebäude und die vor sowie zwischen ihnen verlaufenden Straßen und Gehsteige nicht einfach auf einer planen Fläche platziert werden. Kleine Höhenunterschiede, eine Staffelung von vorne nach hinten und vielleicht auch einmal ein schräg abzweigender Straßenzug lassen die Szenerie viel lebendiger wirken. Ein Beispiel zeigen die Fotos ganz links.

Da ein Unterbau aus Holz dafür viel zu aufwendig wäre, kommen wieder Styropor und Styrodur ins Spiel. Wichtig ist, dass alle Standflächen für die Gebäude absolut waagerecht sind. Gibt es zwischen ihnen einen Höhenversatz, können die Gehsteige entweder in einer Linie mit den Häusern verlaufen, z. B. mit kleinen Treppchen dazwischen, oder sie steigen kontinuierlich an. Dann muss allerdings darauf geachtet werden, dass die Eingänge, Tore etc. an der richtigen Position sind. Meist müssen dafür die Gebäudemodelle etwas nach unten verlängert werden. Das ist mit recht viel Aufwand verbunden. Bei einer so „lebendigen" Bauweise muss natürlich auch daran gedacht werden, dass kleine Stützmauern erforderlich werden können und dass nötigenfalls Geländer anzubringen sind. Natürlich braucht man dafür etwas mehr Zeit und Geduld, aber die Mühe ist es allemal wert.

Vegetationsgestaltung

Je nach Anordnung auf der Anlage kann nacheinander oder gleichzei-

Modellbahn-Epochen

Modellbahner haben die Entwicklungsgeschichte der Eisenbahn in Epochen aufgeteilt. Sie umfassen markante Zeitabschnitte mit bedeutenden optischen Veränderungen und technischen Fortschritten. Zusätzlich erfolgt durch Kleinbuchstaben eine Einteilung in Perioden. Die Epochen sind in der NEM 800 (für andere Länder NEM 801 bis 825) verbindlich festgelegt worden.

Epoche I (ca. 1870 bis 1925): Dieser erste Zeitabschnitt reicht von den Anfängen der Bahn bis zur Vollendung eines zusammenhängenden Streckennetzes. In dieser Epoche entstehen in den Ländern (z. B. Bayern, Preußen, Sachsen) die zahlreichen Staats- und Privatbahnen mit jeweils eigenem Fuhrpark. Die Entwicklung der Dampflok wird vorangetrieben. Mit Gründung der Deutschen Reichsbahn-Gesellschaft endet die Epoche I.

Epoche II (ca. 1925 bis 1945): Nach dem Ersten Weltkrieg kommt es zum Zusammenschluss der Bahngesellschaften zu Staatsbahnen. Bau- und Betriebsvorschriften werden ebenso vereinheitlicht wie die Betriebsnummern, es entstehen in großen Stückzahlen beschaffte Einheitsloks. Der elektrische Zugbetrieb, der Städte-Schnellverkehr und Triebfahrzeuge mit Stromlinienverkleidungen werden entwickelt. Die Epoche endet mit dem Ende des Zweiten Weltkriegs.

Epoche III (ca. 1945 bis 1970): Gründung der Deutschen Bundesbahn (DDR: Deutsche Reichsbahn). Die fünfziger Jahre sind vom Wiederaufbau und der Neuorganisation der Eisenbahn geprägt. Neben letzten neuen Dampfloks entstehen neue Dieselloks und ein Ellok-Typenprogramm. Die 3. Wagenklasse entfällt. Der Straßenverkehr macht der Bahn zunehmend Konkurrenz. Man baut ein europaweites Fernverkehrsnetz auf. 1968 (DDR: 1970) erfolgt die Umbezeichnung der Fahrzeuge auf computergerechte Nummern. Die DB führt das die folgende Epoche prägende ozeanblau/beige Farbschema ein.

Epoche IV (ca. 1970 bis 1990): Im Oktober 1977 endet die Dampflok-Ära. Die 200 km/h schnelle BR 103 kommt im neuen InterCity-Netz mit Taktverkehr zum Einsatz. Alle Fahrzeuge werden auf internationale UIC-Nummern umgezeichnet. Der Siegeszug des Straßenverkehrs setzt sich fort, viele Nebenstrecken werden stillgelegt. Das Ende der Epoche IV markieren die neue BR 120 mit Drehstromtechnik und ein umstrittenes Farbkonzept: Orientrot mit grauen Kontrastflächen (Triebfahrzeuge).

Epoche V (ca. 1990 bis 2007): Der Bau von Strecken für Hochgeschwindigkeitszüge läutet die Epoche V ein. Der ICE sorgt für ein neues Erscheinungsbild. Grenzöffnung und Wiedervereinigung erfordern neue Konzepte für veränderte Verkehrsströme. DR und DB werden zur privatisierten DB AG vereint. Neue Triebfahrzeuge werden entwickelt (z. B. ICE 3, IC- und IR-Steuerwagen, Ellok-Baureihen 101, 145, 152 und 182). Die verkehrsrote Lackierung wird eingeführt, auch die Farbgebung der übrigen Fahrzeuge wird geändert. Durch die Privatisierung im Nahverkehr entstehen viele Triebwagen-Baureihen.

Epoche VI (ab ca. 2007): Private Verkehrsunternehmen prägen zunehmend das Bild der Bahn – die Trennung von Infrastruktur und Betrieb macht sich bemerkbar. Triebfahrzeuge erhalten zwölfstellige UIC-Nummern. Neue Elloks mit vielen Baureihen-Varianten werden eingeführt (z. B. 146, 185). Nach langer Zeit werden wieder neue Dieselloks entwickelt.

Trotz der preiswerten Bäume, überwiegend schlichte Tannen, wirkt der Übergang zum Hintergrund harmonisch. Genauso wie auf der Kulisse zeigen auch die Bäume auf der Anlage herbstliche Farben.

Während im Vordergrund etwas bessere Bäume platziert wurden, bilden auch hier einfache Tannen den Anlagenabschluss.

Am Gleisanschluss führt ein Fußweg entlang. Hier stehen höherwertige Bäume, deren Standfüße unter der Vegetation verschwinden.

tig an der Bebauung und der Vegetation gearbeitet werden. Mehrfach wird in diesem Buch die Vielfalt des Hobbys erwähnt, ganz oben an der Spitze steht die Auswahl an Materialien zur Vegetationsgestaltung. Von feinstem Streugut über realistische Grasfasern und Billig-Bäume bis zu hochwertigen, naturgetreuen Gewächsen reicht die Palette. Inzwischen gibt es sogar Bausätze für winzige Blumen sowie Obst und Gemüse der unterschiedlichsten Arten und Sorten (von Busch, Noch).

Wiesen und Rasenflächen lassen sich am besten mit Grasfasern anlegen, die es in unterschiedlichen Längen gibt. Damit sie, wie in der Natur, aufrecht stehen, werden sie statisch aufgeladen und in einen dünnen Leimauftrag (Weißleim) „geschossen". Bei sehr kleinen Flächen kann man mit einem Plastikfläschchen arbeiten, ansonsten sollte ein elektrostatisches Begrasungsgerät zum Einsatz kommen (von Heki, Noch).

Für Unkraut und andere niedere Vegetation gibt es eine breite Palette an Materialien, aber auch fertige Gewächse. Ebenso ist es bei den Bäumen – aufpassen, dass sie im Vergleich zu Gebäuden etc. nicht zu klein ausfallen. Auch hier sollte man sich am Vorbild orientieren. Im Vordergrund, nahe am Anlagenrand, sollte man höherwertige Pflanzen wählen. Steigt die Distanz zum Betrachter, lässt sich auch mit einfachen Bäumen eine gute Wirkung erzielen – besonders wenn sie als „Wald" eng beieinander aufgestellt werden.

Detailgestaltung

Der Anlagenbau braucht viel Zeit und Geduld. Spätestens nach der Vegetationsgestaltung sollte daher die Inbetriebnahme erfolgen, damit man endlich Züge fahren lassen kann. Danach kann es dann in aller Ruhe an die Detailgestaltung gehen. Dieser Oberbegriff umfasst eine sehr große Bandbreite an gestalterischen Aufgaben, die eine Modellbahn realistischer und lebendiger wirken lässt. Das Aufstellen von Zäunen gehört ebenso dazu wie Verkehrsschilder, Straßenmarkierungen, Plakate und „Kleinigkeiten" wie Mülleimer, Paletten und Kisten auf Laderampen, größeres Ladegut auf Ladestraßen, die Ausstattung von Bahnsteigen etc. Besonders wichtige Ausstattungsdetails sind die Automodelle und die

Im ersten Schritt der Vegetationsgestaltung werden die dafür vorgesehenen Areale mit sehr feinem Streugut überzogen oder mit Grasfasern begrast – je nachdem, was dargestellt werden soll. Die Farbtöne sollten schon hier auf die gewählte Jahreszeit abgestimmt werden.

Viel Spaß macht die Detailgestaltung, man sollte sich aber viel Zeit und Ruhe dafür nehmen, damit die dargestellten Szenen auch stimmig wirken. Das sollte aber kein Problem sein, wenn die Anlage inzwischen betriebsbereit ist.

Figuren sollten immer so aufgestellt werden, dass sie einer Tätigkeit nachgehen oder in Bezug zueinander stehen, z. B. ins Gespräch miteinander vertieft sind – so wie bei den drei Personen auf dem Gehsteig und ihrem Bekannten, der ihnen voller Stolz aus seinem neuen BMW Z1 zuwinkt.

Die schon in der Bauphase gezeigte, ansteigende Häuserzeile nach Fertigstellung der Anlage. Der Geländeanstieg und die zweite, nochmals höhere Häuserzeile dahinter sorgen trotz knappem Platz für eine hervorragende Tiefenwirkung.

Kurz nach der Inbetriebnahme herrscht im Bw schon reger Verkehr. Etliche Dampfloks warten auf ihre Abfertigung oder auf die Abstellung im Ringlokschuppen.

Figuren, also die Bevölkerung der Anlage (auch hier auf die Epoche achten, siehe Kasten auf Seite 167). Wichtig ist, dass es stimmig wirkt. Das gilt für die Platzierung von Autos, aber noch viel mehr bei den Figuren. Sie sollten einer Tätigkeit nachgehen oder in Bezug zueinander stehen.

In diesem Kapitel haben wir die wesentlichen Schritte beim Anlagenbau chronologisch geschildert. Dabei wurden etliche, aber bei Weitem nicht alle Baumethoden, Werkstoffe und Gestaltungsmaterialien erwähnt, ohne jedoch an dieser Stelle in die Tiefe gehen zu können. Der Blick in die Kataloge der verschiedenen Zubehör-Anbieter ist ebenso unverzichtbar wie der Besuch eines Fachhändlers oder einer Modellbahn-Messe, um sich selbst ein Bild von den Produkten machen zu können. Für viele Teilbereiche von Anlagenbau und -gestaltung gibt es zudem vertiefende Fachliteratur (siehe auch Seite 186). Zahlreiche Anregungen zur Anlagengestaltung bieten zudem die vielen Anlagenfotos in fast jedem Kapitel dieses Buches.

Eine kleine Häuserzeile auf einer weiteren Anlage. Auch hier sind es Höhenunterschiede, die das Gelände lebendiger wirken lassen und die Tiefenwirkung erhöhen.

Die Lippstädter Eisenbahnfreunde 1984 e.V. haben eine von Anfang an so geplante Märklin- Schneeanlage gebaut, die auch schon auf einigen Ausstellungen zu sehen war. Entstanden ist eine stimmungsvolle Winterlandschaft, wie man sie mit einer nur vorübergehend eingeschneiten Szenerie nicht erzielen kann.

Winter im Modell

Im Winter ist Modellbahn-Hochsaison. Da liegt der Gedanke nicht fern, eine Schneelandschaft zu gestalten – zumindest vorübergehend. Das ist machbar, aber nicht so einfach, wie es vielleicht auf den ersten Blick scheint.

Wenn im Herbst die Abende länger werden und die Temperaturen fallen, beginnt für viele Miniaturbahner eine neue Saison. Während es draußen zunehmend kälter wird, herrschen im Kleinen überwiegend sommerliche oder auch frühlingshafte Verhältnisse, was deutlich an der oft üppigen Vegetation zu erkennen ist. Unbestritten ist aber, dass eine winterliche Schneelandschaft ihre ganz besonderen Reize hat, in der Realität wie im Modell. Dafür gibt es etliche gelungene Beispiele. Ihnen gemeinsam ist jedoch, dass die modellbauerische Vorgehensweise sorgfältig geplant wurde.

Schnee im Getriebe

Der Gedanke, eine vorhandene, „normal" begrünte Anlage vorübergehend mit einer Schneedecke zu versehen, die nach ein paar Monaten wieder entfernt wird, mag naheliegend sein. Doch so einfach ist es leider nicht. Denn dies bringt eine ganze Reihe von Kompromissen mit sich, die das Resultat nachhaltig beeinträchtigen können.

Der aufgrund der möglichen Folgen wichtigste Punkt ist die Modelltechnik: Ganz gleich, aus welcher Substanz der Modellschnee besteht, lose aufgetragen stellt er eine Gefahr für alle beweglichen Teile dar – also die Antriebe der Fahrzeuge, aber auch der Weichen und der mechanischen Signale. Soll weiterhin Betrieb gemacht werden, müssen daher die Gleisanlagen frei bleiben.

Doch nicht nur dadurch wird die gewünschte Optik beeinträchtigt. Auch die vorhandene Vegetation, besonders die belaubten Büsche und Bäume, lassen sich nicht so einfach winterlich umgestalten, ohne ernsten Schaden zu nehmen. Denn sie müssten – wie in der Natur – dafür ihr Laub verlieren. Nur eine weitere Hürde sei hier noch genannt: Es ist sehr mühselig, das Schneeimitat wieder vollständig zu entfernen.

Kein unnötiger Zweifel

Sollte man den Gedanken also gleich wieder verwerfen? Nein, das ist nicht nötig. Es ist und bleibt ein lohnenswertes Thema, für das es inzwischen eine ganze Palette an gut geeigneten Modellen und Materialien gibt. Man sollte sich aber vorher Gedanken darüber machen, welches Ziel verfolgt wird und ob sowie auf welche Weise es erreicht werden kann. Dazu gehört auch, sich mit den verschiedenen Materialien und ihrer Anwendung vertraut zu machen. Bei nahezu allen einschlägigen Anbietern findet man die Anleitungen auf der Homepage, so dass sich die allermeisten Fragen auf diesem Weg beantworten lassen.

Das Beispiel auf Seite 173 zeigt eine der möglichen Optionen. Es wurde nur temporär eingeschneit, einschließlich der Gleisanlagen. Diese wurden mit einem Pinsel größtenteils wieder vom Schnee befreit – so wie es auch in der Realität durch die fahrenden Züge geschieht. Ebenfalls mit Pinseln wurden kleinere Schneehaufen modelliert, aber auch Wege freigeräumt, etwa auf den beiden Bahnsteigen. Nicht mit abgebildet sind Weichen, deren bewegliche Teile schneefrei gehalten

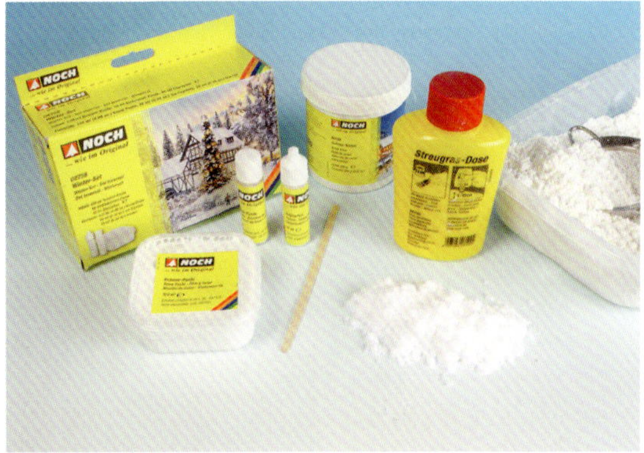

Die Firma Noch bietet eine breite Palette für eine winterliche Gestaltung an. Im Winter-Set sind eine Schneepaste sowie Fläschchen mit Pasten für Eiskristalle und Eiszapfen enthalten. Vorne sieht man weiße Schneeflocken, die wie Grasfasern aufgetragen werden, dahinter den Kleber dazu. Rechts das durch ein Sieb aufzubringende Schneepulver.

Schon lange im Faller-Sortiment sind die Spritzlinge mit Eiszapfen, glitzerndes Diamantin und das feine Schneepulver. Außerdem sind eine Schneepaste „Schaum und Schnee", ein Schneepulver-Set „Schneespuren" sowie winterlich eingeschneite Tannen im Angebot von Faller zu finden.

Diese Bilder zeigen, wie sich ein etwas höherer Schneebelag bei Gebäuden, aber auch in anderen Bereichen darstellen lässt. Zuerst wird handelsüblicher …

… Füllspachtel in gleichmäßiger Höhe aufgetragen. An den Kanten der Dächer und Vorsprüngen kann in mehreren Arbeitsgängen ein Überhang modelliert werden.

Auch die beim Schneeräumen am Straßenrand entstehenden „Hügel" sind aus Spachtelmasse. Beim ungenutzten Laden bleibt der Schnee vor der Tür liegen.

Eine schöne Ergänzung sind Eiszapfen, hier von Faller. Sie lassen sich nach dem Entfernen der Spachtelmasse vom Giebel senkrecht hängend ankleben.

Der Übergang von den Eiszapfen zum Dach wurde als überhängender Schnee mit typischen Rundungen mit Spachtelmasse dargestellt – für Fußgänger auf dem Gehsteig ein erhebliches Risiko!

Die Schneeflocken, aufgetragen mit der Streugrasdose, wirken sehr realistisch – mal mit, mal ohne Eiszapfen. Zeitaufwendiger ist es, auch Fensterbänke und Vorsprünge damit zu versehen.

Nach dem Trocknen der Spachtelmasse können auch die Hügel entlang von Fahrbahn und Gehsteig eingeschneit werden. Der Apotheker hat schon …

… Schnee geräumt, seine Nachbarn noch nicht. Auf der Straße liegt schon wieder ein Hauch von Schnee. Reifenspuren sind aber noch nicht zu sehen.

Begrünte Laubbüsche und -bäume winterlich umzugestalten, ist aussichtslos. Dabei wird sich nie die gewünschte Wirkung einstellen. Und vollständig entfernen lässt sich der Modellschnee von der fein strukturierten Belaubung auch nicht mehr. Daher eignen sich nur kahle oder bereits winterlich vorbehandelte Gewächse, zum Beispiel Tannen mit weißen Spitzen oder unbelaubte Bäume. Der Winterbaum in der Mitte stammt aus einem Set von Noch, das herbstlich belaubte Exemplar links ist ein Kompromiss: Er zeugt von einem sehr frühen Wintereinbruch, nachdem …

… das Schneepulver auf das braune Laub von oben aufgestreut wurde (Foto oben). Ebenfalls damit wurde das unbelaubte Geäst des zweiten Baumes behandelt. Streng genommen sollte der Schnee nur oben auf den Ästen aufliegen. Das ist ebenfalls machbar, jedoch äußerst arbeitsaufwendig. Hier wurde der Schnee lediglich von oben auf einen Sprühkleber-Auftrag gestreut.

wurden – der Situation beim Vorbild entsprechend. Dank des losen Pulverschnees lassen sich verschiedene reizvolle Szenen darstellen – und auch genauso einfach wieder verändern. Kinder mit ihren Schlitten im tieferen Schnee finden genauso ihren Platz wie das Schnee schiebende Bahnpersonal oder die vor ihren Läden räumenden Geschäftsleute. Die wenige, nur spärliche Vegetation wurde so angelegt, dass sie im modellbauerischen Sinne „wintertauglich“ ist. Auch die Modellfahrzeuge lassen sich in Szene setzen. So ist auf den Bahnsteigen ein Kärcher MC 130 für den Winterdienst im Einsatz. Für das gesamte Schaustück gilt jedoch: Ein Fahrbetrieb ist aufgrund des losen Schnees ausgeschlossen.

Zwei Alternativen

Wer sich mit diesem Gedanken nicht anfreunden kann, hat zwei weitere Möglichkeiten: Man baut eigens für diesen Zweck ein Diorama oder eine kleine Anlage, die während der kalten Jahreszeit aufgestellt wird – ähnlich wie einst die Platte mit der elektrischen Eisenbahn, die nur zu Weihnachten hervorgeholt wurde. Wenn der Platz dafür reicht, kann auch ein mehr oder minder umfangreicher Fahrbetrieb darauf stattfinden. Voraussetzung ist, dass die Nachbildung des Schnees sicher fixiert wird, so dass sie die Modellantriebe nicht gefährden kann.

Der größte Vorteil dieser Variante ist jedoch, dass man die gesamte Gestaltung auf das Winterthema abstimmen kann, also keine der genannten Kompromisse einzugehen sind. Dieses Kapitel zeigt beispielhaft die Vorgehensweise anhand eines kleinen Gebäudeensembles. Prinzipiell lässt sich dies auf die gesamte

Bei diesen Gebäuden wurde der Pulverschnee von Noch lediglich durch ein Sieb gleichmäßig aufgestreut. Auf den Gehsteigen und den Straßen wurde er anschließend mit Pinseln in eine realistische Form gebracht, ähnlich wie bei der Spachtelmassen-Methode. Das lose Pulver lässt sich später wieder gut entfernen.

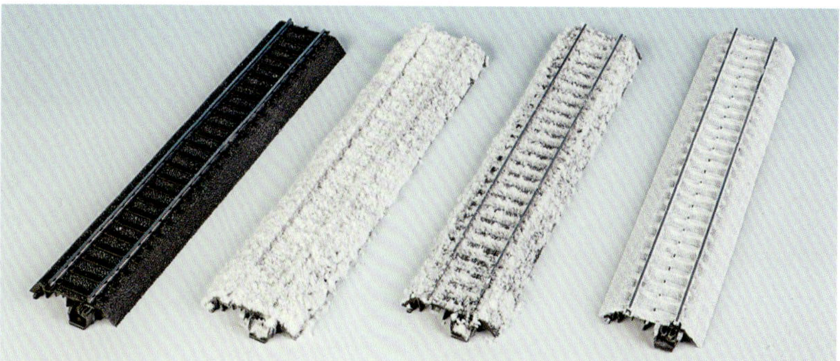

Eingeschneite Gleise am Beispiel von Märklins C-Gleis: Das Original (links) wurde zuerst mit Pulverschnee von Noch bestreut. So in etwa sieht ein Gleis aber nur aus, wenn noch kein Fahrzeug auf ihm gefahren ist, das den Schnee räumt und aufwirbelt. Mit einem breiten Pinsel lässt sich dies nachahmen. Bei beiden Beispielen ist ein Modellbetrieb ausgeschlossen. Für den Fahrbetrieb geeignet ist hingegen ein Anstrich mit weißer Farbe.

Gestaltung übertragen, einschließlich der Vegetation und der Landschaftsflächen. Wofür natürlich noch viele weitere Materialien und Modelle zur Verfügung stehen, einschließlich fertig eingeschneiter Bäume, Nikoläusen und komplett ausgestatteten Weihnachtsmärkten.

Zuletzt sei noch kurz die Option erwähnt, von vornherein „nur" eine Winteranlage zu bauen. Warum eigentlich nicht? Es muss ja nicht immer Sommer auf der Modellbahn sein.

Nach dem Bahnsteig am Empfangsgebäude räumt der Winterdienst den Inselbahnsteig. Der Fahrdienstleiter und das Pärchen stehen auf dem geräumten Streifen.

Ohne Handarbeit geht es nicht. Ein Bahnmitarbeiter hat den Weg zum Warteraum freigeschaufelt. Daneben türmt sich der Schnee an den Wänden des Gebäudes.

Die großen Ausstellungen

Große, eigens für diesen Zweck ge-baute Ausstellungsanlagen gibt es schon sehr lange. Seit etwa gut zehn Jahren erleben sie jedoch einen regel-rechten Boom. Obwohl zum Nachbau kaum geeignet, findet man auch bei ihnen viele Anregungen für die eigene (Heim-) Anlage.

Auslöser des Booms ist das Miniatur Wunderland in Hamburgs Speicherstadt. 2001 eröffnet, regelmäßig erweitert, ist diese größte Modelleisenbahn der Welt heute Hamburgs größte Touristenattraktion mit weit über 1 Mio. Besuchern im Jahr. Einer der Gründe für diesen Erfolg ist die schon fast unglaubliche Fülle an Details, bis hinein in kaum einsehbare Bereiche. Eine wahre Fundgrube, wenn es darum geht, Ideen für die eigene Anlage zu sammeln.

Es gibt aber noch eine ganze Reihe weiterer Schauanlagen, ältere, aber auch erst in den letzten Jahren errichtete. Manche lehnen sich an das Konzept der Hamburger an (ohne deren Niveau zu erreichen), andere orientieren sich viel stärker am Vorbild, beschränken sich auf bestimmte Themen oder Regionen, auch eine Zeitreise durch verschiedene Epochen wird geboten.

Auf den nächsten Seiten zeigen wir eine kleine Auswahl an Motiven von einigen Anlagen – als ein erster Eindruck, um zum Besuch einer solchen Ausstellung zu animieren.

Dieses imposante Alpenmotiv ist bereits mit dem ersten Bauabschnitt des Miniatur Wunderlands von 2001 entstanden. Obwohl der jüngere Bauabschnitt Schweiz noch größere Berge hat, ist es nach wie vor ein beeindruckendes Modellbahnmotiv. Vom vorderen Bildrand bis zum Tunnelportal im Hintergrund sind es über acht Meter – völlig ungeeignete Dimensionen für Heimanlagen. Man kann hier aber sehr schön sehen, wie die Felsformationen aus dem Gips modelliert, mit Werkzeugen herausgearbeitet und realistisch eingefärbt wurden. Und das geht auch daheim bei deutlich kleineren Modellbergen.

Nachtbetrieb in Las Vegas im USA-Bauabschnitt. Ein eindrucksvolles Lichtspektakel, so wie man es vom berühmten Vorbild kennt. In solchen Situationen spielt die Modellbahn nur noch eine Nebenrolle. Ähnlich ist es auch beim Flughafen mit seinem „echten" Flugbetrieb, der in dieser Form weltweit einzigartig ist.

Das Publikum ist begeistert, so ruhig geht es im Miniatur Wunderland aber oft nicht zu. An Wochenenden und während der Schulferien muss mit Wartezeiten gerechnet werden. Ein guter Tipp ist, sich darüber vorab auf der Homepage zu informieren: www.miniatur-wunderland.de.

Trotz der vielen anderen Attraktionen kommt der Bahnbetrieb nicht zu kurz. Dieses Foto zeigt eine zweigleisige Hauptstrecke im ersten Bauabschnitt. Hier passieren die Züge gerade eine Zechenanlage. Während heute fast alle Gebäude Eigenbauten sind (die sich kaum zum Nachbau eignen), hat man damals auch viele handelsübliche Bausätze eingesetzt.

Von diesem Leitstand aus wird die gesamte Ausstellungstechnik des Miniatur Wunderlands überwacht, mit den entsprechenden Programmen und Video-Monitoren, außerdem die Züge, Flugzeuge, Car-System-Autos und der Tag-/Nachtbetrieb gesteuert. Viele der Programme wurden vom Wunderland-Team selbst entwickelt.

WOLFF

Linke Seite: Eine Modelleisenbahn im Hochgebirge, das über zwei Stockwerke reicht – auch mit dem Schweiz-Bauabschnitt hat das Wunderland-Team wieder Einmaliges geschaffen. Und trotz der Dimensionen findet man auch hier unzählige Detailszenen.

Ein ganz anderes Konzept verfolgt die Modellbundesbahn in Bad Driburg. Hauptmotiv ist der maßstäbliche Nachbau des Bahnhofs Ottbergen mit seinem bekannten Bahnbetriebswerk. Die Strecken führen durch weitläufige Landschaften. Die Ausstellung hat eingeschränkte Öffnungszeiten, siehe: www.modellbundesbahn.de

Der Lokschuppen des Bw Ottbergen, die letzte Heimat der schweren Schlepptender-Güterzuglok der Baureihe 44. Das H0-Modell orientiert sich sehr eng am Vorbild.

Ein immer wieder beliebtes Modellbahn-Motiv: Der Steinbruch auf der Modellbundesbahn, der über einen Gleisanschluss verfügt. Daneben verläuft eine bedeutende Hauptstrecke.

Für eine so großzügige Landschaftsgestaltung benötigt man viel Platz. Bis auf wenige Ausnahmen findet man daher solche Motive nur bei Austellungsanlagen.

Der Hauptbahnhof Oberhausen im Maßstab 1:87 mit seinem markanten Empfangsgebäude. Zu sehen ist dieses Modell in der Modellbahnwelt Odenwald (www.modellbahnwelt-odenwald.de) auf der dortigen Ruhrgebietsanlage. Sie stand einst in Oberhausen, wurde nach dem Umzug renoviert und wieder der Öffentlichkeit zugänglich gemacht.

In der Ausstellung in Fürth im Odenwald werden acht thematisch und gestalterisch sehr unterschiedliche Anlagen sowie einige Dioramen gezeigt.

Auch so kann es im Ruhrgebiet aussehen: ein Streckenabschnitt mit Abzweig in einen Tunnel und einem Behelfsstellwerk aus einem Wagenkasten. Nicht mit im Bild sind die etwas weiter hinten gelegene Villa Hügel der Krupp-Dynastie und der Baldeneysee rechts der Bahnstrecke.

Obwohl die große Ruhrgebietsanlage auch große landschaftlich gestaltete Bereiche aufweist, ist der thematische Schwerpunkt die Schwerindustrie. Dieses Foto zeigt einen kleinen Ausschnitt der Gleisanlagen der HOAG (Hüttenwerke Oberhausen AG).

Ohne den Transport mit Schiffen auf Kanälen und Flüssen ist die Eisen- und Stahlindustrie kaum vorstellbar, auch wenn die Bahn ein unverzichtbares Verbindungsglied darstellt. Zu den Hauptmotiven gehört daher eine teilweise Nachbildung des Duisburger Hafens – in der Realität ist er der bedeutendste Binnenhafen Deutschlands und zählt mit all seinen Flächen und Hafenbecken zu den größten weltweit.

Riesige Hallen, ein Gewirr von Rohrleitungen, Behältern und Bansen – und im Hintergrund ragen die Hochöfen in den Himmel. So realistisch kann Schwerindustrie im Modell wirken.

Rechts unten: Blühende Landschaften mitten in der Industrieregion. Auch dies gehört zum stimmigen Bild des Ruhrgebiets.

Weltkulturerbe im Maßstab 1:87. Der Nachbau eines größeren Teils der Zeche Zollverein gehört zu den Hauptattraktionen der riesigen H0-Anlage. Das Foto zeigt nur einen kleinen Ausschnitt mit dem imposanten Förderturm.

Auch bei der zurzeit jüngsten Ausstellungsanlage, der Oktorail im Essener Gruga-Park (www.oktorail.de), bildet die Industrie einen Schwerpunkt. Sie beginnt im Ruhrgebiet mit einer Zechenanlage und einer Kokerei, an die sich ein (im Modell ebenfalls riesiges) Stahlwerk anschließt. Dann tritt das auf Coils aus dem Walzwerk kommende Stahlblech eine längere Reise an. Ziel ist eine Automobilfabrik, die diesen Stahl für ihre Produktion benötigt. Der Besucher erlebt zugleich eine Zeitreise. Die Schwerindustrie des Ruhrgebiets „spielt" in der Epoche III, die Autofabrik in der Gegenwart. Natürlich entsprechen dem auch die in der jeweiligen Region eingesetzten Züge.

Der Blick auf die ausgedehnten Anlagender Kokerei, die sich an die Zeche anschließt (siehe Foto oben).

Auch im hohen Norden, in der Urlaubsregion Nordfriesland unweit der Nordsee, gibt es eine öffentlich zugängliche Schauanlage, allerdings zeitweise mit eingeschränkten Öffnungszeiten, abhängig von der Saison. Modellbahn-Zauber (www.modellbahn-zauber.de) befindet sich im historischen Holländerstädtchen Friedrichstadt (bei Husum) und ist mit einer Fläche von über 100 m² die größte Modellbahn-Schauanlage in Schleswig-Holstein. Zu den Hauptmotiven der mit Gleismaterial von Märklin gebauten Anlage gehört natürlich auch eine typische Küstenregion, ähnlich wie Friedrichstadt mit Grachten, historischer Bebauung und der Nordseeküste im Hintergrund (Foto unten). Die Landschaftsgestaltung führt den Besucher vom Flachland bis in das vom Mittelgebirge geprägte Rheinland. Bemerkenswert sind der Nachtbetrieb mit einer speziellen Hintergrundkulisse sowie ein großer Kopfbahnhof im Automatikbetrieb.

Modellbahn-Links

Verbände und Hersteller (kleine Auswahl)

Arnold (Fahrzeuge in N, TT)
www.hornby.de

Asoa (Schotter, Spur-1-Zubehör)
www.asoa.de

Auhagen (Gebäude, Landschaft, Zubehör in N, TT, H0)
www.auhagen.de

BDEF (Bundesverband Deutscher Eisenbahnfreunde)
www.bdef.de

Bemo (Fahrzeuge in H0, H0m/H0e)
www.bemo-modellbahn.de

Brawa (Fahrzeuge und Zubehör in N, TT, H0)
www.brawa.de

Busch (Zubehör, Landschaft, Gebäude in Z bis IIm, Feldbahn H0f, Automodelle)
www.busch-model.com

ESU (Fahrzeuge in H0, IIm, Digitaltechnik)
www.esu.eu

Faller (Gebäude, Landschaft, Zubehör in Z bis H0, Car-System)
www.faller.de

Fleischmann (Fahrzeuge, Zubehör in N)
www.fleischmann.de

Joswood (Lasercut-Modelle in N, H0, 0)
www.joswoodgmbh.de

JoWi – Modellbahn-Hintergrund
www.modellbahn-hintergrund.com

Lenz Elektronik (Fahrzeuge in 0, Digitaltechnik)
www.digital-plus.de

LGB (Fahrzeuge, Zubehör in IIm)
www.lgb.de

Liliput (Fahrzeuge, Zubehör in N, H0/H0e)
www.liliput.de

Märklin (Fahrzeuge und Zubehör in Z, H0, 1)
www.maerklin.de

MOBA Modellbahnverband in Deutschland
www.moba-deutschland.de

Noch (Zubehör, Gebäude, Landschaft, Z bis IIm, Fertiggelände)
www.noch.de

Piko (Fahrzeuge und Zubehör in N, H0, TT, N und G)
www.piko.de

Pola (Gebäude und Zubehör in IIm)
www.faller.de

Preiser (Figuren, alle Baugrößen)
www.figuren.de

Roco (Fahrzeuge und Zubehör in TT, H0, H0e)
www.roco.cc

Sommerfeldt (Oberleitungen in N bis 1)
www.sommerfeldt.de

Tillig (Fahrzeuge und Zubehör in TT, H0, H0m)
www.tillig.com

Trix (Fahrzeuge und Zubehör in N, H0)
www.trix.de

Viessmann (Zubehör, Elektrik/Elektronik, Gebäudemodelle von Kibri und Vollmer in Z, N, TT, H0, IIm, Digitaltechnik)
www.viessmann-modell.com

Bildnachweis

■ Modellfotos:

Zarges, Frank: S. 2/3, S. 6, S. 12 – 14 (3), S. 16 – 21 (13), S. 22, S. 31, S. 35 (2), 37 (unten), S. 38/39 (2), S. 43 (3), S. 48/49, S. 62/63, 64 – 68 (6), S. 70/671 (2), S. 76/79, S. 80 – 89 (6), S. 90 – 92 (2), S. 100 – 101, S. 107, S. 108 (oben), S. 132, S. 140/141, S. 169 (Mitte und unten), S. 170/171 (1), S. 174 – 185 (21)

Zinngrebe, Ralph: S. 15, S. 24, S. 28/29, S. 36, 37 (oben), S. 40 – 42 (3), S. 50 (2), S. 53, S. 56, S. 69, S. 74, S. 103 – 106 (5), S. 108 (unten), S. 1039 (2), S. 114/115, S. 117 – 121 (17), S. 123 – 131 (25), S. 133 – 139 (27), S. 140, S. 142 – 151 (37), S. 158 – 168 (50), S. 169 (oben, links und rechts), S. 171 – 173 (17)

■ Gleispläne und Zeichnungen:

Zinngrebe, Hiltrud: S. 24 – 27 (5), S. 30 – 37 (12), 41 – 43 (4), 44 – 47 (15), S. 50/51 (7), S. 52/53 (8), S. 54/55 (79), S. 56/57 (9), S. 60/61, S. 72 – 79 (19), S. 83 – 89 (13), S. 92 – 97 (8), S. 102 (2), S. 105

■ Werkaufnahmen:

JoWi Modellhintergrund: S. 152 – 157 (3)

Noch: S.114, S. 116 (4), S. 122

Anlagengestalter

(so weit bekannt)

Addurrahman, Usta: S. 20

Becker, Dirk: S. 31

Berghoff: S. 35 (oben)

Daes, Evan: S. 35 (unten)

Deltaspoor: S. 66, S. 78

Eisenbahnfreunde Maifeld: S. 6, S. 80/81, 82 (unten), S. 86, S. 89

Eisenbahnfreunde Osnabrück: S. 17

Eisenbahnfreunde Werl: S. 16 (3),

EMF Dorfen: S. 28/29, S. 69, S. 74

Forberg, Sven: S. 67 (unten)

Heki: S. 17

H0-Modellbahnclub Pinneberg: S. 15, S. 36, S. 37

Hofer: S. 107, S. 108

Kirsch, Stephan: S. 99

Lippstädter Eisenbahnfreunde 1984: S. 14 (2), S. 170/171

Merchant Row System: S. 20, S. 21

Modellbundesbahn: S. 179/180 (4)

Modelleisenbahnclub Mittelschmalkalden: S. 62/53, S. 68, S. 79

Modellbahnwelt Odenwald: S. 181 – 183 (7)

Modellbahn-Zauber: S. 185 (2)

Miniatur Wunderland: S. 100/101, S. 174/175, S. 176 (2), S. 177 (2), S. 178

Modelleisenbahnverein „Friedrich List“ Leipzig: S. 66 (2)

Noch: S. 17 (oben), 114 (unten), S. 116 (unten), S. 122

Oktorail: S. 1/2, S. 185 (2)

Riegel, Christoph: S. 19

Runge, Dirk: S. 56/57, S. 92 ,S. 95, S. 98, S. 190/192

Pischel, Rüdiger: S. 64/65

Spur-0-Team Ruhr-Lenne: S. 12, S. 90/91

Thomas, Dieter: S. 60

Wunder, Hans: S. 38/39 (2)

Wust, Henk/Huismann, Derk: S. 18

Zinngrebe, Ralph und Hiltrud: S. 114 – 131 (43), S. 158 – 169 (50)

Zoberbier, Bert: S. 48/49, S. 67 (oben), S. 85

Ebenfalls erhältlich ...

ISBN 978-3-86245-029-9

ISBN 978-3-96453-065-3

ISBN 978-3-95613-064-9

ISBN 978-3-86245-296-5

www.geramond.de